Thomas Gerlach

ANGEWANDTE WIRTSCHAFTSMATHEMATIK

Herausgegeben vom

NSI

Kommunale Hochschule
für Verwaltung in Niedersachsen

Maximilian Verlag
Hamburg

SCHRIFTENREIHE
KOMMUNALE HOCHSCHULE FÜR VERWALTUNG IN NIEDERSACHSEN

Thomas Gerlach

ANGEWANDTE WIRTSCHAFTSMATHEMATIK

2. AUFLAGE

Vorliegende Ausgabe erscheint als Band 27 in der Schriftenreihe der Kommunalen Hochschule für Verwaltung in Niedersachsen, herausgegeben von Prof. Dr. Michael Koop und Prof. Holger Weidemann.

Redaktionsstand: 01.03.2020

ISBN 978-3-7869-1230-9

Umschlaggestaltung: Nicole Laka
Druck und Bindung: Medienhaus Plump GmbH

Printed in Germany

INHALTSVERZEICHNIS

VORWORT ZUR ZWEITEN AUFLAGE

Neben Korrekturen wurden inhaltliche Ergänzungen vorgenommen und weitere ökonomische Anwendungsbeispiele eingebaut. Grundstruktur und Grundkonzept der ersten Auflage wurden beibehalten.

Thomas Gerlach

VORWORT ZUR ERSTEN AUFLAGE

Ein wichtiger Orientierungsmaßstab wirtschaftlichen Agierens ist das ökonomische Prinzip. Ob in dessen Formulierung als Maximumprinzip (Nutzenmaximierung bei fixiertem Opfer), Minimumprinzip (Opferminimierung bei fixiertem Nutzen) oder als generelles Extremumprinzip (Optimierung der Nutzen-Opfer-Relation), es bedarf zu dessen Realisierung zunächst der Operationalisierung und quantitativen Modellierung ökonomischer Sachverhalte und Zusammenhänge. In der Regel werden diese Zusammenhänge durch geeignete Verknüpfung ökonomischer Variablen beschrieben. Hierfür bedarf es eines Formalismus, der die Modellierung auch komplexer Zusammenhänge in transparenter Form ermöglicht. Ziel der Modelle sind zum einen die Beschreibung (Deskription) und Erklärung (Explikation) ökonomischer Sachverhalte. Darüber hinaus sind häufig Entscheidungen zu finden, die ausgewählte ökonomische Ziele realisieren. Dabei sind Entscheidungsmodelle (Dispositionsmodelle) hilfreich. Hierbei sind Dispositionsvariablen im Hinblick auf entsprechende Zielvariablen zu optimieren. Entsprechende Modellbildungen und Lösungen ökonomischer Entscheidungsprobleme sind ohne Rückgriffe auf mathematische Formalismen und Methoden nicht möglich, sodass die Wirtschaftsmathematik einen wichtigen Zweig in den Wirtschaftswissenschaften darstellt.

Dieses Buch richtet sich an Studierende in verwaltungs- und wirtschaftswissenschaftlichen Studiengängen. Es soll der Anwendungsbezug im Vordergrund stehen. Soweit möglich, werden mathematische Inhalte und Zusammenhänge anhand praxisorientierter Beispiele und ausgewählter Fallgestaltungen verdeutlicht. Übungsaufgaben mit Lösungen sind für mögliche Einsätze in Lehrveranstaltungen konzipiert und bieten darüber hinaus weitere Übungsgelegenheiten. Für Klausurvorbereitungen finden sich am Ende des Buches Übungsklausuren mit Lösungen.

Leider lassen sich letztendlich inhaltliche Fehler nicht vollkommen ausschließen. Für mögliche Fehler übernimmt ausschließlich der Verfasser die alleinige Verantwortung und bittet die Leserinnen und Leser in diesem Fall um Entschuldigung.

Allen Leserinnen und Lesern sei an dieser Stelle viel Freude und Erkenntnisgewinn bei der Lektüre gewünscht.

Hochschule für Kommunale Verwaltung in Niedersachsen
Thomas Gerlach

1 Mengen, Folgen, Reihen

1.1 Elemente

1 Eine Menge ist nach Cantor die Gesamtheit bestimmter, wohlunterscheidbarer Objekte unserer Anschauung oder unseres Denkens, wobei die betreffenden Objekte nur einmal in der Menge enthalten sein dürfen. Diese Objekte sind die **Elemente** einer Menge. Jedes beliebige Objekt gehört dabei zu der Menge oder nicht. „Menge" steht also für Zusammenfassung, nicht für Quantität. Dabei müssen die zusammengefassten Objekte bereits existieren und dürfen nicht erst durch den Akt der Zusammenfassung entstehen. Jede Menge ist selbst wieder ein Objekt.

2 So sind Studierende an einer Verwaltungshochschule, Einwohner einer Samtgemeinde oder zugelassene Fahrzeuge in einer Stadt Beispiele für Mengen. Ein studentisches Mitglied, Einwohner oder ein zugelassenes Fahrzeug sind dann Elemente der betrachteten Mengen.

3 Häufig haben wir es mit Zahlenmengen zu tun. Dabei unterscheiden wir:

- Menge der natürlichen Zahlen $\mathbb{N} = \{\mathbf{0, 1, 2,\ 3, \dots}\}$
- Menge der ganzen Zahlen $\mathbb{Z} = \{\dots, \mathbf{-3, -2, -1,\ 0,\ 1,\ 2,\ 3}, \dots\}$
- Menge der rationalen Zahlen $\mathbb{Q} = \left\{\mathbf{x} \middle| \mathbf{x} = \frac{\mathbf{p}}{\mathbf{q}}; \mathbf{p}, \mathbf{q} \in \mathbb{Z}, \mathbf{q} \neq \mathbf{0}\right\}$
- Menge der reellen Zahlen $\mathbb{R}$. Diese enthält neben den rationalen Zahlen noch Dezimalbrüche, die nicht endlich und nicht periodisch sind, wie z.B. $\sqrt{\mathbf{2}}$, $\mathbf{\ln 3}$, $\boldsymbol{\pi}$, $\mathbf{\sin 0,5}$.

4 Wir wollen die Zahlen **2**, **3**, **5**, **7** in einer Menge zusammenfassen. Dabei existieren mehrere Möglichkeiten, diese Menge zu beschreiben:

- **verbal:** Menge der vier kleinsten Primzahlen
- **extensional:** $\mathbf{M} = \{\mathbf{2, 3, 5, 7}\}$
- **intensional:** $\mathbf{M} = \{\mathbf{x} | \mathbf{x}\ \textbf{ist eine Primzahl} \leq \mathbf{7}\}$

5 Der Ausdruck rechts von dem senkrechten Strich bei Verwendung der intensionalen Mengenschreibweise ist der Bedingungsteil. Dieser beschreibt die notwendigen Elementeigenschaften, die für eine Mengenzugehörigkeit erfüllt sein müssen.

6 Gehört ein Element **x** zu einer Menge **X**, so verwenden wir die Notation:

$$\mathbf{x} \in \mathbf{X}$$

7 Man sagt, **x** ist Element von **X**, gehört zu **X** oder ist in **X**.

Auch die umgekehrte Schreibweise 8

$$\mathbf{X} \ni \mathbf{x}$$

ist möglich. In diesem Fall sagt man, **X** enthält **x** als Element.

Das Element **y** gehöre nicht zu der Menge **X**. Für die Nichtzugehörigkeit schreiben wir: 9

$$\mathbf{y} \notin \mathbf{X} \text{ bzw. } \mathbf{X} \not\ni \mathbf{y}$$

Beispiel 1.1.1

Sei $\mathbb{P}$ die Menge aller Primzahlen. Dann gilt $\mathbf{7} \in \mathbb{P}$ und $\mathbf{8} \notin \mathbb{P}$. 10

Eine extensionale Mengenbeschreibung ist nur dann sinnvoll, wenn es sich um eine endliche Menge handelt oder wenn bei einer unendlichen Menge durch das Aufführen weniger Elemente klar ist, welche Elemente zur betrachteten Menge gehören. Sei **B** die Menge der geraden positiven Zahlen, dann schreiben wir: 11

$$\mathbf{B} = \{\mathbf{2}, \mathbf{4}, \mathbf{6}, \mathbf{8}, \ldots\}$$

Eine intensionale Mengenbeschreibung lautet in diesem Fall: 12

$$\mathbf{B} = \{\mathbf{x}|\mathbf{x}\ \textbf{ist positive gerade Zahl}\} = \left\{\mathbf{x}\middle|\frac{\mathbf{x}}{\mathbf{2}} \in \mathbb{N}^*\right\}$$

$\mathbb{N}^*$ steht für die Menge der natürlichen Zahlen ohne die Null.

Eine Menge **M** heißt leere Menge, wenn sie kein Element enthält. Die übliche Notation lautet: 13

$$\mathbf{M} = \emptyset \quad \text{oder} \quad \mathbf{M} = \{\,\}$$

1.2 Mengenrelationen

Für die Beschreibung von Mengenrelationen gelten nachfolgende Symbole: 14

15

Zeichen	Bedeutung
$\wedge$	„und“, Konjunktion
$\vee$	„oder“, Disjunktion
$\rightarrow$	„wenn dann“, „daraus folgt“, Subjunktion
$\leftrightarrow$	„genau dann, wenn“, Äquijunktion
$:\leftrightarrow$	„definitionsgemäß äquivalent“
$\forall \mathbf{x}(\ldots)$	„für alle x gilt …“, Allquantor
$\exists \mathbf{x}(\ldots)$	„es gibt ein x, sodass gilt …“, Existenzquantor
$\exists! \mathbf{x}(\ldots)$	„es gibt genau ein x, sodass gilt …“, Existenzquantor
$\nexists \mathbf{x}(\ldots)$	„es gibt kcin x, sodass gilt …, Nichtexistenzquantor
$\neg$	Negation

Beispiel 1.2.1

16 $\mathbf{M} = \{\mathbf{x}|\mathbf{x} \in \mathbf{A} \wedge \mathbf{x} \in \mathbf{B}\}$: **M** ist die Menge aller **x**, die zu **A** und zu **B** gehören.

17 Wenn **A** die Menge aller Primzahlen beschreibt und **B** die Menge aller geraden natürlichen Zahlen, so enthält **M** nur die Zahl „**2**“.

18 $\mathbf{M} = \{\mathbf{x}|\mathbf{x} \in \mathbf{A} \vee \mathbf{x} \in \mathbf{B}\}$: **M** ist die Menge aller **x**, die zu **A** oder zu **B** oder zu **A** und **B** gehören.

19 $\neg \mathbf{1} \in \mathbb{P}$: Es wird negiert, dass die Zahl „**1**“ Element der Primzahlmenge ist. Die Zahl „**1**“ ist keine Primzahl oder **1** ist nicht prim.

20 **X** ist eine Teilmenge von **Y** (Notation: $\mathbf{X} \subset \mathbf{Y}$), wenn jedes Element in **X** auch Element in **Y** ist. Es liegt dann eine **Inklusionsrelation** vor, die durch „ $\subset$ “ symbolisiert wird. Wir formalisieren:

$$\mathbf{X} \subset \mathbf{Y} :\leftrightarrow \ (\mathbf{a} \in \mathbf{X} \ \rightarrow \ \mathbf{a} \in \mathbf{Y})$$

21 **Y** ist die Obermenge von **X**. $\mathbf{X} \not\subset \mathbf{Y}$ bedeutet, dass **X** mindestens ein Element besitzt, das nicht zu **Y** gehört.

22 So ist z.B. die Menge aller zugelassenen Pkws mit Dieselmotor in einer Großstadt **Z** eine Teilmenge aller insgesamt in **Z** zugelassenen Pkws.

23 Eine fundamentale Mengenrelation ist die **Gleichheitsrelation**. Zwei Mengen **X** und **Y** sind dann und nur dann gleich (Notation: $\mathbf{X} = \mathbf{Y}$), wenn jedes Element **a** von **X** auch Element von **Y** ist und umgekehrt jedes Element **a** von **Y** auch Element von **X** ist. Wir formalisieren:

$$\mathbf{X} = \mathbf{Y} :\leftrightarrow (\mathbf{a} \in \mathbf{X} \rightarrow \mathbf{a} \in \mathbf{Y}) \ \forall \mathbf{a} \in \mathbf{X} \quad \wedge \ (\mathbf{a} \in \mathbf{Y} \rightarrow \mathbf{a} \in \mathbf{X}) \ \forall \mathbf{a} \in \mathbf{Y}$$

24 Einfacher wäre die Definition: Zwei Mengen sind genau dann gleich, wenn sie dieselben Elemente aufweisen. Aber dann handelt es sich nicht um zwei Mengen, sondern nur um eine Menge, die ursprünglich aus irgendwelchen Gründen zwei verschiedene Bezeichnungen erhalten hat.

25 Die Anordnung der Elemente einer Menge ist irrelevant. Zum Beispiel gilt bezüglich der Elemente **a, b, c, d** die Gleichheit $\{\mathbf{a}, \mathbf{b}, \mathbf{c}, \mathbf{d}\} = \{\mathbf{c}, \mathbf{a}, \mathbf{d}, \mathbf{b}\}$. Ein und dasselbe Element kann nicht mehrfach in einer Menge auftauchen, sodass das Konstrukt $\{\mathbf{a}, \mathbf{a}, \mathbf{b}\}$ zu der Menge $\{\mathbf{a}, \mathbf{b}\}$ wird. Andernfalls wäre das Kriterium der Wohlunterscheidbarkeit nicht erfüllt.

Beispiel 1.2.2

26 Sei $\mathbf{A} = \{\mathbf{0}, \mathbf{1}\}, \mathbf{B} = \{\mathbf{1}, \mathbf{2}\}$, dann gilt für $\mathbf{M} = \{\mathbf{x}|\mathbf{x} \in \mathbf{A} \vee \mathbf{x} \in \mathbf{B}\} = \{\mathbf{0}, \mathbf{1}, \mathbf{2}\}$ und nicht $\mathbf{M} = \{\mathbf{0}, \mathbf{1}, \mathbf{1}, \mathbf{2}\}$.

27 Eine Gleichheit zweier Mengen **X**, **Y** lässt sich auch mithilfe der Inklusionsrelation beschreiben:

$$\mathbf{X} = \mathbf{Y} :\leftrightarrow \ \mathbf{X} \subset \mathbf{Y} \ \wedge \ \mathbf{Y} \subset \mathbf{X}$$

Für die Inklusionsrelation gilt: 28

- $\mathbf{X \subset X}$
- $\mathbf{X \subset Y \ \wedge \ Y \subset Z \ \leftrightarrow \ X \subset Z}$
- $\emptyset \subset \mathbf{M}$, mit **M** = beliebige Menge

Beispiel 1.2.3

Sei $\mathbf{L} = \{\mathbf{a}, \mathbf{b}, \dots, \mathbf{z}\}$ die Menge der lateinischen Minuskeln und $\mathbf{V} = \{\mathbf{a}, \mathbf{e}, \mathbf{i}, \mathbf{o}, \mathbf{u}\}$ die Menge der Vokale lateinischer Minuskeln. Dann gilt $\mathbf{V} \subset \mathbf{L}$ bzw. $\mathbf{L} \supset \mathbf{V}$. 29

1.3 Mengenverknüpfungen

Für den **Durchschnitt** zweier Mengen **X**, **Y** gilt: 30

$$\mathbf{X \cap Y := \{a | a \in X \ \wedge a \in Y\}}$$

Das Symbol „:=“ bedeutet dabei „definitionsgemäß gleich“, d.h. eine Gleichheit, die sich nicht aus einer Rechenoperation ergibt, sondern zwischen Definiendum und Definition steht. Der Doppelpunkt steht immer neben dem Definiendum. 31

$\mathbf{X \cap Y}$ beschreibt die Menge aller Elemente, die sowohl zu **X** als auch zu **Y** gehören. So ist jede Primzahl größer als **2** sowohl in der Menge der Primzahlen als auch in der Menge der ungeraden natürlichen Zahlen enthalten. 32

Beispiel 1.3.1

Es sei $\mathbf{Y} = \{\mathbf{1}, \mathbf{3}, \mathbf{5}, \mathbf{7}, \dots\}$. Dann gilt $\mathbb{P} \cap \mathbf{Y} = \{\mathbf{3}, \mathbf{5}, \mathbf{7}, \ \mathbf{11}, \ \mathbf{13}, \dots\} = \mathbb{P} \setminus \{\mathbf{2}\}$. 33

Zwei Mengen **X** und **Y** heißen **disjunkt** oder **elementefremd**, falls 34

$$\mathbf{X \cap Y} = \emptyset\,.$$

Weiterhin gilt: 35

- $\mathbf{X} \cap \emptyset = \mathbf{X}$
- $\mathbf{X \cap Y = Y \cap X}$
- $\mathbf{(X \cap Y) \cap Z = X \cap (Y \cap Z)}$

Bei der Betrachtung der Schnittmenge von **n** Mengen $\mathbf{X_1, X_2, \dots, X_n}$ verwenden wir die Notation 36

$$\bigcap_{\mathbf{i=1}}^{\mathbf{n}} \mathbf{X_i} = \mathbf{X_1 \cap X_2 \cap \dots \cap X_n}.$$

37 $\bigcap_{i=1}^{n} \mathbf{X_i}$ ist die Menge der Elemente, die in allen Mengen $\mathbf{X_1, X_2, \ldots, X_n}$ sind. Wir formalisieren:

$$\bigcap_{i=1}^{n} \mathbf{X_i} = \{\mathbf{a} | \forall\, \mathbf{i} \in \{\mathbf{1}, \ldots, \mathbf{n}\}: \mathbf{a} \in \mathbf{X_i}\}$$

38 Für die **Vereinigung** zweier Mengen **X,** Y gilt:

$$\mathbf{X \cup Y} := \{\mathbf{a} | \mathbf{a} \in \mathbf{X} \vee \mathbf{a} \in \mathbf{Y}\}$$

39 $\mathbf{X \cup Y}$ beschreibt die Menge aller Elemente, die zu **X**, zu **Y** oder zu beiden Mengen **X** und **Y** gehören.

Beispiel 1.3.2

40 Der Fahrzeugpark des ÖPNV in der Großstadt **Z** bestehe aus der Menge aller Straßenbahnzüge **X** und der Menge aller Busse **Y**. Dann beschreibt $\mathbf{X \cup Y}$ die Menge aller Fahrzeuge zum Personentransport in der Großstadt **Z**.

Weiterhin gilt:

- $\mathbf{X \cup \emptyset = X}$
- $\mathbf{X \cup Y = Y \cup X}$
- $\mathbf{(X \cup Y) \cup Z = X \cup (Y \cup Z)}$

41 Bei der Betrachtung der Vereinigungsmenge von **n** Mengen $\mathbf{X_1, X_2, \ldots, X_n}$ formalisieren wir analog zur Schnittmenge:

$$\bigcup_{i=1}^{n} \mathbf{X_i} = \mathbf{X_1 \cup X_2 \cup \ldots \cup X_n}$$

42 $\bigcup_{i=1}^{n} \mathbf{X_i}$ ist die Menge der Elemente, die zumindest in einer der Mengen $\mathbf{X_1, X_2, \ldots, X_n}$ enthalten sind:

$$\bigcup_{i=1}^{n} \mathbf{X_i} = \{\mathbf{a} |\, \exists \mathbf{i} \in \{\mathbf{1}, \ldots, \mathbf{n}\}: \mathbf{a} \in \mathbf{X_i}\}$$

43 Bezüglich der Verknüpfungen Durchschnitt und Vereinigung gelten die Distributivgesetze:

- $\mathbf{X \cup (Y \cap Z) = (X \cup Y) \cap (X \cup Z)}$
- $\mathbf{X \cap (Y \cup Z) = (X \cap Y) \cup (X \cap Z)}$

Die **Differenz** zwischen einer Menge **X** und einer Menge **Y** enthält alle Elemente von **X**, die 44
nicht zu **Y** gehören:

$$\mathbf{X} \setminus \mathbf{Y} := \{\mathbf{a} | \mathbf{a} \in \mathbf{X} \wedge \mathbf{a} \notin \mathbf{Y}\}$$

Beispiel 1.3.3

Sei $\mathbf{X} = \{\mathbf{1,2,3,4,5,6}\}$ und $\mathbf{Y} = \{\mathbf{2,4,\ 6}\}$, dann gilt $\mathbf{X} \setminus \mathbf{Y} = \{\mathbf{1,3,5}\}$. 45

Die **symmetrische Differenz** zweier Mengen **X, Y** enthält die Menge der Elemente, die entwe- 46
der in **X** oder in **Y**, aber nicht in beiden Mengen enthalten sind:

$$\mathbf{X\Delta Y} := (\mathbf{X}\setminus\mathbf{Y}) \cup (\mathbf{Y}\setminus\mathbf{X}) = (\mathbf{X} \cup \mathbf{Y})\setminus(\mathbf{X} \cap \mathbf{Y})$$

Beispiel 1.3.4

Sei $\mathbf{X} = \{\mathbf{A,B,C,D,E,F}\}$ und $\mathbf{Y} = \{\mathbf{D,E,F,\ G,H,I}\}$, dann gilt $\mathbf{X\Delta Y} = \{\mathbf{A,B,C,G,H,I}\}$. 47

Für die **Komplementbildung** von **X** bezüglich einer Obermenge $\mathbf{G} \supset \mathbf{X}$ gilt: 48

$$\overline{\mathbf{X}}_{\mathbf{G}} := \mathbf{G}\setminus\mathbf{X} = \{\mathbf{a}|\mathbf{a} \in \mathbf{G} \wedge \mathbf{a} \notin \mathbf{X}\}$$

Für die Komplementbildung wird alternativ auch das Symbol $\mathbf{C_G X}$ verwendet. 49

Beispiel 1.3.5

Sei $\mathbf{G} = \{\boldsymbol{\alpha},\ \boldsymbol{\beta},\ \boldsymbol{\gamma},\ \boldsymbol{\delta},\ \boldsymbol{\varepsilon}\}$ und $\mathbf{X} = \{\boldsymbol{\alpha},\ \boldsymbol{\beta},\ \boldsymbol{\gamma}\}$, dann gilt $\overline{\mathbf{X}}_{\mathbf{G}} = \{\boldsymbol{\delta},\ \boldsymbol{\varepsilon}\}$.

Im Zusammenhang mit der Komplementbildung gelten die Gesetze von de Morgan: 50

- $\overline{(\mathbf{X} \cup \mathbf{Y})}_{\mathbf{G}} = \overline{\mathbf{X}}_{\mathbf{G}} \cap \overline{\mathbf{Y}}_{\mathbf{G}}$
- $\overline{(\mathbf{X} \cap \mathbf{Y})}_{\mathbf{G}} = \overline{\mathbf{X}}_{\mathbf{G}} \cup \overline{\mathbf{Y}}_{\mathbf{G}}$

Die **Mächtigkeit** oder **Kardinalität** einer Menge **M** (im Symbol $|\mathbf{M}|$) gibt die Anzahl der in 51
ihr enthaltenen Elemente an.

Beispiel 1.3.6

Sei $\mathbf{M} = \{\mathbf{2,3,5,7}\}$. Dann gilt $|\mathbf{M}| = |\{\mathbf{2,3,5,7}\}| = \mathbf{4}$. Für die leere Menge gilt $|\emptyset| = \mathbf{0}$. 52

Teilmengen einer Menge können als Elemente einer neuen Menge aufgefasst werden. Bilden 53
wir z.B. aus der Menge der Augenzahlen eines Sechserwürfels $\mathbf{X} = \{\mathbf{1,2,3,4,5,6}\}$ die Teilmenge der geraden Zahlen $\mathbf{X_1} = \{\mathbf{2,4,6}\}$ und der Primzahlen $\mathbf{X_2} = \{\mathbf{2,3,5}\}$, so lässt sich eine Menge **Y** dieser beiden Teilmengen $\mathbf{Y} = \{\{\mathbf{2,4,6}\},\ \{\mathbf{2,3,5}\}\}$ bilden. Bezüglich Elementezugehörigkeit bzw. Teilmengengegebenheit ist die Notation sorgfältig zu verwenden. So ist $\{\mathbf{2,4,6}\} \in \mathbf{Y}$, aber nicht Teilmenge von **Y**. Sollen die Elemente von $\mathbf{X_1}$ als Teilmenge von **Y** deklariert werden, schreiben wir $\{\{\mathbf{2,4,6}\}\} \subset \mathbf{Y}$.

54 Die Menge aller bezüglich einer Menge **M** konstruierbaren Teilmengen ist die Potenzmenge $\wp(\mathbf{M})$ der Menge **M**. Dabei sind die Ausgangsmenge **M** sowie die leere Menge immer Element der Potenzmenge.

Beispiel 1.3.7

55 Sei $\mathbf{M} = \{\mathbf{a}, \mathbf{b}, \mathbf{c}\}$. Die Potenzmenge zu **M** lautet:

$$\wp(\mathbf{M}) = \{\{\mathbf{a}\}, \{\mathbf{b}\}, \{\mathbf{c}\}, \{\mathbf{a}, \mathbf{b}\}, \{\mathbf{a}, \mathbf{c}\}, \{\mathbf{b}, \mathbf{c}\}, \{\mathbf{a}, \mathbf{b}, \mathbf{c}\}, \emptyset\}$$

56 Notationsmäßig zu beachten ist, dass

$$\mathbf{a} \in \mathbf{M}, \mathbf{a} \notin \wp(\mathbf{M}), \{\mathbf{a}\} \in \wp(\mathbf{M}), \{\mathbf{a}\} \subset \mathbf{M}, \{\{\mathbf{a}\}\} \subset \wp(\mathbf{M}).$$

57 Für die Mächtigkeit der Potenzmenge gilt:

$$|\wp(\mathbf{M})| = \mathbf{2}^{|\mathbf{M}|}$$

Beispiel 1.3.8

58 Bezüglich $\mathbf{M} = \{\mathbf{a}, \mathbf{b}, \mathbf{c}\}$ gilt offensichtlich $|\wp(\mathbf{M})| = \mathbf{2^3} = \mathbf{8}$ (vgl. Beispiel 1.3.7).

59 Werden von einer Menge **X** derart Teilmengen $\mathbf{X_1}, \mathbf{X_2}, \ldots \mathbf{X_n}$ gebildet, dass die Schnittmenge jeweils zweier verschiedener Teilmengen die leere Menge ergibt, d.h. zwei beliebig gewählte Teilmengen keine gemeinsamen Elemente aufweisen, so verwenden wir die Notation

$$\bigcup_{\mathbf{i}=1}^{\mathbf{n}} \mathbf{X_i} = \mathbf{X}, \qquad \mathbf{X_i} \cap \mathbf{X_j} = \emptyset, \mathbf{i}, \mathbf{j} \in \{\mathbf{1}, \ldots, \mathbf{n}\}, \mathbf{i} \neq \mathbf{j}\,.$$

60 Das Mengensystem $\{\mathbf{X_1}, \ldots, \mathbf{X_n}\} \subset \wp(\mathbf{X})$ bildet eine **Partition** von **X**. Man sagt, alle Teilmengen sind paarweise disjunkt. Wird die Bedingung

$$\mathbf{X_i} \cap \mathbf{X_j} = \emptyset,\ \mathbf{i}, \mathbf{j} \in \{\mathbf{1}, \ldots, \mathbf{n}\}, \mathbf{i} \neq \mathbf{j}$$

61 aufgehoben, so liegt eine **Überdeckung** vor.

Beispiel 1.3.9

62 Bei einer Zerlegung von $\mathbf{X} = \{\mathbf{1}, \mathbf{2}, \mathbf{3}, \mathbf{4}, \mathbf{5}, \mathbf{6}\}$ in die Menge der geraden Zahlen $\mathbf{G} = \{\mathbf{2}, \mathbf{4}, \mathbf{6}\}$ und die Menge der ungeraden Zahlen $\mathbf{U} = \{\mathbf{1}, \mathbf{3}, \mathbf{5}\}$ bildet das System $\{\mathbf{G}, \mathbf{U}\}$ eine Partition, da $\mathbf{G} \cup \mathbf{U} = \mathbf{X}$ und $\mathbf{G}, \mathbf{U}$ wegen $\mathbf{G} \cap \mathbf{U} = \emptyset$ disjunkt sind. Spezifizieren wir dagegen ein Teilmengensystem $\mathbf{A} = \{\mathbf{1}, \mathbf{2}, \mathbf{3}, \mathbf{4}\}, \mathbf{B} = \{\mathbf{4}, \mathbf{5}, \mathbf{6}\}$, so liegt eine Überdeckung vor, da das Element „**4**" sowohl in **A** als auch in **B** vorkommt, die Mengen wegen $\mathbf{A} \cap \mathbf{B} = \{\mathbf{4}\} \neq \emptyset$ nicht disjunkt sind.

Eine wichtige Mengenverknüpfung ist die **Produktmenge** oder das **Cartesische Mengenpro-** 63
dukt. Unter der Produktmenge $\mathbf{X} \times \mathbf{Y}$ zweier nichtleerer Mengen **X**, **Y** versteht man die Menge aller geordneten Paare $(\mathbf{x}, \mathbf{y})$, wobei **x** ein beliebiges Element von **X** und **y** ein beliebiges Element von **Y** ist. Wir formalisieren:

$$\mathbf{X} \times \mathbf{Y} := \{(\mathbf{x}, \mathbf{y}) | \mathbf{x} \in \mathbf{X} \wedge \mathbf{y} \in \mathbf{Y}\}$$

Beispiel 1.3.10

Im Straßenbahndepot mögen **drei** Zugwagen $\mathbf{Z} = \{\mathbf{a}, \mathbf{b}, \mathbf{c}\}$ und **drei** Anhänger $\mathbf{A} = \{\mathbf{x}, \mathbf{y}, \mathbf{z}\}$ 64
existieren. Es sei jeweils ein Zugwagen mit einem Anhänger zu kombinieren. Die Produktmenge enthält alle möglichen Konstellationen (Elemente der Produktmenge):

$$\mathbf{Z} \times \mathbf{A} = \{(\mathbf{a}, \mathbf{x}), (\mathbf{a}, \mathbf{y}), (\mathbf{a}, \mathbf{z}), (\mathbf{b}, \mathbf{x}), (\mathbf{b}, \mathbf{y}), (\mathbf{b}, \mathbf{z}), (\mathbf{c}, \mathbf{x}), (\mathbf{c}, \mathbf{y}), (\mathbf{c}, \mathbf{z})\}$$

Bezüglich der Produktmenge gilt keine Kommutativität: $\mathbf{X} \times \mathbf{Y} \neq \mathbf{Y} \times \mathbf{Z}$. Für die Mächtigkeit 65
der Produktmenge gilt:

$$|\mathbf{X} \times \mathbf{Y}| = |\mathbf{X}| \cdot |\mathbf{Y}|$$

Auch bezüglich der Produktmenge lassen sich Teilmengen bilden. Eine nichtleere Teilmenge 66
R der Produktmenge $\mathbf{X} \times \mathbf{Y}$ heißt zweistellige Relation von **X** nach **Y**.

Beispiel 1.3.11

Es seien in Beispiel 1.3.10 nur die Zugwagen **a**, **b** und die Anhänger **x**, **y** kurzfristig einsetzbar. 67
Dadurch wird eine Vorschrift bezüglich der Relation festgelegt. Diese lautet nun:

$$\mathbf{R} = \{(\mathbf{a}, \mathbf{x}), (\mathbf{a}, \mathbf{y}), (\mathbf{b}, \mathbf{x}), (\mathbf{b}, \mathbf{y})\} \subset \mathbf{Z} \times \mathbf{A}$$

1.4 Abbildungen

Die geordneten Paare einer Relation basieren auf einer Zuordnungsvorschrift, d.h. einer Vor- 68
schrift, die einem Element der Menge **X** ein entsprechendes Element der Menge **Y** zuordnet. Zum Beispiel möge einem Zugwagen nur ein Anhänger gleicher Farbe zugeordnet werden dürfen. Wir sprechen fortan von einer **Abbildung**, die gemäß einer Abbildungsvorschrift „**f**" Elementen einer Urbildmenge **X** (Originalelemente) Elemente einer Bildmenge **Y** (Bildelemente) zuordnet. Die Schreibweise lautet:

$$\mathbf{f}: \mathbf{X} \to \mathbf{Y}$$

X heißt Urbildmenge, **Y** heißt Bildmenge.

Die Menge aller Originalelemente $\mathbf{x} \in \mathbf{X}$, für die mindestens ein Bildelement $\mathbf{y} \in \mathbf{Y}$ existiert, 69
heißt **Definitionsbereich** $\mathbf{D(f)}$ der entsprechenden Abbildung $\mathbf{f}: \mathbf{X} \to \mathbf{Y}$.

Die Menge aller Bildelemente $\mathbf{y} \in \mathbf{Y}$, für die mindestens ein Original $\mathbf{x} \in \mathbf{X}$ existiert, heißt Wer- 70
tebereich $\mathbf{W(f)}$ der entsprechenden Abbildung $\mathbf{f}: \mathbf{X} \to \mathbf{Y}$.

71 Folgende Abbildungseigenschaften lassen sich unterscheiden:

- **Mehrdeutigkeit:** Für mindestens ein Original $\mathbf{x} \in \mathbf{D(f)}$ existieren bei einer mehr-deutigen Abbildung mindestens zwei Bildelemente.

- **Eindeutigkeit:** Für ein Original $\mathbf{x} \in \mathbf{D(f)}$ existiert höchstens ein Bildelement $\mathbf{y} \in \mathbf{W(f)}$.

- **Surjektivität:** Alle $\mathbf{y} \in \mathbf{Y}$ sind Bildelemente, d.h. $\mathbf{Y} = \mathbf{W(f)}$.

- **Injektivität:** Zu jedem Bild $\mathbf{y} \in \mathbf{W(f)}$ existiert nur genau ein Urbild. Ist $\mathbf{f}: \mathbf{X} \to \mathbf{Y}$ eine injektive Abbildung, so beschreibt die inverse Abbildung $\mathbf{f}^{-1}: \mathbf{Y} \to \mathbf{X}$ eine eindeutige Abbildung.

- **Bijektivität:** Eine bijektive Abbildung $\mathbf{f}: \mathbf{X} \to \mathbf{Y}$ ist injektiv und surjektiv, die inverse Abbildung (Umkehrabbildung) $\mathbf{f}^{-1}: \mathbf{Y} \to \mathbf{X}$ ist surjektiv.

Beispiel 1.4.1

72 Wir betrachten die Menge $\mathbf{X} = \{\mathbf{a}, \mathbf{b}, \mathbf{c}\}$ von Arbeitskräften und $\mathbf{Y} = \{\mathbf{x}, \mathbf{y}, \mathbf{z}\}$ von Aufträgen.

73 (1) Arbeitskraft **b** werde zu Auftrag **x** und **y**, Arbeitskraft **c** zu Auftrag **z** verpflichtet.

$$\mathbf{D(f)} = \{\mathbf{b}, \mathbf{c}\}, \mathbf{W(f)} = \{\mathbf{x}, \mathbf{y}, \mathbf{z}\}, \mathbf{f}: \mathbf{X} \to \mathbf{Y} = \{(\mathbf{b}, \mathbf{x}), (\mathbf{b}, \mathbf{y}), (\mathbf{c}, \mathbf{z})\}$$

$\mathbf{f}: \mathbf{X} \to \mathbf{Y}$ ist mehrdeutig, da **b** sowohl **x** als auch **y** zugeordnet wird.

74 (2) Arbeitskraft **a** werde Auftrag **x** und Arbeitskraft **b** werde Auftrag **x** zugeordnet.

$$\mathbf{D(f)} = \{\mathbf{a}, \mathbf{b}\}, \mathbf{W(f)} = \{\mathbf{x}\}, \mathbf{f}: \mathbf{X} \to \mathbf{Y} = \{(\mathbf{a}, \mathbf{x}), (\mathbf{b}, \mathbf{x})\}$$

$\mathbf{f}: \mathbf{X} \to \mathbf{Y}$ ist eindeutig, da jeder Arbeitskraft höchstens ein Auftrag zugeordnet wird. $\mathbf{f}^{-1}: \mathbf{Y} \to \mathbf{X} = \{(\mathbf{x}, \mathbf{a}), (\mathbf{x}, \mathbf{b})\}$ ist mehrdeutig, da ein Auftrag von mehr als einer Person bearbeitet wird.

75 (3) Wie (2), Arbeitskraft **c** wird Auftrag **z** zugeordnet.

$$\mathbf{D(f)} = \{\mathbf{a}, \mathbf{b}, \mathbf{c}\}, \mathbf{W(f)} = \{\mathbf{x}, \mathbf{z}\}, \mathbf{f}: \mathbf{X} \to \mathbf{Y} = \{(\mathbf{a}, \mathbf{x}), (\mathbf{b}, \mathbf{x}), (\mathbf{c}, \mathbf{z})\}$$

$\mathbf{f}: \mathbf{X} \to \mathbf{Y}$ ist eindeutig, $\mathbf{f}^{-1}: \mathbf{Y} \to \mathbf{X} = \{(\mathbf{x}, \mathbf{a}), (\mathbf{x}, \mathbf{b}), (\mathbf{z}, \mathbf{c})\}$ ist mehrdeutig und surjektiv.

76 (4) Arbeitskraft **a** bearbeitet Auftrag **x**, und Arbeitskraft **c** bearbeitet Auftrag **y**.

$$\mathbf{D(f)} = \{\mathbf{a}, \mathbf{c}\}, \mathbf{W(f)} = \{\mathbf{x}, \mathbf{y}\}, \mathbf{f}: \mathbf{X} \to \mathbf{Y} = \{(\mathbf{a}, \mathbf{x}), (\mathbf{c}, \mathbf{y})\}$$

$\mathbf{f}: \mathbf{X} \to \mathbf{Y}$ ist eindeutig, $\mathbf{f}^{-1}: \mathbf{Y} \to \mathbf{X} = \{(\mathbf{x}, \mathbf{a}), (\mathbf{y}, \mathbf{c})\}$ ist eindeutig. **f** und $\mathbf{f}^{-1}$ sind injektiv.

(5) **a** bearbeitet **x**, **b** bearbeitet **y**, und **c** bearbeitet **z**. 77

$$D(f) = \{a, b, c\}, W(f) = \{x, y, z\}, f: X \to Y = \{(a, x), (b, y), (c, z)\}$$

$f: X \to Y$ und $f^{-1}: Y \to X = \{(x, a), (y, b), (z, c)\}$ sind jeweils eindeutig, injektiv, surjektiv und bijektiv.

1.5 Folgen

Eine Folge ist eine Abbildung einer Menge natürlicher Zahlen $D \subset \mathbb{N}$ in eine Menge **M** (Wertebereich). Ist **M** eine Zahlenmenge, so liegt eine Zahlenfolge vor, die wir uns als geordnete Menge (Tupel) reeller Zahlen vorstellen können. 78

Eine endliche Folge ist eine Abbildung $a: \{1, 2, \dots, n\} \to \mathbb{R}$ mit den reellen Werten $a(1), a(2), \dots, a(n)$. Die Folgenglieder werden kurz mit $a_1, a_2, \dots, a_n$ bezeichnet. Folgende Darstellungsmöglichkeiten existieren: 79

- Aufzählung: $\{a_k\}, k = 1, 2, \dots$
- unabhängige Darstellung: $a_k = f(k)$, $k = 1, 2, \dots$
- rekursive Darstellung: $a_k = g(a_{k-1})$, $k = 2, 3, \dots$

Beispiel 1.5.1

Ein Anleger legt ein Vermögen V_0 zum Jahresende eines bestimmten Jahres zum Jahreszinssatz **i** für **n** Jahre an. Die fälligen Zinsen werden in den nachfolgenden Jahren jeweils mitverzinst. Die Folge der jährlichen Endvermögensbeträge lautet: 80

$$\{V_k\} = V_1, V_2, \dots, V_n$$

Das Bildungsgesetz lautet: 81

$$V_k = (1 + i)V_{k-1}, \quad k = 1, \dots, n$$

Handelt es sich um ein Anlagevolumen von **10.000 €** bei **10 %** Zinseszinsen und jährlichem Zinszuschlag, lautet die Folge der jährlichen Endvermögensbeträge: 82

$$\{V_k\}, k = 1, 2, 3, \dots = 11.000 €, 12.100 €, 13.310 €, 14.641 €, \dots$$

Eine Folge $\{a_k\}, k = 1, 2, \dots$ heißt **geometrisch**, falls $a_{k+1}/a_k =: q$ konstant ist. Sie heißt **arithmetisch**, falls $a_{k+1} - a_k =: c$ konstant ist. 83

Beispiel 1.5.2

Eine Maschine mit einer Abschreibungsbasis $R_0 = 1.000$ werde geometrisch degressiv bei einer Abschreibungsrate $r = 0{,}2$ abgeschrieben. Die Folge der Restwerte bezüglich der Perioden $t = 1, \dots, n$ ist geometrisch mit dem Bildungsgesetz: 84

$$R_t = (1 - r)R_{t-1}, \quad t = 1, \dots, n$$

85 Es gilt:

$$\frac{\mathbf{R_t}}{\mathbf{R_{t-1}}} = \mathbf{1 - r}, \quad (\mathbf{1 - r}) = \mathbf{const.}$$

86 Die Folge der Periodenabschreibungen ergibt sich aus der Differenz der Restwerte gemäß:

$$\mathbf{d_t = R_{t-1} - R_t}, \quad \mathbf{t = 1, \dots, n}$$

87 Konkret lauten die entsprechenden Folgen:

$\{\mathbf{R_t}\}, \mathbf{t = 1, \dots, 6 =}$ $\mathbf{800;\ 640;\ 512;\ 409,60;\ 327,68;\ 262,14}$

$\{\mathbf{d_t}\}, \mathbf{t = 1, \dots, 6 =}$ $\mathbf{200;\ 160;\ 128;\ 102,40;\ 81,92;\ 65,54}$

88 Eine Folge $\{\mathbf{a_k}\}$, $\mathbf{k = 1, 2, \dots}$ heißt **beschränkt**, falls es eine positive Zahl **c** mit

$$|\mathbf{a_k}| \leq \mathbf{c}\ \forall\ \mathbf{k = 1, 2, \dots}$$

gibt.

89 Eine Folge $\{\mathbf{a_k}\}, \mathbf{k = 1, 2, \dots}$ heißt

90

monoton fallend, wenn	$\mathbf{a_{k+1} \leq a_k\ \forall\ k = 1, 2, \dots}$
streng monoton fallend, wenn	$\mathbf{a_{k+1} < a_k\ \forall\ k = 1, 2, \dots}$
monoton wachsend, wenn	$\mathbf{a_{k+1} \geq a_k\ \forall\ k = 1, 2, \dots}$
streng monoton wachsend, wenn	$\mathbf{a_{k+1} > a_k\ \forall\ k = 1, 2, \dots}$

91 Eine Zahlenfolge heißt **alternierend**, wenn benachbarte Glieder entgegengesetzte Vorzeichen haben, d.h.

$$\mathbf{a_{k-1} \cdot a_k < 0\ \forall\ k = 1, 2, \dots}$$

gilt.

92 Eine endliche Zahl **a** heißt Grenzwert der Zahlenfolge $\{\mathbf{a_k}\}$, wenn es zu jedem $\boldsymbol{\varepsilon} > \mathbf{0}$ eine natürliche Zahl $\mathbf{N}(\boldsymbol{\varepsilon})$ derart gibt, dass

$$|\mathbf{a_k - a}| < \boldsymbol{\varepsilon}\ \forall\ \mathbf{k \geq N}(\boldsymbol{\varepsilon})$$

gilt.

Existiert eine solche Zahl **a**, so wird die Folge **konvergent**, andernfalls **divergent** genannt. Für 93
eine gegen **a** konvergierende Folge gilt:

$$\lim_{k\to\infty} a_k = a$$

Die Folge $\{a_k\}$, $k = 1, 2, \ldots$ ist konvergent, falls sie beschränkt und monoton wachsend oder 94
fallend ist.

Beispiel 1.5.3

$$\lim_{k\to\infty} \frac{1}{k} = 0$$

$$\lim_{k\to\infty} \left(1 + \frac{1}{k}\right)^k = e = 2{,}718281828459 \ldots = \sum_{k=0}^{\infty} \frac{1}{k!}$$

e ist die Eulersche Zahl.

1.6 Reihen

Es sei $\{a_k\}$, $k = 1, \ldots, n$ eine beliebige Zahlenfolge. Dann wird die Zahlenfolge 95

$$\{s_k\};\ s_k = \sum_{j=1}^{k} a_j, \quad k = 1, \ldots, n$$

endliche Reihe genannt. s_k ist die Teilsumme (Partialsumme). Wir unterscheiden 96

- **arithmetische Reihe:** $a_k = a_1 + (k-1)d$ mit 97

$$s_n = \sum_{k-1}^{n} a_k = n\left(a_1 + \frac{n-1}{2} d\right) = \frac{n}{2}(a_1 + a_n)$$

- **geometrische Reihe:** $a_k = a_1 q^{k-1}$ mit 98

$$s_n = \sum_{k=1}^{n} a_1 q^{k-1} = a_1 \frac{q^n - 1}{q - 1} \text{ für } q \neq 1 \text{ bzw. } s_n = n a_1 \text{ für } q = 1$$

- **harmonische Reihe:** $a_k = 1/k$ mit 99

$$s_n = \sum_{k=1}^{n} \frac{1}{k}$$

Sei $\{a_k\}, k = 1, 2, \ldots$ eine beliebige Zahlenfolge, dann wird 100

$$\{s_k\}, k = 1, 2, \ldots \text{ mit } s_k = \sum_{j=1}^{k} a_j, \quad k = 1, 2, \ldots$$

eine **unendliche Reihe** genannt.

Beispiel 1.6.1

101 Die Summe der Zahlen **1, 2, 3, ..., 99, 100** ergibt sich aus der Summenformel der arithmetischen Reihe gemäß $\mathbf{s_{100} = 50(1 + 100) = 5050}$.

102 Die Summe der aus dem Bildungsgesetz $\mathbf{a_k = a_{k-1} \cdot 1{,}1;\ a_0 = 1}$ ermittelten ersten **sechs** Folgenglieder $\mathbf{1;\ 1{,}1;\ 1{,}21;\ 1{,}331;\ 1{,}4641;\ 1{,}61051}$ ergibt sich gemäß:

$$\mathbf{s_6 = 1 \cdot \frac{1{,}1^6 - 1}{0{,}1} = 7{,}71561}$$

103 Eine unendliche Reihe heißt konvergent, wenn die Zahlenfolge $\{\mathbf{s_n}\}$ ihrer Partialsummen konvergiert. Liegt keine Konvergenz vor, wird die Reihe divergent genannt.

104 Der Grenzwert **s** der konvergenten Folge $\{\mathbf{s_n}\}$ lautet:

$$\mathbf{s = \lim_{n \to \infty} s_n = \lim_{n \to \infty} \sum_{k=1}^{n} a_k}$$

105 Sei $|\mathbf{q}| < \mathbf{1}$, dann gilt für den Grenzwert der geometrischen Reihe:

$$\mathbf{\lim_{n \to \infty} s_n = \sum_{k=1}^{\infty} a_1 q^{k-1} = \frac{a_1}{1 - q}}$$

106 Konvergenzkriterien für unendliche Reihen sind das

107 - **Leibniz-Kriterium:** Wenn die Beträge einer alternierenden Reihe monoton fallen und gegen **0** konvergieren, d.h., wenn $|\mathbf{a_k}| > |\mathbf{a_{k+1}}|, \mathbf{k = 1, 2, ...}$ und $\mathbf{\lim_{k \to \infty} a_k = 0}$ gilt, dann konvergiert die alternierende Reihe.

108 - **Quotienten-Kriterium:** Existiert für eine positive Reihe (nur aus positiven Gliedern bestehend) eine Zahl $\mathbf{q > 0}$ derart, dass $\mathbf{\lim_{k \to \infty} a_{k+1}/a_k \leq q < 1}$ gilt, dann konvergiert die Reihe. Existiert ein $\mathbf{q > 1}$ mit $\mathbf{\lim_{k \to \infty} a_{k+1}/a_k \geq q > 1}$, so divergiert die Reihe.

2 Statistik

2.1 Kombinatorik

Kombinatorik befasst sich mit dem Problem des Anordnens und/oder Auswählens von Elemen- 109
ten endlicher Mengen. Unterschieden werden die Komplexionen:

- Permutation
- Kombination
- Variation

Eine **Permutation** ist die Anordnung von **n** Elementen in einer bestimmten Reihenfolge. Die 110
Anzahl der Permutationen von **n** Elementen in einer bestimmten Reihenfolge berechnet sich gemäß:

$$\mathbf{P_n = n!}$$

Der Ausdruck **n**! heißt **n** „Fakultät". Die Berechnung erfolgt gemäß 111

$$\mathbf{n! = n \cdot (n-1) \cdot (n-2) \cdot \ldots \cdot 2 \cdot 1},$$

wobei $\mathbf{0! = 1}$.

Beispiel 2.1.1

In einem Hörsaal mit **20** Sitzplätzen können **20** Studierende $\mathbf{20! = 2{,}432902008 \cdot 10^{18}}$ bzw. 112
2,432902008 Trillionen unterschiedliche Sitzordnungen einnehmen.

Existieren unter den **n** Elementen $\mathbf{k \leq n}$ identische Elemente, gilt: 113

$$\mathbf{P_n^{(k)} = \frac{n!}{k!}}$$

Beispiel 2.1.2

In dem Hörsaal aus Beispiel 2.1.1 nehmen nur **15** Studierende Platz, **fünf** Plätze bleiben frei. 114
Dann existieren $\mathbf{20!/5! = 2{,}02741834 \cdot 10^{16}}$ bzw. **20,2741834 Billiarden** unterschiedliche Sitzordnungen.

Lassen sich die **n** Elemente in **m** Gruppen mit jeweils $\mathbf{k_1, k_2, \ldots k_m}$ identischen Elementen ein- 115
teilen mit $\mathbf{\sum k_j = n}$, so ergibt sich die Anzahl der Permutationen gemäß:

$$\mathbf{P_n^{(k_1,\ldots,k_m)} = \frac{n!}{k_1! \cdot k_2! \cdot \ldots \cdot k_m!} = \frac{n!}{\prod_{j=1}^{m} k_j!}}$$

Beispiel 2.1.3

116 Ein Zug besteht neben der Lokomotive aus **fünf** identischen Wagen **2**. Klasse, **drei** identischen Wagen **1**. Klasse und **zwei** identischen Schlafwagen. Es existieren

$$\mathbf{P}_{\mathbf{10}}^{(5,3,2)} = \frac{\mathbf{10!}}{\mathbf{5! \cdot 3! \cdot 2!}} = \mathbf{2520}$$

117 verschiedene Anordnungserscheinungen der **zehn** Wagen.

118 Eine **Kombination** nennt man eine Auswahl von $\mathbf{k} \leq \mathbf{n}$ Elementen aus **n** unterscheidbaren Elementen (Kombination k-ter Klasse) **ohne Beachtung der Reihenfolge**. Es handelt sich um eine **k-elementige Teilmenge** einer **n-elementigen Menge A**. Für die Anzahl der möglichen Kombinationen gilt ohne Zurücklegen (ohne Wiederholung)

$$\mathbf{C}_{\mathbf{n}}^{(\mathbf{k})} = \binom{\mathbf{n}}{\mathbf{k}}$$

119 bzw. mit Zurücklegen (mit Wiederholung)

$$\mathbf{C}_{\mathbf{n}}^{(\mathbf{k})\mathbf{W}} = \binom{\mathbf{n} + \mathbf{k} - \mathbf{1}}{\mathbf{k}}.$$

120 Bei den letzten beiden Ausdrücken handelt es sich um **Binomialkoeffizienten**. Der Wert eines Binomialkoeffizienten (gesprochen: **„n über k“**) ergibt sich gemäß:

$$\binom{\mathbf{n}}{\mathbf{k}} = \frac{\mathbf{n!}}{\mathbf{k!\,(n-k)!}}, \quad \mathbf{n \geq k \geq 0}, \quad \mathbf{,n,k} \in \mathbb{N}$$

121 Dabei gilt:

- $\binom{\mathbf{n}}{\mathbf{0}} = \binom{\mathbf{n}}{\mathbf{n}} = \mathbf{1}$
- $\binom{\mathbf{n}}{\mathbf{n-1}} = \binom{\mathbf{n}}{\mathbf{1}} = \mathbf{n}$
- $\binom{\mathbf{n}}{\mathbf{k}} = \binom{\mathbf{n}}{\mathbf{n-k}}$

Beispiel 2.1.4

122 Das klassische Zahlenlotto **„6 aus 49“** ist die Auslosung einer **sechs**elementigen Teilmenge aus einer **49**-elementigen Obermenge verschiedener Elemente. Die Anzahl möglicher Kombinationen ohne Zurücklegen ergibt sich zu:

$$\binom{\mathbf{49}}{\mathbf{6}} = \binom{\mathbf{49}}{\mathbf{43}} = \frac{\mathbf{49 \cdot 48 \cdot 47 \cdot 46 \cdot 45 \cdot 44}}{\mathbf{6 \cdot 5 \cdot 4 \cdot 3 \cdot 2 \cdot 1}} = \mathbf{13.983.816}$$

123 Mithilfe eines Taschenrechners kann über die Taste „**nCr**“ ein Binomialkoeffizient berechnet werden.

Eine **Variation** nennt man eine Auswahl von $\mathbf{k \leq n}$ Elementen aus **n** unterscheidbaren Ele- 124
menten (Variation k-ter Klasse) **mit Beachtung der Reihenfolge**. Es handelt sich um ein **geordnetes k-Tupel**. Für die Anzahl der Möglichkeiten, aus **n** verschiedenen Elementen geordnete k-Tupel ohne Zurücklegen (Wiederholung) auszuwählen, ergibt sich

$$\mathbf{V_n^{(k)} = k!\binom{n}{k} = \frac{n!}{(n-k)!} = n(n-1)(n-2)\dots(n-k+1)}$$

bzw. mit Zurücklegen 125

$$\mathbf{V_n^{(k)W} = n^k}.$$

Beispiel 2.1.5

Beim klassischen Zahlenlotto sei nun hypothetisch die Ziehungsreihenfolge relevant, d.h., es 126
sind **sechs** Zahlen in einer bestimmten Reihenfolge zu tippen, die im Gewinnfall dann auch in genau dieser Reihenfolge gezogen werden müssen. Dann ergeben sich

$$\mathbf{V_{49}^{(6)} = \frac{49!}{(49-6)!} = 49 \cdot 48 \cdot 47 \cdot 46 \cdot 45 \cdot 44 = 1{,}006834742 \cdot 10^{10}},$$

also **10,06834742 Milliarden** Möglichkeiten.

Eine **n**-elementige Menge **A**, d.h., $\mathbf{|A| = n}$ ist in **k** Teilmengen $\mathbf{A_1, \dots, A_k}$ mit 127

$$\mathbf{A_j \subset A,\ \ |A_j| = n_j,\ \ j = 1, \dots, k,\ \ A_i \cap A_j = \emptyset\ \forall\, i \neq j,\ \ \cup_{i=1}^{k} A_i = A}$$

aufgeteilt. Dabei gilt: 128

$$\mathbf{n_1, n_2, \dots, n_k \in \mathbb{N} \wedge \sum_{i=1}^{k} n_i = n}$$

Dann heißt jedes **k**-Tupel $\mathbf{(A_1, \dots, A_k)}$ eine **Partition** von **A**. Einfach gesagt, ist eine Partition 129
eine Zerlegung einer Menge in Teilmengen, wobei die Teilmengen keine gemeinsamen Elemente aufweisen – sie sind paarweise disjunkt – und die Vereinigungsmenge aller Teilmengen die Ausgangsmenge ergibt (siehe Kapitel 1.3).

Die Anzahl unterschiedlicher **k**-Tupel berechnen wir über den **Polynomialkoeffizienten**: 130

$$\mathbf{P(n|n_1, \dots, n_k) = \binom{n}{n_1\ \ n_2\ \ \dots\ \ n_k} = \frac{n!}{n_1! \cdot n_2! \cdot \dots \cdot n_k!} = \frac{n!}{\prod_{j=1}^{k} n_j!}}$$

Beispiel 2.1.6

131 Die Anzahl unterschiedlich möglicher Kartenverteilungen beim Skat berechnet sich zu

$$\mathbf{P(32|10,10,10,2)} = \binom{\mathbf{32}}{\mathbf{10\ 10\ 10\ 2}} = \frac{\mathbf{32}}{\mathbf{10!\cdot 10!\cdot 10!\cdot 2!}} = \mathbf{2,753294409\cdot 10^{15}},$$

132 also **2,753294409 Billiarden**, Möglichkeiten.

2.2 Zufallsvariablen und Wahrscheinlichkeiten

Beispiel 2.2.1

133 Wir betrachten zunächst das Geburtstagsparadoxon. In einem Hörsaal mögen **30** Studierende sitzen. Ist es wahrscheinlicher, dass alle **30** Studierende an einem jeweils verschiedenen Datum (TT.MM) Geburtstagsjubiläum feiern (kollisionsfreie Geburtstage) oder dass bei mindestens **zwei** Studierenden ein identisches jahresunabhängiges Datum vorliegt? Wir betrachten dazu eine Menge von **n** Personen. Daraus resultieren $\mathbf{365^n}$ mögliche Geburtstagskonstellationen. Die Wahrscheinlichkeit einer vollständigen Kollisionsfreiheit bei **n** Personen ($\mathbf{p_n}$) liegt bei:

$$\mathbf{p_n} = \frac{\mathbf{365\cdot\ldots\cdot(365-n+1)}}{\mathbf{365^n}}$$

134 Die Wahrscheinlichkeit, dass mindestens ein Geburtstag doppelt auftritt, ergibt sich dann über die Komplementärwahrscheinlichkeit:

$$\mathbf{\overline{p}_n = 1 - p_n}$$

135 Wir betrachten nachfolgende Tabelle für ausgewählte Personenanzahlen.

136

n	10	20	23	30	40	50	60
$\mathbf{\overline{p}_n}$	0,12	0,41	0,51	0,71	0,89	0,97	0,99

137 Bei **30** Studierenden haben mit **71%**iger Wahrscheinlichkeit mindestens **zwei** Studierende am gleichen Tag Geburtstag. Bereits bei **23** Studierenden ist die Wahrscheinlichkeit mindestens einer Geburtstagskollision höher als vollständige Kollisionsfreiheit.

138 Die Wahrscheinlichkeitsrechnung befasst sich mit Zufallsereignissen, Zufallsvariablen und Zufallsexperimenten. Sie findet bei stochastischen Phänomenen Anwendung. Diese sind im Gegensatz zu deterministischen Phänomenen (z.B. freier Fall) durch eine fehlende prospektive eindeutige Ursache-Wirkung-Relation gekennzeichnet.

Zufallsexperimente führen zu einem von mehreren sich gegenseitig ausschließenden Ergebnis- 139
sen. Das Ergebnis ist nicht mit Sicherheit vorhersehbar. Beispiele für Zufallsexperimente sind Münzwurf, Ziehen einer Karte, Würfelwurf etc. Vor dem Experiment ist es ungewiss, welches Ergebnis (auch Elementarereignis) $\boldsymbol{\omega_i}$ tatsächlich eintreten wird. Mögliche Ergebnisse spezifizieren wir durch den Ergebnisraum:

$$\boldsymbol{\Omega} = \{\boldsymbol{\omega_1}, \dots, \boldsymbol{\omega_n}\}$$

Bezüglich der Mächtigkeit des Ergebnisraums können wir unterscheiden: 140

- $|\boldsymbol{\Omega}| = \mathbf{n}$, $\boldsymbol{\Omega}$ ist endlich, es existieren $\mathbf{n}$ Elementarereignisse (z.B. Würfelflächen).
- $|\boldsymbol{\Omega}| = |\mathbb{N}|$, $\boldsymbol{\Omega}$ ist abzählbar (z.B. Maschinenausfälle pro Schicht).
- $|\boldsymbol{\Omega}| = |\mathbf{K}|, \mathbf{K} \subset \mathbb{R}$, $\boldsymbol{\Omega}$ ist überabzählbar (Reifendruck, Temperatur).

Eine Teilmenge des Ergebnisraums beschreibt ein **Ereignis** $\mathbf{A_i} \subset \boldsymbol{\Omega}$. Für ein Ereignis gilt: 141

- sicheres Ereignis $\boldsymbol{\Omega} \subset \boldsymbol{\Omega}$
- unmögliches Ereignis $\emptyset \subset \Omega$
- Zufallsereignis $\mathbf{A_i} \subset \boldsymbol{\Omega}, \mathbf{i} = \mathbf{1}, \mathbf{2}, \mathbf{3}, \dots$
- Elementarereignis als einelementiges Zufallsereignis $\{\boldsymbol{\omega_i}\} \subset \boldsymbol{\Omega}$

Resultiert aus der Initiierung eines Zufallsexperiments ein Ergebnis $\boldsymbol{\omega_i} \in \mathbf{A_i} \wedge \mathbf{A_i} \subset \boldsymbol{\Omega}$, so ist 142
Ereignis $\mathbf{A_i}$ eingetreten.

Aus gegebenen Ereignissen lassen sich durch Ereignisverknüpfungen (analog den Mengenver- 143
knüpfungen in der Mengenlehre) neue Ereignisse bilden.

Beispiel 2.2.2

Wir betrachten das Zufallsexperiment „Würfelwurf" mit $\boldsymbol{\Omega} = \{\mathbf{1}, \mathbf{2}, \mathbf{3}, \mathbf{4}, \mathbf{5}, \mathbf{6}\}$ und betrachten 144
die Ereignisse $\mathbf{A_1} = \{\mathbf{2}, \mathbf{4}, \mathbf{6}\}$, $\mathbf{A_2} = \{\mathbf{2}, \mathbf{3}, \mathbf{5}\}$, $\mathbf{A_3} = \{\mathbf{1}\}$.

- $\mathbf{A_1} \cap \mathbf{A_2}$: $\mathbf{A_1}$ und $\mathbf{A_2}$ sind eingetreten, es wird die Zahl „**2**" gewürfelt.
- $\mathbf{A_1} \cup \mathbf{A_2}$: $\mathbf{A_1}$ oder $\mathbf{A_2}$ oder beide sind eingetreten, Wurf einer Zahl größer **1**.
- $\mathbf{A_2} \backslash \mathbf{A_1}$: $\mathbf{A_2}$ nicht aber $\mathbf{A_1}$ sind eingetreten, Wurf einer ungeraden Primzahl.
- $\overline{\mathbf{A_2}}$: Irgendein Ereignis ausschließlich $\mathbf{A_2}$ ist eingetreten, Wurf **keiner** Primzahl.
- $\mathbf{A_1} \Delta \mathbf{A_2}$: Entweder nur $\mathbf{A_1}$ oder nur $\mathbf{A_2}$ sind eingetreten, nicht beide gleichzeitig, es wird eine Zahl größer **2** geworfen.
- $\overline{\mathbf{A_2} \cup \mathbf{A_3}}$: Irgendein Ereignis ausschließlich $\mathbf{A_2}$ oder $\mathbf{A_3}$ ist eingetreten, es wird eine gerade Zahl größer **2** geworfen.

145 Sei **F** ein System von Ereignissen $\mathbf{A_1, A_2, \ldots} \subset \mathbf{\Omega}$ mit folgenden Eigenschaften:

- $\mathbf{\Omega \in F,\ \emptyset \in F}$
- $\mathbf{A_i \in F \rightarrow \overline{A}_i \in F}$
- $\mathbf{A_1, A_2, \ldots \in F \rightarrow \bigcup_{i=1}^{\infty} A_i \in F \ \wedge\ \bigcap_{i=1}^{\infty} A_i \in F}$

146 dann beschreibt **F** ein **Ereignisfeld**, eine **Ereignisalgebra** oder eine **σ-Algebra**. **F** ist immer eine Teilmenge der Potenzmenge von $\mathbf{\Omega}$, d.h. $\mathbf{F} \subset \wp(\mathbf{\Omega})$.

147 Nach diesen Vorüberlegungen können wir nun den Begriff „Wahrscheinlichkeit" exakt definieren. Eine auf **F** definierte Funktion gemäß

$$\mathbf{P: A_i \rightarrow [0,1]\ \forall\ A_i \in F}$$

148 heißt Wahrscheinlichkeit des Ereignisses $\mathbf{A_i}$ mit folgenden Eigenschaften:

- $\mathbf{P(A_i) \quad > 0}$
- $\mathbf{P(\Omega) \quad = 1}$
- $\mathbf{P(\bigcup A_i) = \sum P(A_i),\ \ A_i \cap A_j = \emptyset,\ \ i \neq j,\ \ \forall\, i, j}$
- $\mathbf{P(\emptyset) = 0}$
- $\mathbf{P(\overline{A}) = 1 - P(A)}$, Komplementär- oder Gegenwahrscheinlichkeit
- $\mathbf{P(A_i \cup A_j) = P(A_i) + P(A_j) - P(A_i \cap A_j)}$
- $\mathbf{A_i \subset A_j \rightarrow P(A_i) \leq P(A_j)}$, Monotonieeigenschaft

149 Die Wahrscheinlichkeit ist ein **nichtnegatives**, **normiertes** und **additives** Maß.

150 Für die Wahrscheinlichkeitsmessung betrachten wir **zwei** Möglichkeiten:

- objektive Prior-Wahrscheinlichkeit

$$\mathbf{P(A_i) = \frac{|A_i|}{|\Omega|}}$$

- objektive Posterior-Wahrscheinlichkeit

$$\mathbf{P(A_i) = \lim_{n \to \infty} \frac{n(A_i)}{n}}$$

151 $\mathbf{|A_i|}$ beschreibt die Anzahl der Ergebnisse, bei denen das Ereignis $\mathbf{A_i}$ eingetreten ist, $\mathbf{n(A_i)}$ die Anzahl der Versuchsgänge bei denen Ereignis $\mathbf{A_i}$ eingetreten ist, **n** die Anzahl der Versuchswiederholungen.

Beispiel 2.2.3

Die Wahrscheinlichkeit, beim Zufallsexperiment „Würfelwurf" eine gerade Zahl zu werfen, 152
berechnet sich gemäß:

$$\mathbf{P(\{2,4,6\})=\frac{|\{2,4,6\}|}{|\{1,2,3,4,5,6\}|}=0,5}$$

Wir betrachten zwei Ereignisse $\mathbf{X,Y \subset \Omega}$ und $\mathbf{P(Y)>0}$. $\mathbf{P(X|Y)}$ beschreibt die Wahrschein- 153
lichkeit des Eintritts von **X** unter der Bedingung, dass Ereignis **Y** eingetreten ist. Es handelt sich um eine **bedingte (auch konditionale) Wahrscheinlichkeit**. **Y** ist das bedingende Ereignis, **X** ist das bedingte Ereignis. Die bedingte Wahrscheinlichkeit berechnet sich gemäß:

$$\mathbf{P(X|Y)=\frac{P(X\cap Y)}{P(Y)}}$$

Eine Äquivalenzumformung führt zum Produktsatz 154

$$\mathbf{P(X\cap Y)=P(X|Y)P(Y)=P(Y|X)P(X)}.$$

$\mathbf{P(Y|X)}$ ist die **inverse bedingte Wahrscheinlichkeit** bezüglich $\mathbf{P(X|Y)}$. 155

Bezüglich der bedingten Wahrscheinlichkeit existieren folgende Eigenschaften: 156

- $\mathbf{P(\emptyset|Y)=0}$
- $\mathbf{P(X|Y)\in[0,1]}$
- $\mathbf{P(Y|Y)=1}$

Beispiel 2.2.4

Wie hoch ist beim Zufallsexperiment „Würfelwurf" die Wahrscheinlichkeit eines Primzahl- 157
wurfs unter der Bedingung, dass eine gerade Zahl geworfen wird? Wir bilden die Mengen

$$\mathbf{\Omega=\{1,2,3,4,5,6\},\quad X=\{2,3,5\},\quad Y=\{2,4,6\},}$$

dann folgt: 158

$$\mathbf{P(X|Y)=\frac{P(\{2\})}{P(\{2,4,6\})}=\frac{1/6}{1/2}=\frac{1}{3}}$$

.

159 Zwei Ereignisse $\mathbf{X}, \mathbf{Y} \in \mathbf{F}$ heißen **stochastisch unabhängig**, wenn mindestens eine der nachfolgenden Bedingungen erfüllt ist:

- $\mathbf{P(X|Y) = P(X)}$
- $\mathbf{P(Y|X) = P(Y)}$
- $\mathbf{P(X|Y) = P(X|\overline{Y})}$
- $\mathbf{P(Y|X) = P(Y|\overline{X})}$
- $\mathbf{P(X \cap Y) = P(X)P(Y),\ P(Y) > 0}$

160 Hierbei sind $\overline{\mathbf{X}}$ bzw. $\overline{\mathbf{Y}}$ Komplementärereignisse, d.h. Nichteintritt des Ereignisses **X** bzw. **Y**. Bei der stochastischen Unabhängigkeit zweier Ereignisse handelt es sich um eine symmetrische Eigenschaft, d.h., es ist ausgeschlossen, dass **X** von **Y** unabhängig ist, während **Y** von **X** abhängig ist.

161 Stets stochastisch unabhängig sind **X** und $\mathbf{\Omega}$ sowie **X** und $\emptyset\ \forall\ \mathbf{X} \in \mathbf{F}$. Stets abhängig sind **X** und **Y**, falls $\mathbf{X} \subset \mathbf{Y}$ oder $\mathbf{Y} \subset \mathbf{X}$.

162 Für bestimmte Wahrscheinlichkeitsaussagen ist der **Satz von der totalen Wahrscheinlichkeit** relevant. Diesen leiten wir kurz her.

163 Wir zerlegen eine Ergebnismenge $\mathbf{\Omega}$ disjunkt in $\mathbf{A_1, A_2, \ldots, A_n}$ (Partition von $\mathbf{\Omega}$), d.h.:

$$\mathbf{\Omega = \bigcup_{i=1}^{n} A_i,\ \ A_i \cap A_j = \emptyset,\ \ \forall\, i, j,\ \ i \neq j}$$

164 Für ein beliebiges Ereignis $\mathbf{X} \subset \mathbf{\Omega}$ gilt dann:

$$\mathbf{X = \bigcup_{i=1}^{n} (X \cap A_i),\ \ (X \cap A_i) \cap \left(X \cap A_j\right) = \emptyset\ \forall\, i, j,\ \ i \neq j}$$

165 Dann gilt:

$$\mathbf{P(X) = \sum_{i=1}^{n} P(X \cap A_i)}$$

166 Unter Berücksichtigung des Produktsatzes lautet der Satz von der totalen Wahrscheinlichkeit:

167 Sei $\mathbf{A_1, A_2, \ldots, A_n}$ eine disjunkte Zerlegung von $\mathbf{\Omega}$. Für $\mathbf{X} \subset \mathbf{\Omega}$ gilt:

$$\mathbf{P(X) = \sum_{i=1}^{n} P(X|A_i)P(A_i)}$$

168 Weitere Überlegungen führen zum **Satz von Bayes**. Wir betrachten eine beliebige Partition $\mathbf{A_1, A_2, \ldots, A_n}$ von $\mathbf{\Omega}$, ein beliebiges Ereignis $\mathbf{X} \subset \mathbf{\Omega}$ sowie die bedingte Wahrscheinlichkeit:

$$\mathbf{P(A_i|X) = \frac{P(A_i \cap X)}{P(X)}}$$

Der Zähler lässt sich über den Produktsatz berechnen: 169

$$\mathbf{P(A_i \cap X) = P(A_i|X)P(X) = P(X|A_i)P(A_i)}.$$

Für den Nenner ergibt sich nach dem Satz von der totalen Wahrscheinlichkeit wiederum: 170

$$\mathbf{P(X) = \sum\nolimits_{i=1}^{n} P(X|A_i)P(A_i)}$$

Der Satz von Bayes lautet nun: 171

$$\mathbf{P(A_j|X) = \frac{P(X|A_j)P(A_j)}{\sum_{i=1}^{n} P(X|A_i)P(A_i)}}$$

Beispiel 2.2.5

Ein Dienstwagen der Gemeinde **XY** wird von **drei** Personen **A**, **B** und **C** zu jeweils **60 %**, **10 %** und **30 %** genutzt. Die jeweiligen Benutzungswahrscheinlichkeiten betragen folglich $\mathbf{P(A) = 0,6}$, $\mathbf{P(B) = 0,1}$ und $\mathbf{P(C) = 0,3}$. Der Wagen war in einen Unfall verwickelt. Der Unfallfahrer ist nicht bekannt, dafür aber die fahrerbezogenen Unfallwahrscheinlichkeiten $\mathbf{P(U|A) = 0,1}$; $\mathbf{P(U|B) = 0,2}$; $\mathbf{P(U|C) = 0,05}$. Die totale Wahrscheinlichkeit einer Unfallverwicklung des Dienstwagens ergibt sich zu: 172

$$\mathbf{P(U) = P(U|A)P(A) + P(U|B)P(B) + P(U|C)P(C)}$$

$$\mathbf{= 0,1 \cdot 0,6 + 0,2 \cdot 0,1 + 0,05 \cdot 0,3 = 0,095}$$

Der wahrscheinlichste Unfallfahrer berechnet sich nach der Formel von Bayes gemäß: 173

$$\mathbf{P(A|U) = \frac{P(U|A)P(A)}{P(U)} = \frac{0,1 \cdot 0,6}{0,095} = 0,63}$$

$$\mathbf{P(B|U) = \frac{P(U|B)P(B)}{P(U)} = \frac{0,2 \cdot 0,1}{0,095} = 0,21}$$

$$\mathbf{P(C|U) = \frac{P(U|C)P(C)}{P(U)} = \frac{0,05 \cdot 0,3}{0,095} = 0,16}$$

Beispiel 2.2.6

Die Erkrankungswahrscheinlichkeit an einem Mammakarzinom liegt bei $\mathbf{P(M) = 0,008}$. Die Nichterkrankungswahrscheinlichkeit beträgt folglich $\mathbf{P(\bar{M}) = 1 - P(M) = 0,992}$. Die Wahrscheinlichkeit eines positiven Testergebnisses $\mathbf{(T^+)}$ bei tatsächlicher Erkrankung liegt bei $\mathbf{P(T^+|M) = 0,9}$. Die Wahrscheinlichkeit eines positiven Testergebnisses bei faktischer Nichterkrankung beträgt $\mathbf{P(T^+|\bar{M}) = 0,07}$. Dieses ist die Falsch-Positiv-Rate. Gesucht ist die Wahrscheinlichkeit, dass tatsächlich ein Mammakarzinom vorliegt, wenn positiv getestet wurde. Wir berechnen die inverse bedingte Wahrscheinlichkeit mithilfe des Satzes von Bayes: 174

$$\mathbf{P(M|T^+) = \frac{P(T^+|M)P(M)}{P(T^+|M)P(M) + P(T^+|\bar{M})P(\bar{M})} = \frac{0,9 \cdot 0,008}{0,9 \cdot 0,008 + 0,07 \cdot 0,992} = 0,0939}$$

175 Bei einem positiven Testergebnis liegt also mit einer Wahrscheinlichkeit von nur **9,39 %** tatsächlich ein Mammakarzinom vor.

Beispiel 2.2.7

176 Wir analysieren das sogenannte „Ziegenproblem“. Ein Kandidat steht vor einer Ratewand mit drei geschlossenen Türen **A**, **B**, **C**, wobei sich hinter einer Tür ein Ferrari als Rateprämie, hinter einer anderen Tür eine Ziege befindet. Der Spieler wählt Tür **A**, woraufhin der Quizmaster Tür **C** öffnet und sich dort die Ziege offenbart. Der Spieler darf seine Erstentscheidung revidieren. Soll er Tür **B** wählen? Spontan würde man den Ferrari vielleicht mit identischer Wahrscheinlichkeit $\mathbf{P(A) = P(B) = 0,5}$ jeweils hinter Tür **A** und Tür **B** vermuten, sodass ein Wechsel möglicherweise keinen Sinn ergeben würde.

177 Es gilt $\mathbf{P(A) = P(B) = P(C) = 1/3}$. Wir definieren das Ereignis **X** ≡ „Quizmaster zeigt Ziege hinter Tür **C**“. Wenn der Ferrari hinter Tür **A** liegt, ist die Wahrscheinlichkeit, dass Tür **C** geöffnet wird bei **0,5**, konkret: $\mathbf{P(X|A) = 0,5}$. Liegt der Ferrari – bei Wahl von **A** – hinter Tür **B**, muss der Quizmaster Tür **C** öffnen, um das Spiel offen zu halten, d.h. $\mathbf{P(X|B) = 1}$. Liegt der Ferrari hinter Tür **C**, kann Ereignis **X** nicht eintreten, d.h. $\mathbf{P(X|C) = 0}$. Mit Hilfe des Satzes von Bayes ergibt sich nun:

$$\mathbf{P(A|X) = \frac{P(X|A)P(A)}{P(X|A)P(A) + P(X|B)P(B) + P(X|C)P(C)}}$$

$$\mathbf{= \frac{(1/2)(1/3)}{(1/2)(1/3) + 1(1/3) + 0(1/3)} = \frac{1}{3}}$$

$$\mathbf{P(B|X) = \frac{P(X|B)P(B)}{P(X|A)P(A) + P(X|B)P(B) + P(X|C)P(C)}}$$

$$\mathbf{= \frac{1(1/3)}{(1/2)(1/3) + 1(1/3) + 0(1/3)} = \frac{2}{3}}$$

178 Der Spieler verdoppelt seine Gewinnchance, wenn er Tür **B** wählt.

179 Nach dem Wahrscheinlichkeitsbegriff klären wir nun den Begriff der **Zufallsvariablen**. Unter einer Zufallsvariablen **X** ist eine Funktion

$$\mathbf{X: \omega \rightarrow x(\omega); \quad x(\omega) \in \mathbb{R}}$$

180 zu verstehen, die jedem Elementarereignis $\boldsymbol{\omega_i \in \Omega}$ eindeutig eine reelle Zahl zuordnet. Wir unterscheiden in **diskrete Zufallsvariablen**, die endlich viele oder abzählbar unendlich viele Werte $\mathbf{x_i}$ annehmen können und in **stetige Zufallsvariablen**, die unendlich viele Werte zu realisieren vermögen. Die Realisationsmenge ist bei stetigen Zufallsvariablen ein Kontinuum. Ein **Ereignis** $\mathbf{A_i}$ beschreibt eine Teilmenge des Ergebnisraumes gemäß $\mathbf{A_i \subset \Omega}$.

181 Bei Wahrscheinlichkeitsanalysen ist zwischen **diskreten** und **stetigen Zufallsvariablen** zu unterscheiden. Bei diskreten Zufallsvariablen lässt sich jedem möglichen Ereignis genau eine

bestimmte Eintrittswahrscheinlichkeit zuordnen. Wir betrachten den Ergebnisraum $\boldsymbol{\Omega} = \{\boldsymbol{\omega_1}, \dots, \boldsymbol{\omega_n}\}$ sowie die Funktion $\mathbf{X}: \boldsymbol{\omega} \rightarrow \mathbf{x}(\boldsymbol{\omega})$; $\mathbf{x}(\boldsymbol{\omega}) \in \mathbb{R}$, sodass jedem Elementarereignis $\boldsymbol{\omega_i} \in \boldsymbol{\Omega}$ eindeutig eine reelle Zahl $\mathbf{x_i}$ entspricht. Die Zuordnung der Wahrscheinlichkeiten $\mathbf{P(x_i)}$ zu den möglichen Ergebnissen des Zufallsexperiments mit **X** als Zufallsvariable erfolgt über die sogenannte Wahrscheinlichkeitsfunktion $\mathbf{f_X}$ gemäß

$$\mathbf{P(x_i)} = \mathbf{f_X(x_i)},$$

die die Bedingungen 182

- $-\infty < \mathbf{x_i} < \infty$
- $\mathbf{0} \leq \mathbf{f_X(x_i)} \leq 1$
- $\sum_i \mathbf{f_X(x_i)} = \mathbf{1}$

erfüllt. Statt $\mathbf{P(x_i)}$ verwenden wir die verkürzte Schreibweise $\mathbf{p_i}$, welche die Wahrscheinlichkeit der Realisation des Ergebnisses $\boldsymbol{\omega_i}$ angibt, dem eindeutig die reelle Zahl $\mathbf{x_i}$ zugeordnet wird. 183

Beispiel 2.2.8

Sei **X** die stochastische Variable „Augenzahl" eines Sechserwürfels. Die Wahrscheinlichkeits- 184
verteilung bezüglich des Zufallsexperiments „Wurf eines fairen Sechserwürfels" lautet:

x	1	2	3	4	5	6
p	1/6	1/6	1/6	1/6	1/6	1/6

185

Eine alternative Schreibweise lautet: 186

$$\mathbf{P(X)} = \{\mathbf{1/6\,(1)};\ \mathbf{1/6\,(2)};\ \mathbf{1/6(3)};\ \mathbf{1/6(4)};\ \mathbf{1/6\,(5)};\mathbf{1/6(6)}\}$$

Bei stetigen Zufallsvariablen existieren unendlich viele Merkmalswerte. Die Realisation genau 187
eines Merkmalswertes gilt als „fast unmöglich", die entsprechende Wahrscheinlichkeit wird daher mit null angenommen. Es ergibt nur Sinn, Wahrscheinlichkeiten dafür zu berechnen, dass sich Merkmalswerte innerhalb bestimmter Intervalle $[\mathbf{a}, \mathbf{b}]$ befinden. Bei stetigen Zufallsvariablen werden **Dichten** in Form von sogenannten Dichtefunktionen $\mathbf{f_X(x)}$ angegeben. (Hinweis: Bei der Analyse stetiger Zufallsvariablen ist der Rückgriff auf Integraldarstellungen notwendig. Grundzüge der Integralrechnung werden in Kapitel 7 ausführlicher behandelt.)

Die Eigenschaften einer Dichtefunktion lauten: 188

- $-\infty < \mathbf{x} < \infty$
- $\mathbf{f_X(x)} \geq \mathbf{0}$
- $\int_{-\infty}^{\infty} \mathbf{f_X(x)dx} = \mathbf{1}$

189 Zu beachten ist, dass Dichtefunktionswerte keine Wahrscheinlichkeiten sind.

190 Die Berechnung der Wahrscheinlichkeit, dass sich eine Realisation im Intervall $[\mathbf{a}, \mathbf{b}]$ befindet, mithin das Ereignis $\mathbf{A_i}: \mathbf{x} \in [\mathbf{a}, \mathbf{b}]$ eingetreten ist, lautet:

$$\mathbf{P(a < X < b) = \int_a^b f_X(x)dx}$$

Beispiel 2.2.9

191 Auf einer Straßenbahnlinie werde alle **20 min** ein neuer Zug eingesetzt. Die Zufallsvariable **X** (Wartezeit eines spontan erscheinenden Fahrgastes) weist folgende Dichtefunktion auf:

$$\mathbf{f_X(x) = 0,05} \quad \text{für} \quad \mathbf{0 \leq x \leq 20}$$

192 Die Wahrscheinlichkeit für eine Wartezeit zwischen **8 min** und **12 min** ergibt sich zu:

$$\mathbf{P(8 \leq X \leq 12) = \int_8^{12} 0,05dx = 0,2}$$

193 Bei vielen Fragestellungen ist die Wahrscheinlichkeit von Relevanz, dass die Realisation einer Zufallsvariablen **X** einen bestimmten Wert **x** nicht überschreitet. Gesucht ist folglich die Wahrscheinlichkeit $\mathbf{P(-\infty < X \leq x)}$. Die entsprechende Funktion, die diese Wahrscheinlichkeit für einen Obergrenzwert $\mathbf{x} \in \mathbb{R}$ angibt, heißt **Verteilungsfunktion**. Bei einer diskreten Zufallsvariablen ergibt sich die Verteilungsfunktion durch Addition aller Wahrscheinlichkeiten für $\mathbf{x_k} \leq \mathbf{x}$ gemäß:

$$\mathbf{F_X(x) = P(X \leq x) = \sum_{x_k \leq x} p_k}$$

194 Die Eigenschaften der Verteilungsfunktion lauten:

- $\mathbf{0 \leq F(x) \leq 1}$
- $\mathbf{F(x)}$ ist monoton steigend
- $\mathbf{\lim_{x \to -\infty} F(x) = 0, \ \lim_{x \to \infty} F(x) = 1}$

Beispiel 2.2.10

195 Die Wahrscheinlichkeit, dass bei dem Zufallsexperiment „Wurf eines fairen Sechserwürfels" höchstens eine **4** geworfen wird, berechnet sich mittels Verteilungsfunktion zu:

$$\mathbf{F_X(4) = \frac{1}{6} + \frac{1}{6} + \frac{1}{6} + \frac{1}{6} = \frac{2}{3}}$$

Bei der Ermittlung der Verteilungsfunktion einer stetigen Zufallsvariablen wird statt der Summation der realisationsspezifischen Einzelwahrscheinlichkeiten eine Integration über die Dichtefunktion vorgenommen. Folglich gilt: 196

$$\mathbf{F_X(x)} = \int_{-\infty}^{x} \mathbf{f_X(u)du}$$

Es gelten die gleichen Eigenschaften wie bei der Verteilungsfunktion einer diskreten Zufallsvariablen. Die Wahrscheinlichkeit eines genauen Realisationswertes $\mathbf{x_0} \in \mathbb{R}$ bei einer stetigen Zufallsvariablen beträgt **0**. Dies wird durch den Ausdruck 197

$$\mathbf{F(x_0)} = \int_{x_0}^{x_0} \mathbf{f(x)dx = 0}$$

verdeutlicht. Man bezeichnet $\mathbf{x_0}$ als fast unmögliches Ereignis. 198

Beispiel 2.2.11

Die Wahrscheinlichkeit, dass der Fahrgast aus Beispiel 2.2.9 höchstens zehn Minuten wartet, lautet: 199

$$\mathbf{F_X(10)} = \int_{0}^{10} \mathbf{0{,}05dx \; = \; 0{,}5}$$

2.3 Parameter

Wir unterscheiden zunächst in **Lokalisations-** (Lage) und **Dispersionsparameter** (Streuungsparameter). Ein bekannter Lokalisationsparameter ist der **Erwartungswert**. Bei Betrachtung einer Wahrscheinlichkeitsverteilung 200

$$\mathbf{P(X) = \{p_1(x_1), p_2(x_2), \dots, p_n(x_n)\}}$$

(Realisation $\mathbf{x_i}$ tritt mit einer Wahrscheinlichkeit $\mathbf{p_i}$ ein) einer diskreten Zufallsvariablen **X** ergibt sich der Erwartungswert $\boldsymbol{\mu_X}$ (alternativ $\boldsymbol{\mu}(\mathbf{X})$ oder $\mathbf{E(X)}$) aus der Summe der mit den Eintrittswahrscheinlichkeiten gewogenen Realisationen. Konkret gilt: 201

$$\boldsymbol{\mu_X} = \sum_{i=1}^{n} \mathbf{x_i p_i}$$

Sei $\mathbf{f(x)}$ die Dichte einer stetigen Zufallsvariablen **X**. Der Erwartungswert ergibt sich gemäß: 202

$$\boldsymbol{\mu_X} = \int_{-\infty}^{\infty} \mathbf{xf(x)dx}$$

203 Der Erwartungswert weist folgende Eigenschaften auf:

204 ❖ **Transformationsregel**

Sei $\mathbf{g(x)}$ eine reelle Funktion. Dann gilt für $\mathbf{Y} = \mathbf{g(X)}$:

$$\mu(\mathbf{Y}) = \mu(\mathbf{g(X)})$$

falls **X** diskret:

$$\mu(\mathbf{Y}) = \sum_{i=1}^{n} g(x_i)p_i$$

falls **X** stetig:

$$\mu(\mathbf{Y}) = \int_{-\infty}^{\infty} g(x)f(x)dx$$

205 ❖ **Additivität**

Der Erwartungswert einer Summe von Zufallsvariablen ist gleich der Summe der Erwartungswerte. Für zwei Zufallsvariablen **X**, **Y** gilt:

$$\mu(\mathbf{X} + \mathbf{Y}) = \mu(\mathbf{X}) + \mu(\mathbf{Y})$$

Bei **n** Zufallsvariablen $\mathbf{X_1, X_2, \dots X_n}$ gilt:

$$\mu\left(\sum_{i=1}^{n} X_i\right) = \sum_{i=1}^{n} \mu(X_i)$$

206 ❖ **Linearität**

Bei **n** Zufallsvariablen $\mathbf{X_1, X_2, \dots X_n}$ gilt:

$$\mu\left(\sum_{i=1}^{n} a_i X_i\right) = \sum_{i=1}^{n} a_i \mu(X_i)$$

Beispiel 2.3.1

207 Der Erwartungswert des Zufallsexperiments Würfelwurf mit der Augenzahl **X** als Zufallsvariable ergibt sich gemäß:

$$\mu_X = \frac{1}{6} \cdot 1 + \frac{1}{6} \cdot 2 + \cdots + \frac{1}{6} \cdot 6 = 3,5$$

208 Der Erwartungswert der Wartezeit aus Beispiel 2.2.9 berechnet sich zu:

$$\mu_X = \int_{0}^{20} 0,05x\,dx = 10$$

Der zweite wichtige Parameter ist die **Varianz** bzw. die daraus abgeleitete **Standardabweichung**. Sie berechnet sich bei diskreter Zufallsvariable **X** bei gegebener Wahrscheinlichkeitsverteilung $\mathbf{P(X)} = \{\mathbf{p_1(x_1), p_2(x_2), \ldots, p_n(x_n)}\}$ gemäß: 209

$$\sigma_X^2 = \sum_i (x_i - \mu_X)^2 p_i = \sum_i p_i x_i^2 - \mu_X^2 = \mu_{X^2} - \mu_X^2$$

Die Varianz ergibt sich aus der Differenz des Erwartungswertes der quadrierten Realisationen μ_{X^2} und dem quadrierten Erwartungswert μ_X^2. 210

Bei ausgewählten Applikationen sind bestimmte Eigenschaften der Varianz relevant. Wir führen wesentliche Eigenschaften auf: 211

- **Nichtnegativität:** $\sigma_X^2 \geq 0$
- **Verschiebungssatz:** $\sigma_X^2 = \mu(X - \mu_X)^2 = \mu_{X^2} - \mu_X^2$
- **Linearitätssatz:** $\sigma^2(a + bX) = b^2\sigma_X^2$
- **Unabhängigkeitssatz:** bei stochastisch unabhängigen Variablen $X_1, X_2, \ldots, X_n$:

  $$\sigma^2\left(\sum_{i=1}^n X_i\right) = \sum_{i=1}^n \sigma^2(X_i)$$

  bzw. mit beliebigen Konstanten $a_1, a_2, \ldots, a_n$

  $$\sigma^2\left(\sum_{i=1}^n a_i X_i\right) = \sum_{i=1}^n a_i^2 \sigma^2(X_i)$$

Die positive Quadratwurzel aus der Varianz $+\sqrt{\sigma_X^2} = \sigma_X$ heißt **Standardabweichung** der Zufallsvariablen **X**. 212

Beispiel 2.3.2

Die Varianz des Zufallsexperiments „Wurf eines fairen Sechserwürfels" ergibt sich zu: 213

$$\sigma_X^2 = \frac{1}{6} \cdot 1^2 + \frac{1}{6} \cdot 2^2 + \cdots + \frac{1}{6} 6^2 - 3{,}5^2 = 2{,}9167$$

Für die Standardabweichung folgt: $\sigma_X = \sqrt{2{,}9167} = 1{,}7078$ 214

Bei stetiger Zufallsvariable ergibt sich die Varianz gemäß: 215

$$\sigma_X^2 = \int_{-\infty}^{\infty} (x - \mu_X)^2 f_X(x)dx = \int_{-\infty}^{\infty} x^2 f_X(x)dx - \mu_X^2$$

Beispiel 2.3.3

216 Die Varianz bezüglich der Wartezeit aus Beispiel 2.2.9 berechnet sich zu:

$$\sigma_X^2 = \int_0^{20} 0,05x^2 dx \; - \; 10^2 \; = \; 33,33$$

217 Daraus ergibt sich eine Standardabweichung von $\sigma_X = 5,7735$.

2.4 Ausgewählte Verteilungen

2.4.1 Binomialverteilung

218 Basis der Binomialverteilung ist ein dichotomes Zufallsexperiment (Bernoulli-Experiment). Jedes Experiment führt zu genau einem von **zwei** sich gegenseitig ausschließenden Ereignissen $A, \bar{A}$ mit $P(A) = p$ und $P(\bar{A}) = (1 - p)$. Zufallsvariable **X** ist die bei einem Versuchsumfang von **n** eintretende Anzahl des Ereignisses **A** unabhängig von der Reihenfolge. Wir nehmen zunächst an, dass Ereignis **A** bei **n** Versuchen die ersten **x**-mal eintritt und die restlichen $(n - x)$-mal nicht. Die Wahrscheinlichkeit hierfür beträgt $p^x(1 - p)^{n-x}$. Die Anzahl möglicher Anordnungen des **x**-maligen Eintretens beträgt $\binom{n}{x}$. Dann folgt für die Wahrscheinlichkeitsfunktion der Binomialverteilung

$$f_X(x) = \binom{n}{x} p^x (1 - p)^{n-x}$$

219 sowie für die Verteilungsfunktion

$$F_X(x) = \sum_{k=0}^{x} \binom{n}{k} p^k (1 - p)^{n-k}.$$

220 Erwartungswert und Varianz betragen:

$$\mu_X = np \quad \text{bzw.} \quad \sigma_X^2 = np(1 - p)$$

Beispiel 2.4.1.1

221 Die Wahrscheinlichkeit eines fehlerhaft ausgefüllten Sozialhilfeantrags liege bei $p = 0,1$. Die Wahrscheinlichkeit, dass sich bei **30** eingereichten Sozialhilfeanträgen **vier** fehlerhafte Anträge befinden beträgt:

$$P(X = 4) = \binom{30}{4} 0,1^4 \cdot 0,9^{26} = 0,1771$$

222 Die Wahrscheinlichkeit, dass höchstens drei fehlerhafte Anträge vorhanden sind, beträgt:

$$F_X(3) = \sum_{k=0}^{3} \binom{30}{k} 0,1^k \cdot 0,9^{30-k} = 0,6474$$

Entsprechend ist die Wahrscheinlichkeit, dass mehr als **drei** fehlerhaft ausgefüllte Anträge existieren: 223

$$\mathbf{P(X > 3) = 1 - F_X(3) = 0,3526}$$

2.4.2 Polynomialverteilung

Betrachtet werden **m** Ereignisse $\mathbf{A_1, A_2, \dots, A_m}$ mit den Eintrittswahrscheinlichkeiten: 224

$$\mathbf{p_1, p_2, \dots, p_m} \quad \wedge \quad \sum_{k=1}^{m} \mathbf{p_k = 1}$$

Die Versuchsanzahl betrage **n**, die Anzahl der Ereigniseintritte summiert über alle Anzahlen $\mathbf{x_k}$ der Ereignisse $\mathbf{A_k}$: 225

$$\sum_{k=1}^{m} \mathbf{x_k = n}$$

Dann lautet die Wahrscheinlichkeitsfunktion: 226

$$\mathbf{P(x_1, \dots, x_m) = \binom{n}{x_1, x_2, \dots, x_m} \prod_{k=1}^{m} {p_k}^{x_k} = \frac{n!}{\prod_{k=1}^{m} x_k!} \prod_{k=1}^{m} p_k^{x_k}}$$

Beispiel 2.4.2.1

Im ÖPNV einer Großstadt verteilen sich **20** Nutzer auf U-Bahn (**1**), S-Bahn (**2**) Straßenbahn (**3**) und Bus (**4**). Die Wahrscheinlichkeiten der Nutzung eines jeweiligen ÖPNV-Verkehrsmittels betragen $\mathbf{p_1 = 0,2}$; $\mathbf{p_2 = 0,3}$; $\mathbf{p_3 = 0,25}$; $\mathbf{p_4 = 0,25}$. Wie hoch ist die Wahrscheinlichkeit, dass alle Verkehrsmittel genau gleichmäßig genutzt werden? 227

Einsetzen in die Wahrscheinlichkeitsfunktion ergibt: 228

$$\mathbf{P(5,5,5,5) = \binom{20}{5,5,5,5} 0,2^5 \cdot 0,3^5 \cdot 0,25^5 \cdot 0,25^5}$$

$$\mathbf{= \frac{20!}{5!\,5!\,5!\,5!} \cdot 0,2^5 \cdot 0,3^5 \cdot 0,25^5 \cdot 0,25^5 = 0,0087}$$

Beispiel 2.4.2.2

In einem Hörsaal sitzen **30** Studierende. **Zwölf** kommen aus Kommune A, **zehn** aus Kommune B und **acht** aus Kommune C. Jeden Tag wird ein Studierender für ein Kurzrepetitorium der letzten Lehrveranstaltung ausgelost. Wie groß ist die Wahrscheinlichkeit, dass in einer Woche **ein** Studierender aus Kommune A und jeweils **zwei** Studierende aus den Kommunen B und C ausgelost werden? 229

$$\mathbf{P(1,2,2) = \binom{5}{1 \quad 2 \quad 2} \left(\frac{12}{30}\right)^1 \left(\frac{10}{30}\right)^2 \left(\frac{8}{30}\right)^2 = \frac{5!}{1!\,2!\,2!} \cdot 0,4^1 \cdot 0,\overline{3}^2 \cdot 0,2\overline{6}^2 = 0,0948}$$

2.4.3 Poisson-Verteilung

230 Die Poisson-Verteilung modelliert Fälle, in denen die Anzahl von Ereigniseintritten innerhalb einer bestimmten Zeitperiode betrachtet wird, z.B. Anzahl der zu bedienenden Bürger im Bürgerbüro oder Anzahl der Notrufereignisse in einer Notrufzentrale. Es handelt sich um eine diskrete Verteilung mit der Wahrscheinlichkeitsfunktion:

$$\mathbf{f_X(x) = \frac{\lambda^x}{x!} e^{-\lambda}, \quad x = 0, 1, 2, 3, \ldots}$$

231 Die Verteilungsfunktion lautet:

$$\mathbf{P(X \leq x) = F_X(x) = \sum_{k=0}^{x} \frac{\lambda^k}{k!} e^{-\lambda} = e^{-\lambda} \sum_{k=0}^{x} \frac{\lambda^k}{k!}, \qquad x = 0, 1, 2, \ldots}$$

232 Der Parameter $\boldsymbol{\lambda}$ beschreibt die durchschnittliche Anzahl der pro definiertes Zeitintervall eintretenden Ereignisse. Für Erwartungswert und Varianz gilt:

$$\boldsymbol{\mu_X = \lambda} \text{ bzw. } \boldsymbol{\sigma_X^2 = \lambda}$$

Beispiel 2.4.3.1

233 In der Telefonzentrale einer Kommunalverwaltung gehen durchschnittlich in jeder Minute **fünf** Anrufe ein. Mit welcher Wahrscheinlichkeit gehen in einer Minute höchstens drei Anrufe ein?

$$\mathbf{P(X \leq 3) = F_X(3) = e^{-5} \left(\frac{5^0}{0!} + \frac{5^1}{1!} + \frac{5^2}{2!} + \frac{5^3}{3!} \right) = 0,2650}$$

Beispiel 2.4.3.2

234 Einen bestimmten Verkehrsabschnitt passieren jede Minute im Durchschnitt **sechs** Fahrzeuge. Mit welcher Wahrscheinlichkeit sind es genau **vier** Fahrzeuge?

$$\mathbf{P(X = 4) = f_X(4) = \frac{6^4}{4!} e^{-6} = 0,1339}$$

2.4.4 Normalverteilung

235 Die Normalverteilung, oder auch Gauß-Verteilung genannt, nimmt eine zentrale Rolle unter den Verteilungen ein. Eine Zufallsvariable unterliegt näherungsweise einer Normalverteilung, wenn auf sie eine große Zahl unabhängiger Einflussfaktoren mit jeweils nur einem geringen Einfluss wirken. Die Dichtefunktion lautet:

$$\mathbf{f_X(x) = \frac{1}{\sigma\sqrt{2\pi}} \exp\left\{ -\frac{(x-\mu)^2}{2\sigma^2} \right\}; \quad x, \mu \in \mathbb{R}; \sigma \in \mathbb{R}^+}$$

236 Für die Verteilungsfunktion gilt:

$$\mathbf{F_X(x) = \frac{1}{\sigma\sqrt{2\pi}} \int_{-\infty}^{x} exp\left\{-\frac{(u-\mu)^2}{2\sigma^2}\right\} du; \quad x, \mu \epsilon \mathbb{R}; \sigma \epsilon \mathbb{R}^+}$$

237 Dabei ist $\mathbf{f(x) = exp\{g(x)\}}$ eine andere Schreibweise für $\mathbf{f(x) = e^{g(x)}}$ und gestaltet sich bei komplexen Exponentialausdrücken übersichtlicher. Die Eigenschaften der Normalverteilung lauten:

- $\mathbf{f_X(x)}$ ist symmetrisch bezüglich $\mathbf{\mu_X}$.
- $\mathbf{f_X(x)}$ besitzt ein Maximum an der Stelle $\mathbf{x^* = \mu_X}$.
- $\mathbf{f_X(x)}$ besitzt Wendestellen an den Stellen $\mathbf{x_W = \mu + \sigma;\ \mu - \sigma}$.
- $\mathbf{f_X(x)}$ besitzt innerhalb $[\mathbf{x - 3\sigma, x + 3\sigma}]$ **99,70%** aller Realisierungen.

238 Für die Berechnung konkreter Wahrscheinlichkeiten greifen wir auf die **standardisierte Normalverteilung** zurück. Bezüglich der Parameter gilt $\mathbf{N(\mu, \sigma^2) = N(0, 1)}$, d.h., der Erwartungswert beträgt **0** und die Varianz **1**. Die Dichtefunktion der standardisierten Normalverteilung lautet:

$$\mathbf{\varphi_X(x) = \frac{1}{\sqrt{2\pi}} exp\left\{-\frac{x^2}{2}\right\}; x \epsilon \mathbb{R}}$$

239 Entsprechend ergibt sich die Verteilungsfunktion gemäß:

$$\mathbf{\Phi_X(x) = \frac{1}{\sqrt{2\pi}} \int_{-\infty}^{x} exp\left\{-\frac{u^2}{2}\right\} du; x \epsilon \mathbb{R}}$$

240 Durch die Transformation

$$\mathbf{z = \frac{x - \mu}{\sigma}}$$

241 kann eine Normalverteilung $\mathbf{N(\mu, \sigma^2)}$ mit der Verteilungsfunktion $\mathbf{F(x)}$ in eine standardisierte Normalverteilung $\mathbf{N(0, 1)}$ mit der Verteilungsfunktion $\mathbf{\Phi(z)}$ überführt werden. Es gilt somit:

$$\mathbf{P(a \leq X \leq b) = \Phi(z_2) - \Phi(z_1)}$$

mit

$$\mathbf{z_1 = \frac{a - \mu}{\sigma}; \quad z_2 = \frac{b - \mu}{\sigma}}$$

Beispiel 2.4.4.1

242 Eine Zufallsvariable **X** sei normalverteilt mit den Parametern $\mathbf{\mu_X = 4}$ und $\mathbf{\sigma_X = 2}$. Wie hoch ist die Wahrscheinlichkeit einer Realisation der Zufallsgrößen kleiner/gleich **7**?

243 Eine entsprechende Transformation ergibt $\mathbf{z = (7-4)/2 \;= 1{,}5}$. Gemäß der Verteilungsfunktion der Standardnormalverteilung ergibt sich $\mathbf{\Phi(1{,}5) = 0{,}9332}$.

244 Wie hoch ist die Wahrscheinlichkeit einer Realisation der Zufallsgrößen im Bereich zwischen **2,5** und **8**?

$$\mathbf{P(2{,}5 \le X \le 8) = \Phi\left(\frac{8-4}{2}\right) - \Phi\left(\frac{2{,}5-4}{2}\right) = \Phi(2) - \Phi(-0{,}75)}$$

$$\mathbf{= \Phi(2) \;\; - [1 - \Phi(0{,}75)] = 0{,}9772 - [1 - 0{,}7734] = 0{,}7506}$$

2.4.5 Exponentialverteilung

245 Die Exponentialverteilung wird vor allem im Zusammenhang mit der Warteschlangentheorie und der Lebensdauer bzw. dem Ausfall von technischen Geräten verwendet. Eine stetige Zufallsvariable ist exponentialverteilt, wenn sie folgende Dichtefunktion besitzt:

$$\mathbf{f_X(x) = \lambda e^{-\lambda x}; x \ge 0, \lambda > 0}$$

246 Der Parameter $\boldsymbol{\lambda}$ beschreibt z.B. eine Ankunftsrate, Bedienungsrate oder Ereigniseintrittsrate. Die Verteilungsfunktion lautet:

$$\mathbf{F_X(x) = 1 - e^{-\lambda x}; x \ge 0}$$

247 Erwartungswert und Varianz hängen wie folgt vom Parameter $\boldsymbol{\lambda}$ ab:

$$\mathbf{\mu_X = \frac{1}{\lambda} \qquad \sigma^2 = \frac{1}{\lambda^2}}$$

Beispiel 2.4.5.1

248 An einem Schalter im Einwohnermeldeamt erscheint im Durchschnitt alle **2 min** ein Kunde. Wie groß ist die Wahrscheinlichkeit, dass der zeitliche Abstand zwischen dem Eintreffen zweier Kunden größer als **4 min** ist, wenn exponentialverteilte Zwischenankunftszeiten unterstellt werden?

249 Aus $\mathbf{\mu_X = 2}$ folgt $\mathbf{\lambda = 0{,}5}$. Die Lösung erfolgt mit Hilfe der Verteilungsfunktion gemäß:

$$\mathbf{P(X > 4) = 1 - F_X(4) = 1 - \left(1 - e^{-0{,}5 \cdot 4}\right) = e^{-2} = 0{,}1353}$$

2.4.6 Geometrische Verteilung

250 Die geometrische Verteilung basiert auf einer Folge voneinander unabhängiger dichotomer Zufallsexperimente, d.h. Experimente, die nur zwei jeweils verschiedene Ergebnisse erzielen. Tritt Ereignis **A** mit einer Wahrscheinlichkeit **p** sowie das Komplementärereignis $\overline{\mathbf{A}}$ mit der entsprechenden Komplementärwahrscheinlichkeit $\mathbf{1-p}$ ein, dann beschreibt die Zufallsvariable **X** die Anzahl der benötigten Versuche, bis **A** erstmalig eintritt.

Tritt $(\mathbf{x-1})$ -mal nacheinander das Ereignis $\bar{\mathbf{A}}$ ein und in unmittelbarer Folge das Ereignis **A**, dann ergibt sich die Wahrscheinlichkeit der beschriebenen Ereignissequenz zu $\mathbf{p(1-p)^{x-1}}$. 251

Wahrscheinlichkeitsfunktion, Verteilungsfunktion, Erwartungswert und Varianz lauten: 252

$$\mathbf{P(X=x)=p(1-p)^{x-1}}, \quad \mathbf{x=1,2,3,\ldots}$$

$$F_X(x)=\begin{cases} \mathbf{0} & \textbf{für } \mathbf{x<1} \\ \mathbf{1-(1-p)^x} & \textbf{für } \mathbf{x=1,2,3,\ldots} \end{cases}$$

$$\mu_X=\frac{1}{p} \qquad \sigma_X^2=\frac{1-p}{p^2}$$

Beispiel 2.4.6.1

Die Wahrscheinlichkeit, dass ein Pkw von einem „Blitzer" erfasst wird, liege bei **0,01**. Wie hoch ist die Wahrscheinlichkeit, dass der dreißigste Pkw erfasst wird? 253

$$\mathbf{P(X=30)=0,01(0,99)^{29}=0,00747}$$

Wie hoch ist die Wahrscheinlichkeit, dass von den ersten **100** Pkws einmal irgendein Pkw geblitzt wird? 254

$$\mathbf{F_X(100)=1-(1-0,01)^{100}=0,6340}$$

2.5 Stochastische Prozesse

Das Eintreten von Ereignissen führt in dynamischen Systemen zu Systemänderungen. Im Gegensatz zu deterministischen Systemen, in denen systemverändernde Ereigniseintritte mit Sicherheit lokalisiert sind, ist die zeitliche Ereignisstruktur in stochastischen Systemen unsicher. Beispiele für stochastische Systeme sind die chronologische Entwicklung von Aktienkursen, die zeitliche Struktur der Notrufe in einer Notrufzentrale bzw. der Bürgerbesuche in einem Bürgerbüro und auch die Torereignisfolge in einem Fußballspiel. 255

Im Fall einer täglichen lokal fixierten Temperaturmessung innerhalb eines Jahres ergeben sich bezüglich der **stochastischen Variablen** Temperatur zum Zeitpunkt $\mathbf{t}$ $(\mathbf{X_t})$ **365** Realisationen $\mathbf{x_t}$ mit $\mathbf{t=1,\ldots,365}$. Da die Temperaturwerte zufallsbestimmt sind und die Temperaturzeitreihe eine zeitliche Folge von Zufallsvariablen darstellt, handelt es sich um einen **stochastischen Prozess**. Die Messzeitpunkte beschreiben eine diskrete Zeitpunktmenge, sodass ein abzählbarer Parameterraum vorliegt. Die potenzielle Temperaturzeitreihe stellt folglich einen stochastischen Prozess in diskreter Zeit dar, während die Reihe der tatsächlich gemessenen Temperaturen eine Realisation dieses stochastischen Prozesses beschreibt. Die tatsächlich gemessene Temperaturzeitreihe heißt **Trajektorie**. 256

Bausteine eines stochastischen Prozesses sind der Parameterraum **T** und der Zustandsraum **Z**. Ein stochastischer Prozess besteht aus einer Familie von Zufallsgrößen: 257

$$\{\mathbf{X(t), t\in T}\}$$

258 wobei **Z** die Menge aller Zustände bezeichnet, die die Werte $\mathbf{X(t), t \in T}$ annehmen können. Je nachdem, ob Abzählbarkeit oder Überabzählbarkeit der Zustands- bzw. Parameterwerte vorliegt, unterscheiden wir **vier** Klassen stochastischer Prozesse:

259

Zustandsraum / **Parameterraum**	**Diskret**	**Stetig**
Diskret	**Z** und **T** sind abzählbar. Beispiel: digitale Messung der Temperatur zu abzählbar vielen Zeitpunkten	**Z** ist überabzählbar, **T** ist abzählbar. Beispiel: analoge Messung der Temperatur zu abzählbar vielen Zeitpunkten
Stetig	**Z** ist abzählbar, **T** ist überabzählbar. Beispiel: Telefonanrufe in einem Callcenter	**Z** und **T** sind überabzählbar. Beispiel: kontinuierliche Luftdruckaufzeichnung bei Analogmessung

260 Trajektorien von Prozessen in diskreter Zeit bestehen aus reellen Zahlenfolgen $\{\mathbf{x_1, x_2, \dots, x_n}\}$. Im Fall stetiger Zeit werden Trajektorien durch stetige reelle Funktionen $\mathbf{x = x(t)}$ wiedergegeben. Bei einem diskreten Zustandsraum erfolgt eine Darstellung der Messwerte durch Treppenfunktionen.

Beispiel 2.5.1

261 Die Torereignisse einer Fußballpartie können wir als stochastischen Prozess mit diskretem Zustandsraum (durch Torereignisse bestimmter Spielstand) bei stetigem Parameterraum (Spielzeit $[\mathbf{0, T}]$) modellieren. Speziell handelt es sich um einen Zählprozess. Ein Zählprozess ist ein zustandsdiskreter zeitstetiger stochastischer Prozess mit folgenden Eigenschaften:

- $\mathbf{X(s) \leq X(t)}$ **für** $\mathbf{s \leq t}$
- $\mathbf{X(t) - X(s)}$ = Anzahl der zufälligen Ereignisse im Zeitintervall $\mathbf{[s, t], s < t}$

262 Bis zum Zeitpunkt der z.B. **40**. Spielminute kann die Anzahl der Torereignisse nicht größer sein als bis zum Zeitpunkt der z.B. **70**. Spielminute. Die Anzahl der Torereignisse zwischen der **40.** und **70.** Spielminute ergibt sich aus der Differenz der jeweils bis zu diesen Zeitpunkten realisierten Torereignisanzahl.

263 Eine spezielle Form des Zählprozesses ist der **homogene Poisson-Prozess**, gekennzeichnet durch die Eigenschaften:

- $\mathbf{X(0) = 0}$ 264

- $\{\mathbf{X(t), t > 0}\}$ ist ein stochastischer Prozess mit unabhängigen und homogenen Ereigniseintritten. 265

- Die Ereigniseintritte des Prozesses in einem beliebigen Zeitintervall $[\mathbf{s, t}], \mathbf{s < t}$ genügen einer Poisson-Verteilung mit dem Parameter $\boldsymbol{\lambda}(\mathbf{t - s})$. Dieser beschreibt die durchschnittliche Ereignisdichte (durchschnittliche Anzahl an Ereigniseintritten) in $[\mathbf{s, t}]$. 266

- Die Länge der Zwischenzeiträume bezüglich zwei benachbarter Ereigniseintritte stellt eine exponentialverteilte Zufallsvariable dar. 267

- Der Prozess ist ordinär, d.h., die Ereignisse treten stets einzeln und blitzartig auf. 268

269 Die Wahrscheinlichkeit für das Eintreten von **x** Ereignissen im Zeitintervall $[\mathbf{s, t}]$ kann mit der Wahrscheinlichkeitsfunktion der Poisson-Verteilung gemäß

$$\mathbf{P(X(t) - X(s) = x) = \frac{(\boldsymbol{\lambda}(t - s))^x}{x!} e^{-\boldsymbol{\lambda}(t-s)}; \quad x = 0, 1, 2, \ldots}$$

ermittelt werden.

270 Wir nehmen an, dass eine Torereignisfolge die **fünf** Eigenschaften des homogenen Poisson-Prozesses erfüllt. Die Torereignisanzahl beträgt zum Spielbeginn **0**. Die Anzahl der Torereignisse in sich nicht überschneidenden Zeitintervallen kann prinzipiell als stochastisch unabhängig angenommen werden; d.h., die Anzahl an Torereignissen im Zeitraum $[\mathbf{t_1, t_2}]$ verändert nicht die Wahrscheinlichkeit für auftretende Torereignisse in $[\mathbf{t_3, t_4}]$. Dabei nehmen wir an, dass $\mathbf{t_4 > t_3 > t_2 > t_1;\ t_1, t_2, t_3, t_4 \in [0, T]}$ gilt. Natürlich können torstandsmotivierte Taktikänderungen diese Annahme etwas aufweichen – davon sei hier abgesehen. Homogenität der Ereigniseintritte bedeutet, dass der Parameter $\boldsymbol{\lambda}$ über das gesamte Spielzeitkontinuum konstant ist, was identische Torereignis-Eintrittswahrscheinlichkeit in jeder Spielminute impliziert. Diese Annahme stellt ebenfalls eine gewisse Simplifizierung dar, da Torereignis-Wahrscheinlichkeiten natürlich durch Taktikvariationen, Spielstände bzw. andere situative Gegebenheiten variieren können. Homogenität impliziert eine exponentialverteilte Zeitdistanz zwischen zwei benachbarten Ereignissen, welche durch die stochastische Variable „Wartezeit **W**" mit dem entsprechenden Realisationswert **w** repräsentiert wird. Torereignisse treten einzeln und blitzartig auf, sodass von einer Erfüllung der Ordinaritätsbedingung ausgegangen werden kann.

271 Die Wahrscheinlichkeit für **x** Torereignisse in einem beliebigen Zeitintervall $[\mathbf{s, t}] \subseteq [\mathbf{0, T}]$ genügt einer Poisson-Verteilung. Die Wartezeit **w** genügt einer Exponentialverteilung mit der Dichtefunktion

$$\mathbf{f(w) = \boldsymbol{\lambda} e^{-\boldsymbol{\lambda} w}}$$

272 bei einem Erwartungswert gemäß

$$\boldsymbol{\mu}_{\mathbf{W}} = \frac{\mathbf{1}}{\boldsymbol{\lambda}},$$

wobei sich $\boldsymbol{\lambda}$ auf den Spielzeitraum $[\mathbf{0}, \mathbf{T}]$ bezieht.

273 Die Anzahl der durchschnittlichen Torereignisse pro Bundesliga-Fußballspiel beläuft sich seit Bundesligaeinführung **1963** auf näherungsweise **drei** Tore pro Spiel. Daher nehmen wir eine durchschnittliche Torereignisdichte im Zeitraum $[\mathbf{0}, \mathbf{T}]$ von $\boldsymbol{\lambda} = \mathbf{3}$ an. Für die durchschnittliche Wartezeit ergibt sich:

$$\boldsymbol{\mu_W = \frac{1}{\lambda} = \frac{1}{3}T}$$

274 Folglich findet durchschnittlich alle **30 min** ein Torereignis statt. Die Wahrscheinlichkeit, dass in einem Fußballbundesligaspiel genau **zwei** Torereignisse eintreten, berechnet sich auf Basis der Poisson-Verteilung zu:

$$\boldsymbol{P(X = 2) = \frac{3^2}{2!}e^{-3} = 0,1359}$$

275 Dabei wird nicht in die potenziellen Spielstände (**2:0, 1:1, 0:2**) differenziert, sondern es werden nur mannschaftsunabhängig die Torereignisse betrachtet. Die Wahrscheinlichkeit, dass höchstens **zwei** Torereignisse eintreten, ergibt sich über die Verteilungsfunktion der Poisson-Verteilung zu:

$$\boldsymbol{P(X \leq 2) = F_X(x = 2) = e^{-3}\left(\frac{3^2}{2!} + \frac{3^1}{1!} + \frac{3^0}{0!}\right) = 0,4232}$$

276 Diese Wahrscheinlichkeit impliziert die Spielstände (**0:0, 1:0, 2:0, 0:1, 0:2, 1:1**). Entsprechend ergibt sich die Wahrscheinlichkeit, dass in einem Spiel mindestens **drei** Torereignisse eintreten aus der entsprechenden Komplementärwahrscheinlichkeit zu:

$$\boldsymbol{P(X > 2) = 1 - F_X(x = 2) = 0,5768}$$

277 Die berechnete Wahrscheinlichkeit umfasst alle denkbaren Spielstände außerhalb der soeben genannten.

278 Die Wahrscheinlichkeit für die Realisation bestimmter Wartezeiten können wir über die Exponentialverteilung berechnen. So ergibt sich für die Wahrscheinlichkeit, dass innerhalb der ersten **zehn** Minuten des Fußballspiels ein Torereignis stattfindet:

$$\boldsymbol{P\left(W \leq \frac{1}{9}T\right) = F_W\left(\frac{1}{9}T\right) = 1 - e^{-3\cdot(1/9)} = 0,2835}$$

279 Entsprechend liegt die Wahrscheinlichkeit für eine torlose Halbzeit bei:

$$\boldsymbol{1 - P\left(W \leq \frac{1}{2}T\right) = 1 - F_W\left(\frac{1}{2}T\right) = e^{-3\cdot(1/2)} = 0,2231}$$

Für die Möglichkeit, dass ein Spiel nicht torlos endet, beträgt die Wahrscheinlichkeit: 280

$$\mathbf{P(W \leq T) = F_W(T) = 1 - e^{-3} = 0,9502}$$

Die Wahrscheinlichkeit eines torlosen Remis beträgt somit 281

$$\mathbf{P(X = 0) = e^{-3} = 0,0498},$$

demnach enden ca. **5 %** aller Fußballbundesligaspiele torlos. Bereits dreimal wurde in der Geschichte der Fußballbundesliga nach **elf** Sekunden ein Torereignis realisiert. Die Wahrscheinlichkeit für ein Torereignis innerhalb der ersten **elf** Sekunden beträgt: 282

$$\mathbf{P\left(W \leq \frac{11}{5400}T\right) = F_W\left(\frac{11}{5400}T\right) = 1 - e^{-3\frac{11}{5400}} = 0,0061 = 0,61}\ \%$$

Das fußballhistorisch weltweit früheste Tor wurde in England in der Partie Cowes Sports Reserves gegen Eastleigh Reserves am 3. April 2004 nach bereits zweieinhalb Sekunden erzielt (Torschütze Marc Burrows). Die Wahrscheinlichkeit für dieses Ereignis liegt bei: 283

$$\mathbf{P\left(W \leq \frac{2,5}{5400}T\right) = F_W\left(\frac{2,5}{5400}T\right) = 1 - e^{-3\frac{2,5}{5400}} = 0,000463 = 0,0463}\ \%$$

Letztere Ergebnisse mögen etwas zu hohe Wahrscheinlichkeiten ausweisen. Zu bedenken ist, dass den Berechnungen vereinfachende Annahmen zugrunde liegen. 284

2.6 Empirische Datenanalyse

2.6.1 Häufigkeiten

Statistik beschreibt die Gesamtheit aller Methoden zur Untersuchung von Massenerscheinungen. In der **deskriptiven Statistik** erfolgt eine Erhebung, Aufbereitung und Auswertung von Daten. Auswertungsergebnisse beziehen sich nur auf die untersuchte Datenmenge. 285

Eine **statistische Einheit** beschreibt das Einzelobjekt einer statistischen Untersuchung. Sie ist der Träger der Information, an der ein Untersuchungsinteresse besteht. Eine statistische Einheit beschreibt somit einen Merkmalsträger dessen jeweilige Merkmalswerte mithilfe spezifischer Methoden ausgewertet werden. 286

Beispiel 2.6.1.1

Im Sozialamt sei zwecks Verbesserung der Personaleinsatzplanung eine Untersuchung der Antragshäufigkeit durchzuführen. Über einen Zeitraum von **zwölf** Tagen wurde die Anzahl täglich gestellter Anträge ermittelt (Datenexploration). 287

288

Tag	1	2	3	4	5	6	7	8	9	10	11	12
Zahl	19	18	17	15	14	17	20	16	20	16	20	20

289 Als statistische Einheit kann das Sozialamt bezeichnet werden, interessierendes Merkmal ist die Antragshäufigkeit, die Merkmalswerte sind die konkreten auf der Menge der natürlichen Zahlen definierten Antragszahlen.

290 Eine **statistische Masse** beinhaltet die Gesamtzahl von statistischen Einheiten mit identischen Identifikationskriterien. Bei einer **Bestandsmasse** werden Merkmalswerte zeitpunktbezogen erfasst (Einwohnerzahl, zugelassene Kfz), bei einer **Ereignismasse** erfolgt die Erfassung dagegen zeitraumbezogen (Geburten im Juli 2016, Fußballtore in der ersten Halbzeit).

291 Merkmalswerte weisen unterschiedliche Messbarkeitseigenschaften auf. Für die Messung der Merkmalswerte benötigen wir eine **Messvorschrift (Skala)**. Eine Skala beschreibt eine Anordnung von Werten, denen die Merkmalswerte eines Merkmals eindeutig zugeordnet werden können. Folgende Skalen werden unterschieden:

292 - **Nominalskala:** Merkmalswerte sind nur nach dem Kriterium „gleich“ oder „ungleich“ zu ordnen (z.B. Farbe). Seien **a, b** nominalskalierte Werte, so werden die Ordnungsbedingungen $\mathbf{a = b} \lor \mathbf{a \neq b}$ erfüllt. Die Transformierbarkeit ist eineindeutig.

293 - **Ordinalskala:** Merkmalswerte können in eine natürliche Reihenfolge positioniert werden, z.B. Schulnoten oder Hotelklassen. Ordinalskalierte Merkmalswerte erfüllen die Ordnungsbedingungen $\mathbf{a = b} \lor \mathbf{a < b} \lor \mathbf{a > b}$. Die Transformierbarkeit ist streng monoton.

294 - **Kardinalskala oder metrische Skala:** Die Merkmalswerte sind reelle Zahlen. Unterschieden wird die Kardinalskala in die

295 - **Intervallskala:** Es existieren kein natürlicher Nullpunkt und keine natürliche Einheit, z.B. Längen- und Breitengrade. Die Ordnungsbedingungen lauten:

$$\mathbf{a = b} \quad \lor \quad \mathbf{a < b} \quad \lor \quad \mathbf{a > b}$$

$$\mathbf{b - a = c - b} \quad \lor \quad \mathbf{b - a < c - b} \quad \lor \quad \mathbf{b - a > c - b}$$

Transformierbarkeit: $\mathbf{y = \alpha x + \beta,\ \alpha > 0,\ \beta} \in \mathbb{R}$

296 - **Verhältnisskala:** Es existiert ein natürlicher Nullpunkt, aber keine natürliche Einheit, z.B. Längenmaße. Die Ordnungsbedingungen entsprechen denen der Intervallskala, wobei zusätzlich gilt:

$$\mathbf{b/a = c/b} \quad \lor \quad \mathbf{b/a < c/b} \quad \lor \quad \mathbf{b/a > c/b}$$

Transformierbarkeit: $\mathbf{y = \alpha x}$, $\alpha > \mathbf{0}$ z.B. von **m** in Yard gemäß $\mathbf{y\,[Yard] = 0,9144\,[m]}$

- **Absolutskala:** Es existieren ein natürlicher Nullpunkt und eine natürliche Einheit, z.B. Anzahl eine Kreuzung überquerende Fahrzeuge. Die Ordnungsbedingungen entsprechen denen der Verhältnisskala. Transformierbarkeit: $\mathbf{y = x}$ 297

Bezüglich der kardinalen Messbarkeit der Merkmalswerte wird in **diskret kardinal messbar** und **stetig kardinal messbar** unterschieden. Bei diskreter kardinaler Messbarkeit sind die Merkmalswerte eineindeutig auf die Menge der natürlichen Zahlen abbildbar, d.h., die Merkmalswerte sind abzählbar. Im Falle stetig kardinaler Messbarkeit erfolgt die Abbildung auf ein Wertekontinuum, es liegt Überabzählbarkeit vor. Die Messung der Temperatur auf einem Thermometer mit Digitalanzeige entspricht einer diskreten kardinalen Messung, da die unterschiedlichen Temperaturen abzählbar sind. Auch eine Digitaluhr misst die Zeit diskret kardinal, wobei $\mathbf{24 \cdot 60 \cdot 60 = 86400}$ unterschiedliche Zeitzustände am Tag abzählbar sind. Bei Temperaturmessung auf einer Quecksilbersäule oder Zeitmessung mit kontinuierlich rotierendem Sekundenzeiger existieren unendlich viele Temperatur- bzw. Zeitzustände, die nicht abzählbar sind, man spricht von Überabzählbarkeit. 298

Die Exploration (Erhebung) von Merkmalswerten eines interessierenden Merkmals einer statistischen Einheit führt zu einer **statistischen Reihe**. Exemplarisch lassen sich die Antragszahlen aus Beispiel 2.6.1.1 anführen. Zwecks Auswertung nehmen wir eine Sortierung vor und versehen die Merkmalswerte mit Ordnungsnummern. Es ergibt sich die **sortierte statistische Reihe** oder **Variationsreihe**: 299

$$\mathbf{14_{\langle 1\rangle}\ 15_{\langle 2\rangle}\ 16_{\langle 3\rangle}\ 16_{\langle 4\rangle}\ 17_{\langle 5\rangle}\ 17_{\langle 6\rangle}\ 18_{\langle 7\rangle}\ 19_{\langle 8\rangle}\ 20_{\langle 9\rangle}\ 20_{\langle 10\rangle}\ 20_{\langle 11\rangle}\ 20_{\langle 12\rangle}}$$

In einem ersten Auswertungsschritt ermitteln wir **Häufigkeiten** entsprechender Merkmalswerte. Die Anzahl der Beobachtungswerte mit dem Merkmalswert $\mathbf{x_j}$ heißt **absolute Häufigkeit** $\mathbf{h(x_j)}$ bzw. $\mathbf{h_j}$ des Merkmalswertes $\mathbf{x_j}$. Der relative Anteil der absoluten Häufigkeit $\mathbf{h_j}$ eines Merkmalswertes $\mathbf{x_j}$ an der Gesamtzahl **n** der Beobachtungswerte heißt **relative Häufigkeit** $\mathbf{f(x_j)}$ bzw. $\mathbf{f_j}$, wobei $\mathbf{f_j = h_j/n}$ gilt. 300

Die einem Merkmalswert $\mathbf{x_j}$ zugeordnete absolute Häufigkeit aller Beobachtungswerte, die diesen Merkmalswert nicht überschreiten, heißt **absolute Summenhäufigkeit**: 301

$$\mathbf{H_j = \sum_{i=1}^{j} h_i}$$

Analog gilt für die **relative Summenhäufigkeit**: 302

$$\mathbf{F_j = \sum_{i=1}^{j} f_i}$$

Beispiel 2.6.1.2

303 Häufigkeitstabelle bezüglich des Beispiels 2.6.1.1

x_j	14	15	16	17	18	19	20
h_j	1	1	2	2	1	1	4
f_j	0,0833	0,0833	0,1667	0,1667	0,0833	0,0833	0,3333
H_j	1	2	4	6	7	8	12
F_j	0,0833	0,1667	0,3333	0,5000	0,5833	0,6667	1

2.6.2 Parameter

304 Wir unterscheiden in **Lokalisations-** und **Dispersionsparameter**. Lokalisationsparameter von Häufigkeitsverteilungen bezüglich eines Merkmals **X** sind Kennzahlen, die die Lage der entsprechenden Verteilung kennzeichnen, während Dispersionsparameter das Ausmaß der Abweichungen der einzelnen Merkmalswerte vom Mittelwert beschreiben.

❖ **Lokalisationsparameter**

305 Der Merkmalswert, der am häufigsten vorkommt, heißt **Modus** (Modalwert, häufigster Wert, dichtester Wert):

$$\mathbf{h}(\mathbf{x}_M) = \max\{\mathbf{h}(\mathbf{x}_j)\}$$

Beispiel 2.6.2.1

306 Bei **zehn** Würfelwürfen ergebe sich die Variationsreihe:

$$1_{\langle 1\rangle} \quad 1_{\langle 2\rangle} \quad 2_{\langle 3\rangle} \quad 3_{\langle 4\rangle} \quad 4_{\langle 5\rangle} \quad 4_{\langle 6\rangle} \quad 4_{\langle 7\rangle} \quad 5_{\langle 8\rangle} \quad 5_{\langle 9\rangle} \quad 6_{\langle 10\rangle}$$

307 Die Augenzahl **4** mit der höchsten absoluten Häufigkeit von $\mathbf{h(4) = 3}$ ist der Modus.

308 Jeder Merkmalswert eines wenigstens ordinal messbaren Merkmals, der die sortierte Folge der Merkmalswerte in zwei gleiche Teile zerlegt, heißt **Median** (Zentralwert, mittlerer Beobachtungswert). Liegen **n** Merkmalswerte vor und ist **n** eine ungerade Zahl, so hat der Median die Ordnungsnummer $\mathbf{(n+1)/2}$, und es gilt:

$$\mathbf{x}_Z = \mathbf{x}_{\langle(n+1)/2\rangle}$$

309 Bei einer geraden Anzahl von Merkmalswerten ergibt sich für den Median dagegen:

$$\mathbf{x}_Z = 0{,}5\left(\mathbf{x}_{\langle n/2\rangle} + \mathbf{x}_{\langle(n/2)+1\rangle}\right)$$

Beispiel 2.6.2.2

Neun Personen werden nach dem Alter befragt. Die Variationsreihe laute: 310

$$\mathbf{15_{\langle 1\rangle}\quad 16_{\langle 2\rangle}\quad 18_{\langle 3\rangle}\quad 21_{\langle 4\rangle}\quad 22_{\langle 5\rangle}\quad 23_{\langle 6\rangle}\quad 25_{\langle 7\rangle}\quad 26_{\langle 8\rangle}\quad 30_{\langle 9\rangle}}$$

Das Medianalter liegt bei **22**. Die Anzahl der sowohl links als auch rechts vom Median liegenden Merkmalswerte ist identisch. Nun möge eine **zehnte** Person nach dem Alter befragt werden, welches **32** beträgt. Dann liegt der Median bei **22,5**. Wir fixieren das mittlere Wertepaar $(\mathbf{22,23})$ der dann zehnelementigen Variationsreihe. Sowohl links als auch rechts von diesem Paar liegen jeweils **vier** Merkmalswerte. Der Median ergibt sich aus dem arithmetischen Mittel des Wertepaares. 311

Das **arithmetische Mittel** ergibt sich gemäß: 312

$$\bar{\mathbf{x}} = \frac{\mathbf{1}}{\mathbf{n}}(\mathbf{x_1 + x_2 + \cdots + x_n}) = \frac{\mathbf{1}}{\mathbf{n}}\sum_{\mathbf{i=1}}^{\mathbf{n}} \mathbf{x_i}$$

Liegen **k** wertverschiedene Merkmalswerte in der Variationsreihe vor, ist eine alternative Berechnung gemäß 313

$$\bar{\mathbf{x}} = \frac{\mathbf{1}}{\mathbf{n}}\sum_{\mathbf{j=1}}^{\mathbf{k}} \mathbf{x_j h_j} = \sum_{\mathbf{j=1}}^{\mathbf{k}} \mathbf{x_j f_j}$$

möglich.

Beispiel 2.6.2.3

Die Lokalisationsparameter bezüglich der Daten aus Beispiel 2.6.1.1 ergeben sich zu: 314

$$\mathbf{x_M = 20}$$

$$\mathbf{x_Z = 0,5(17 + 18) = 17,5}$$

$$\bar{\mathbf{x}} = \frac{\mathbf{1}}{\mathbf{12}}(\mathbf{14 + 15 + 16 + 16 + 17 + 17 + 18 + 19 + 20 + 20 + 20 + 20}) = \mathbf{17,67}$$

$$\bar{\mathbf{x}} = \frac{\mathbf{1}}{\mathbf{12}}(\mathbf{14 \cdot 1 + 15 \cdot 1 + 16 \cdot 2 + 17 \cdot 2 + 18 \cdot 1 + 19 \cdot 1 + 20 \cdot 4}) = \mathbf{17,67}$$

$$\bar{\mathbf{x}} = \mathbf{14 \cdot 0,0833 + 15 \cdot 0,0833 + 16 \cdot 0,1667 + 17 \cdot 0,1677 + 18 \cdot 0,0833} \\ \mathbf{+19 \cdot 0,0833 + 20 \cdot 0,3333 = 17,67}$$

❖ **Streuungsparameter** 315

Dispersions- oder Streuungsparameter geben an, in welchem Ausmaß Merkmalswerte $\mathbf{x_i}$ eines Merkmals **X** um dessen Mittelwert streuen. Die bekanntesten Dispersionsparameter sind Varianz und Standardabweichung. Wir gehen von **n** Merkmalswerten eines kardinal messbaren Merkmals **X** aus.

316 Das arithmetische Mittel der quadrierten Abweichungen der Merkmalswerte $\mathbf{x_i}$ von ihrem arithmetischen Mittel $\bar{\mathbf{x}}$ (mittlere quadratische Abweichung) heißt **Varianz**. Als Symbol wird der griechische Kleinbuchstabe Sigma – ins Quadrat erhoben – verwendet. Formal gilt:

$$\sigma^2 = \frac{1}{n}\sum_{i=1}^{n}(x_i - \bar{x})^2$$

317 Mittels Ausmultiplikation (binomische Formel) und Äquivalenzumformungen leiten wir einen vereinfachten Ausdruck her gemäß:

$$\sigma^2 = \frac{1}{n}\sum_{i=1}^{n}\left(x_i^2 - 2x_i\bar{x} + \bar{x}^2\right)$$

$$\leftrightarrow \sigma^2 = \frac{1}{n}\sum_{i=1}^{n} x_i^2 - \frac{1}{n}\sum_{i=1}^{n} 2x_i\bar{x} + \frac{1}{n}\sum_{i=1}^{n} \bar{x}^2$$

$$\leftrightarrow \sigma^2 = \frac{1}{n}\sum_{i=1}^{n} x_i^2 - 2\bar{x}^2 + \bar{x}^2$$

$$\leftrightarrow \sigma^2 = \frac{1}{n}\sum_{i=1}^{n} x_i^2 - \bar{x}^2 = \overline{x^2} - \bar{x}^2$$

318 Es handelt sich um die Verschiebungsregel. Die Varianz ergibt sich folglich aus der Differenz des **arithmetischen Mittels der quadrierten Merkmalswerte** $\overline{\mathbf{x^2}}$ minus **des quadrierten arithmetischen Mittels** $\bar{\mathbf{x}}^2$.

319 Auf Basis einer Häufigkeitsverteilung ergibt sich die Varianz gemäß:

$$\sigma^2 = \frac{1}{n}\sum_{j=1}^{k}(x_j - \bar{x})^2 h_j = \sum_{j=1}^{k}(x_j - \bar{x})^2 f_j$$

bzw.

$$\sigma^2 = \frac{1}{n}\sum_{j=1}^{k} x_j^2 h_j \quad - \bar{x}^2 = \sum_{j=1}^{k} x_j^2 f_j \quad - \bar{x}^2$$

Beispiel 2.6.2.4

320 Die Varianz bezüglich der Daten aus Beispiel 2.6.1.1 berechnet sich zu:

$$\sigma^2 = \frac{1}{12}((14 - 17{,}67)^2 + (15 - 17{,}67)^2 + \cdots + (20 - 17{,}67)^2) = 4{,}10$$

bzw.

$$\sigma^2 = \frac{1}{12}(14^2 \cdot 1 + 15^2 \cdot 1 + 16^2 \cdot 2 + \cdots + 20^2 \cdot 4) - 17{,}67^2 = 4{,}10$$

In der Literatur findet sich bei der Berechnung der empirischen Varianz bzw. Standardabwei- 321
chung häufig vor dem Summenzeichen statt des Faktors $\mathbf{1/n}$ der Faktor $\mathbf{1/(n-1)}$. In diesem Fall wird keine mittlere quadratische Abweichung als Varianz berechnet. Für die deskriptive Statistik ist eine derartige Berechnung unbedeutend. Sie sind für Stichprobenuntersuchungen von Interesse, wenn mit der Varianz der Stichprobe die Varianz einer übergeordneten Gesamtheit geschätzt werden soll. Wir arbeiten hier nur mit der Ausgangsformel.

Die Quadratwurzel der Varianz ergibt die Standardabweichung. Die Berechnungsformel lautet: 322

$$\sigma = \sqrt{\frac{1}{n}\sum_{i=1}^{n} x_i^2 - \bar{x}^2} = \sqrt{\overline{x^2} - \bar{x}^2}$$

Die Standardabweichung beschreibt ein Maß für die durchschnittliche Abweichung eines jeden 323
Merkmalswertes vom arithmetischen Mittel.

Beispiel 2.6.2.5

Die Standardabweichung bezüglich der Explorationsdaten aus Beispiel 2.6.1.1 ergibt sich ge- 324
mäß $\boldsymbol{\sigma} = \sqrt{\mathbf{4,10}} = \mathbf{2,02}$.

Gegeben sei ein kardinal messbares Merkmal **X** mit dem arithmetischen Mittel $\bar{\mathbf{x}}$ und der Stan- 325
dardabweichung $\boldsymbol{\sigma}$. Die mit dem arithmetischen Mittel normierte Standardabweichung heißt **relative Standardabweichung** oder **Variationskoeffizient**:

$$v = \frac{\sigma}{\bar{x}}$$

Der Variationskoeffizient ist ein Maß für die durchschnittliche relative Abweichung der Merk- 326
malswerte vom arithmetischen Mittelwert. Je größer der Variationskoeffizient desto größer ist die Streuung der Merkmalswerte um den arithmetischen Mittelwert.

Beispiel 2.6.2.6

Der Variationskoeffizient bezüglich der Daten aus Beispiel 2.6.1.1 berechnet sich zu 327

$$v = \frac{2,02}{17,67} = 0,1143$$

Das durchschnittliche relative Abweichungsmaß liegt somit bei **11,43 %** vom Mittelwert. 328

2.7 Statistische Momente

Die bisher dargestellten Parameter sind spezielle Ausprägungen statistischer Momente. Wir be- 329
trachten wiederum **n** Merkmalswerte eines Merkmals **X**. Sei **a** ein fester Bezugspunkt und **r** eine positive ganze Zahl, so ist das **statistische Moment r-ter Ordnung** definiert gemäß:

$$m_r(a) = \frac{1}{n}\sum_{i=1}^{n}(x_i - a)^r$$

330 Bei Spezifikation von $\mathbf{a = 0}$ ergeben sich gewöhnliche Momente. Für $\mathbf{r = 1}$ ergibt sich das arithmetische Mittel, für $\mathbf{r = 2}$ das quadratische Mittel, für $\mathbf{r = 3}$ das kubische Mittel etc.

331 Für $\mathbf{a = \bar{x}}$ liegen **zentrale Momente** vor. Das zentrale Moment **r-ter** Ordnung ist definiert gemäß:

$$\mathbf{m_r(\bar{x}) = \frac{1}{n}\sum_{i=1}^{n}(x_i - \bar{x})^r}$$

332 Das zentrale Moment zweiter Ordnung entspricht der Varianz. Aus dem zentralen Moment dritter Ordnung lässt sich ein Maß für die **Schiefe** (Skewness) gemäß

$$\mathbf{m_3^* = \frac{m_3(\bar{x})}{\sigma^3}}$$

333 definieren. Die Schiefe ist ein Maß für die Asymmetrie einer Verteilung. Gilt $\mathbf{m_3^* > 0}$, liegt eine linkssteile (rechtsschiefe) Verteilung, bei $\mathbf{m_3^* < 0}$ eine rechtssteile (linksschiefe) Verteilung und bei $\mathbf{m_3^* = 0}$ eine symmetrische Verteilung vor.

334 Ein Maß für die **Wölbung** (Kurtosis, Exzess) stützt sich auf das zentrale Moment vierter Ordnung gemäß:

$$\mathbf{m_4^* = \frac{m_4(\bar{x})}{\sigma^4}}$$

335 Die Wölbung einer Verteilung ist ein Maß für deren Steilheit oder auch Hochgipfligkeit. Gilt $\mathbf{m_4^* < 3}$, liegt eine **platykurtische Verteilung** (flache Wölbung, Platykursis), $\mathbf{m_4^* = 3}$ eine **mesokurtische Verteilung** (mittelmäßige Wölbung, Mesokursis) und bei $\mathbf{m_4^* > 3}$ eine **leptokurtische Verteilung** (starke Wölbung, Leptokursis) vor.

2.8 Regressionsanalyse

336 Wir betrachten zwei Merkmale **X, Y**, z.B. Körpergewicht und Körpergröße. Erhebungen mögen zu einer statistischen Reihe

$$\mathbf{(x_1, y_1)_{\langle 1\rangle}, \dots, (x_n, y_n)_{\langle n\rangle}}$$

337 führen. Für jedes Merkmal kann isoliert – wie bereits behandelt – das arithmetische Mittel sowie die Varianz berechnet werden. Es folgt eine knappe Wiederholung:

$$\mathbf{\bar{x} = \frac{1}{n}\sum_{i=1}^{n} x_i} \quad \text{bzw.} \quad \mathbf{\bar{y} = \sum_{i=1}^{n} y_i}$$

$$\mathbf{\sigma_X^2 = \frac{1}{n}\sum_{i=1}^{n} x_i^2 - \bar{x}^2 = \overline{x^2} - \bar{x}^2} \quad \text{bzw.} \quad \mathbf{\sigma_Y^2 = \frac{1}{n}\sum_{i=1}^{n} y_i^2 - \bar{y}^2 = \overline{y^2} - \bar{y}^2}$$

Inwieweit die Merkmalswerte in gleicher Richtung und gleicher Stärke jeweils von ihren arith- 338
metischen Mittelwerten abweichen, beschreibt die **Kovarianz**. Diese ist definiert gemäß:

$$\sigma_{XY} = \frac{1}{n}\sum_{i=1}^{n}(x_i - \bar{x})(y_i - \bar{y}) = \frac{1}{n}\sum_{i=1}^{n} x_i y_i \ - \bar{x} \cdot \bar{y} = \overline{x \cdot y} - \bar{x} \cdot \bar{y}$$

Die Kovarianz ergibt sich aus der Differenz zwischen dem arithmetischen Mittel des Produkts 339
der Merkmalswerte $\overline{x \cdot y}$ und dem Produkt der arithmetischen Mittelwerte der einzelnen Merkmale $\bar{x} \cdot \bar{y}$.

Beispiel 2.8.1

Fünf Personen werden nach Körpergröße in cm (**X**) und -gewicht in kg (**Y**) befragt. Die Explo- 340
rationsreihe lautet:

$$(170, 72)_{\langle 1 \rangle}, (180, 75)_{\langle 2 \rangle}, (168, 65)_{\langle 3 \rangle}, (190, 100)_{\langle 4 \rangle}, (192, 86)_{\langle 5 \rangle}$$

Arithmetische Mittelwerte und Varianz ergeben sich zu: 341

$$\bar{x} = \frac{1}{5}(170 + 180 + 168 + 190 + 192) = 180$$

$$\bar{y} = \frac{1}{5}(72 + 75 + 65 + 100 + 86) = 79{,}60$$

$$\sigma_X^2 = \frac{1}{5}(170^2 + 180^2 + 168^2 + 190^2 + 192^2) - 180^2 = 97{,}60; \ \ \sigma_X = 9{,}88$$

$$\sigma_Y^2 = \frac{1}{5}(72^2 + 75^2 + 65^2 + 100^2 + 86^2) - 79{,}60^2 = 149{,}84; \ \ \sigma_Y = 12{,}24$$

Für die Kovarianz ergibt sich: 342

$$\sigma_{XY} = \frac{1}{5}(170 \cdot 72 + 180 \cdot 75 + 168 \cdot 65 + 190 \cdot 100 + 192 \cdot 86) - 180 \cdot 79{,}60$$
$$= 106{,}40$$

Je höher die Kovarianz ausfällt, desto stärker bewegen sich die Werte zweier Merkmale in glei- 343
cher Richtung von ihrem arithmetischen Mittelwert weg. Eine Normierung der Kovarianz mit dem Produkt der Standardabweichungen der betreffenden Merkmale ergibt den Korrelationskoeffizienten. Dieser ist definiert gemäß

$$\rho_{XY} = \frac{\sigma_{XY}}{\sigma_X \sigma_Y}$$

und gibt die Stärke des linearen Zusammenhangs der Merkmalswerte der Zufallsvariablen **X, Y** 344
an. Dabei gilt:

$$-1 \leq \rho_{XY} \leq 1$$

345 Im Fall $\boldsymbol{\rho_{XY} = -1}$ liegt perfekte negative Korrelation und im Fall $\boldsymbol{\rho_{XY} = 1}$ perfekte positive Korrelation vor.

Beispiel 2.8.2

346 Der Korrelationskoeffizient bezüglich der Daten aus Beispiel 2.8.1 ergibt sich zu:

$$\boldsymbol{\rho_{XY} = \frac{106,40}{9,88 \cdot 12,24} = 0,8798}$$

347 Es liegt folglich ein sehr starker positiver linearer Zusammenhang zwischen Körpergröße und Körpergewicht vor.

348 Liegt nun ein starker linearer Zusammenhang zwischen den Merkmalswerten zweier Merkmale $\mathbf{X, Y}$ vor, kann eine Verdichtung der Beobachtungspaare, z.B. mittels einer affin-linearen Funktion, vorgenommen werden – es handelt sich um eine lineare Regressionsgleichung

$$\mathbf{\hat{y} = a + bx}$$

mit $\mathbf{a}$ = Regressionskonstante
$\mathbf{b}$ = Regressionskoeffizient
$\mathbf{x}$ = Regressor
$\mathbf{\hat{y}}$ = Regressionswert, Regressand

349 Die empirischen Beobachtungspaare

$$\mathbf{(x_1, y_1)_{\langle 1 \rangle}, \ldots, (x_n, y_n)_{\langle n \rangle}}$$

350 sollen durch eine affin-lineare Funktion $\mathbf{\hat{y} = a + bx}$ möglichst genau approximiert werden. Dazu sind $\mathbf{a}$ und $\mathbf{b}$ derart zu fixieren, dass die Summe der Abweichungsquadrate zwischen Regressionswert $\mathbf{\hat{y}_i}$ und empirischem Wert $\mathbf{y_i}$ minimal wird. Die Differenz zwischen Regressionswert und empirischem Wert bezeichnet man als Residuum:

$$\boldsymbol{\varepsilon_i = y_i - \hat{y}_i}$$

Wir setzen an:

$$\mathbf{\min f(a, b) = \sum_{i=1}^{n} (y_i - \hat{y}_i)^2 = \sum_{i=1}^{n} \boldsymbol{\varepsilon}_i^2 = \sum_{i=1}^{n} (y_i - a - bx_i)^2}$$

351 Die notwendigen Bedingungen lauten (vgl. Kapitel 5.4.3):

$$\mathbf{f'_a = -2 \sum_{i=1}^{n} (y_i - a - bx_i) = 0}$$

$$\mathbf{f'_b = -2 \sum_{i=1}^{n} (y_i - a - bx_i) x_i = 0}$$

Die Lösung des Gleichungssystems ergibt: 352

$$\mathbf{b} = \frac{\sigma_{XY}}{\sigma_X^2} \quad \textbf{und} \quad \mathbf{a} = \bar{\mathbf{y}} - \mathbf{b}\bar{\mathbf{x}}$$

Einsetzen in die Ursprungsform der Regressionsgleichung ergibt dann: 353

$$\hat{\mathbf{y}} = \bar{\mathbf{y}} + \frac{\sigma_{XY}}{\sigma_X^2}(\mathbf{x} - \bar{\mathbf{x}})$$

Beispiel 2.8.3

Die Regressionsgleichung bezüglich der Ausgangsdaten des Beispiels 2.8.1 lautet: 354

$$\hat{\mathbf{y}} = 79{,}6 + \frac{106{,}4}{97{,}6}(\mathbf{x} - 180) = -116{,}63 + 1{,}09\mathbf{x}$$

Es werden kurz Eigenschaften der linearen Regressionsrechnung dargestellt: 355

- Wegen $\mathbf{a} = \bar{\mathbf{y}} - \mathbf{b}\bar{\mathbf{x}} \leftrightarrow \bar{\mathbf{y}} = \mathbf{a} + \mathbf{b}\bar{\mathbf{x}}$ verläuft die Regressionsgerade durch den Schwerpunkt $(\bar{\mathbf{x}}|\bar{\mathbf{y}})$. 356

- Aus der Bedingung $\mathbf{f}'_{\mathbf{a}} = \mathbf{0}$ folgt nach Äquivalenzumformung 357

  $$\sum_{i=1}^{n}(\mathbf{y}_i - \mathbf{a} - \mathbf{b}\mathbf{x}_i) = \sum_{i=1}^{n}\boldsymbol{\varepsilon}_i = \mathbf{0}\,.$$

  Wegen der Schwerpunkteigenschaft des arithmetischen Mittels

  $$\sum_{i=1}^{n}(\mathbf{x}_i - \bar{\mathbf{x}}) = \mathbf{0}$$

  ergibt sich:

  $$\sum_{i=1}^{n}\boldsymbol{\varepsilon}_i = \mathbf{0} \;\leftrightarrow\; \bar{\boldsymbol{\varepsilon}} = \mathbf{0}$$

  Für die Varianz der Residuale gilt:

  $$\sigma_\varepsilon^2 = \frac{1}{n}\sum_{i=1}^{n}(\boldsymbol{\varepsilon}_i - \bar{\boldsymbol{\varepsilon}})^2 = \frac{1}{n}\sum_{i=1}^{n}\boldsymbol{\varepsilon}_i^2 = \frac{1}{n}\mathbf{f}(\mathbf{a},\mathbf{b})$$

  Offensichtlich minimiert die Regressionsgerade die Varianz der Residuale.

358 ❖ Eine Erweiterung der Formel des optimalen Regressionskoeffizienten führt zu:

$$\mathbf{b} = \frac{\sigma_{XY}}{\sigma_X^2} = \frac{\sigma_{XY}\sigma_Y}{\sigma_X\sigma_X\sigma_Y} = \rho_{XY}\frac{\sigma_Y}{\sigma_X}$$

Es folgt:

$$|\mathbf{b}| = \frac{\sigma_Y}{\sigma_X} \ \textbf{falls}\ |\rho_{XY}| = 1 \ \ \textbf{und} \quad |\mathbf{b}| < \frac{\sigma_Y}{\sigma_X} \ \textbf{falls}\ |\rho_{XY}| < 1$$

359 ❖ Für die Varianz der Regressionswerte gilt:

$$\sigma_{\hat{Y}}^2 = \frac{1}{n}\sum_{i=1}^{n}(\hat{y}_i - \bar{y})^2 = \frac{1}{n}\sum_{i=1}^{n}(a + bx_i - a - b\bar{x})^2 = \frac{1}{n}\sum_{i=1}^{n}(bx_i - b\bar{x})^2$$

$$= b^2\frac{1}{n}\sum_{i=1}^{n}(x_i - \bar{x})^2 = b^2\sigma_X^2$$

Wegen

$$\sigma_{\hat{Y}}^2 = b^2\sigma_X^2$$

kann die Varianz der Regressionswerte auf die Varianz des Merkmals **X** zurückgeführt werden.

360 ❖ Die Varianzzerlegungsformel lässt sich wie folgt herleiten:

$$y_i - \hat{y}_i = \varepsilon_i \leftrightarrow y_i = \hat{y}_i + \varepsilon_i \leftrightarrow y_i^2 = (\hat{y}_i + \varepsilon_i)^2 = \hat{y}_i^2 + \varepsilon_i^2 + 2\varepsilon_i\hat{y}_i$$

$$\sum_{i=1}^{n} y_i^2 = \sum_{i=1}^{n}\hat{y}_i^2 + \sum_{i=1}^{n}\varepsilon_i^2 + 2\sum_{i=1}^{n}\varepsilon_i\hat{y}_i$$

361 Der letzte Term ist null. Division beider Seiten durch **n** und Subtraktion von $\bar{\mathbf{y}}$ führt zu:

$$\sigma_Y^2 = \sigma_{\hat{Y}}^2 + \sigma_\varepsilon^2$$

362 Für eine lineare Regression $\hat{\mathbf{y}} = \mathbf{a} + \mathbf{bx}$ kann die Varianz des Merkmals **Y** in die Regressionswertvarianz und die Residualvarianz zerlegt werden. Die Regressionswertvarianz kann wieder auf die Varianz von **X** zurückgeführt werden, sodass gilt:

$$\sigma_Y^2 = b^2\sigma_X^2 + \sigma_\varepsilon^2$$

363 $\boldsymbol{\sigma_{\hat{Y}}^2}$ ist der Teil der Varianz von **Y**, der über die Regressionsfunktion durch die Varianz von **X** erklärt wird. Die Residualvarianz ist der Teil der Varianz von **Y**, der über die Regressionsfunktion nicht erklärt wird.

Wir betrachten **zwei** metrisch messbare Merkmale **X**, **Y** sowie eine in den Regressionskoeffizienten lineare Regressionsfunktion $\hat{y} = f(x)$. Linear in den Regressionskoeffizienten ist z.B. 364

$$\hat{y} = a + bx + cx^2,$$

nichtlinear z.B.

$$\hat{y} = ae^{bx}.$$

Der Anteil der Varianz von **Y**, der durch die Varianz von **X** erklärt wird, heißt **Bestimmtheitsmaß** oder **Determinationskoeffizient**. Er lautet: 365

$$B^2 = \frac{\sigma_{\hat{Y}}^2}{\sigma_Y^2} = 1 - \frac{\sigma_\varepsilon^2}{\sigma_Y^2}$$

B^2 gibt den Erklärungswert der Regressionsfunktion an, d.h. je höher B^2ausfällt desto stärker wird die Varianz von **Y** über die Regressionsfunktion durch die Varianz von **X** erklärt. 366

Beispiel 2.8.4

Betrachtet werden die Merkmale Kosten **Y** und Produktionsmenge **X**. Folgende Wertepaare wurden beobachtet: 367

y	102	104	107	105	111
x	2	3	6	5	12

368

Aus schreibökonomischen Gründen wird auf die Angabe der Summationsunter- und -obergrenze verzichtet. Es gilt stets $\sum_{i=1}^{n} z_i = \sum z_i$. 369

$$\bar{y} = \frac{1}{n}\sum y_i = \frac{1}{5}(102 + 104 + 107 + 105 + 111) = 105{,}80$$

$$\bar{x} = \frac{1}{n}\sum x_i = \frac{1}{5}(2 + 3 + 6 + 5 + 12) = 5{,}60$$

$$\sigma_Y^2 = \overline{y^2} - \bar{y}^2 = \frac{1}{5}(102^2 + 104^2 + 107^2 + 105^2 + 111^2) - 105{,}8^2 = 9{,}36;$$
$$\sigma_Y = 3{,}0594$$

$$\sigma_X^2 = \overline{x^2} - \bar{x}^2 = \frac{1}{5}(2^2 + 3^2 + 6^2 + 5^2 + 12^2) - 5{,}6^2 = 12{,}24; \quad \sigma_X = 3{,}4986$$

$$\sigma_{XY} = \frac{1}{5}(102 \cdot 2 + 104 \cdot 3 + 107 \cdot 6 + 105 \cdot 5 + 111 \cdot 12) - 105{,}8 \cdot 5{,}6 = 10{,}52$$

$$\rho_{XY} = \frac{10{,}52}{3{,}4986 \cdot 3{,}0594} = 0{,}9828$$

$$\hat{y} = \bar{y} + \frac{\sigma_{XY}}{\sigma_X^2}(x - \bar{x}) = 105,8 - \frac{10,52}{12,24} \cdot 5,6 + \frac{10,52}{12,24}x = 100,99 + 0,8595x$$

$$\sigma_{\hat{Y}}^2 = b^2\sigma_X^2 = 0,8595^2 \cdot 12,24 = 9,0422$$

$$B^2 = \frac{9,0422}{9,36} = 0,9660$$

3 Änderungsprozesse und Änderungsraten

Wir betrachten exemplarisch die Einwohnerzahlen **x** einer Gemeinde zu **fünf** verschiedenen Zeitpunkten **t** gemäß folgender Tabelle: 370

x	**7.400**	**7.700**	**8.100**	**7.900**	**8.000**
t	**31.12.2000**	**31.12.2001**	**31.12.2002**	**31.12.2003**	**31.12.2004**

371

Aus Vereinfachungsgründen symbolisieren wir die Zeitpunkte ausgehend vom **31.12.2000** mit $\mathbf{t_0, t_1, t_2, t_3, t_4}$. Wir wollen die jährlichen prozentualen bzw. relativen Änderungsraten bestimmen. Sei $\mathbf{x_t}$ die Einwohnerzahl zum Zeitpunkt **t** und $\mathbf{x_{t-1}}$ die Einwohnerzahl zum Zeitpunkt $\mathbf{t-1}$, so ergibt sich die relative Änderungsrate $\boldsymbol{\rho_t}$ der Einwohnerzahl bezüglich des Zeitraums $[\mathbf{t-1, t}]$ gemäß: 372

$$\rho_t = \frac{x_t - x_{t-1}}{x_{t-1}} = \frac{x_t}{x_{t-1}} - 1$$

Die entsprechenden jährlichen Änderungsraten berechnen sich nun zu: 373

$$\rho_1 = \frac{7.700}{7.400} - 1 = 0{,}0405 = 4{,}05\,\%$$

$$\rho_2 = \frac{8.100}{7.700} - 1 = 0{,}0519 = 5{,}19\,\%$$

$$\rho_3 = \frac{7.900}{8.100} - 1 = -0{,}0247 = -2{,}47\,\%$$

$$\rho_4 = \frac{8.000}{7.900} - 1 = 0{,}0127 = 1{,}27\,\%$$

In welchem Maß hat sich die Einwohnerzahl vom **31.12.2000** bis zum **31.12.2004** durchschnittlich jährlich geändert? Dies drücken wir mittels der durchschnittlichen jährlichen Änderungsrate aus. Dazu leiten wir zunächst die exponentielle Wachstumsformel her: 374

$$x_1 = x_0 + \rho x_0 = x_0(1+\rho)$$

$$x_2 = x_1 + \rho x_1 = x_1(1+\rho) = x_0(1+\rho)(1+\rho) = x_0(1+\rho)^2$$

$$x_3 = x_2 + \rho x_2 = x_2(1+\rho) = x_0(1+\rho)^2(1+\rho) = x_0(1+\rho)^3$$

Eine Fortsetzung dieser Rekursionen mündet in die exponentielle Wachstumsformel 375

$$x_n = x_0(1+\rho)^n$$

die mathematisch eine Exponentialfunktion mit vier Variablen darstellt. 376

377 Der Ausdruck $(\mathbf{1}+\boldsymbol{\rho})$ heißt **Änderungsfaktor**. Auflösung nach $\boldsymbol{\rho}$ ergibt:

$$\rho = \left(\frac{x_n}{x_0}\right)^{1/n} - 1$$

378 Alternativ ist auch der Ausdruck

$$\rho = \sqrt[n]{\frac{x_n}{x_0}}$$

379 verwendbar, aus schreib- und rechenökonomischen Gründen bietet sich jedoch häufiger die Potenzschreibweise an.

380 Auf Basis der Beispieldaten ergibt sich konkret für die jährliche Änderungsrate:

$$\rho = \left(\frac{8000}{7400}\right)^{1/4} - 1 = 0,0197$$

381 Die Einwohnerzahl ist von Jahresende **2000** bis Jahresende **2004** durchschnittlich jährlich um **1,97 %** gewachsen.

382 Ein alternativer Berechnungsansatz ergibt sich über das **geometrische Mittel** der Änderungsfaktoren. Wir betrachten kurz bekannte Mittelwerte:

383 Es liege eine Folge $y_1, y_2, \dots, y_n$ von Merkmalswerten vor. Das arithmetische Mittel ergibt sich bekannterweise zu:

$$\bar{y} = \frac{y_1 + y_2 + \dots + y_n}{n} = \frac{1}{n}\sum_{j=1}^{n} y_j$$

384 Das geometrische Mittel berechnet sich aus der $(1/n)$-ten Potenz des Produkts aller $\mathbf{n}$ Merkmalswerte gemäß:

$$\bar{y}_G = (y_1 \cdot y_2 \cdot \dots \cdot y_n)^{1/n} = \left(\prod_{j=1}^{n} y_j\right)^{1/n}$$

385 Beide Mittelwerte sind ein Spezialfall des Potenzmittels mit Parameter $\boldsymbol{\alpha}$ gemäß:

$$\bar{y}_\alpha = \left(\frac{1}{n}\sum_{j=1}^{n} y_j^\alpha\right)^{1/\alpha}$$

386 Dabei gilt für das arithmetische Mittel $\alpha = 1$ und für das geometrische Mittel $\alpha \to 0$. Das Potenzmittel ist wiederum ein Spezialfall des **f-Mittels**, welches wie folgt definiert ist:

$$\mu_f = f^{-1}\left(\frac{1}{n}\sum_{j=1}^{n} f(y_j)\right)$$

Das Potenzmittel ist das gemäß $\mathbf{f(y) = y^{\alpha}}$ spezifizierte **f**-Mittel und das arithmetische Mittel wiederum das mit $\boldsymbol{\alpha} = \mathbf{1}$ spezifizierte Potenzmittel. 387

Die jährliche Änderungsrate erhalten wir nun aus besagtem geometrischem Mittel der Änderungsfaktoren abzüglich **1** gemäß: 388

$$\rho = [(1 + \rho_1) \cdot (1 + \rho_2) \cdot ... \cdot (1 + \rho_n)]^{1/n} - 1 = \left(\prod_{j=1}^{n} (1 + \rho_j)\right)^{1/n} - 1$$

Anhand der Beispieldaten ergibt sich: 389

$$\rho = [(1 + 0,0405) \cdot (1 + 0,0519) \cdot (1 - 0,0247) \cdot (1 + 0,0127)]^{1/4} - 1 = 0,0197$$

Für infrastrukturelle Planungen sei nun von Interesse, zu welchem Zeitpunkt die Bevölkerungszahl den Wert **10.000** erreicht, wenn sich das durchschnittliche Wachstum der betrachteten **vier** Jahre fortsetzt. Hierzu lösen wir die Wachstumsformel nach der Laufzeit auf: 390

$$x_n = x_0(1 + \rho)^n$$

$$\leftrightarrow \frac{x_n}{x_0} = (1 + \rho)^n$$

$$\leftrightarrow \ln\left(\frac{x_n}{x_0}\right) = n\ln(1 + \rho)$$

$$\leftrightarrow n = \frac{\ln x_n - \ln x_0}{\ln(1 + \rho)}$$

Einsetzen ergibt: 391

$$n = \frac{\ln 10.000 - \ln 7.400}{\ln 1,0197} = 15,43$$

Folglich wird die Bevölkerung im Laufe des Jahres **2015** auf **10.000** anwachsen. 392

4 Funktionen einer unabhängigen Variablen

4.1 Funktionsbegriff

393 Eine gewichtige Rolle in den Wirtschaftswissenschaften spielen mathematische Funktionen und deren Handhabung. Zum Einstieg betrachten wir folgende Ausgangslage:

394 Gegeben sei folgender Zusammenhang zwischen dem Volumen verbrauchten Wassers **x** (in Volumeneinheiten) und den entstandenen Kosten **K** (in Geldeinheiten):

395

K	**100,25**	**101,00**	**102,25**	**104,00**	**106,25**	**109,00**
x	**1**	**2**	**3**	**4**	**5**	**6**

396 Nun definieren wir zwei Mengen reeller Zahlen, und zwar eine Menge der Verbrauchsvolumina und eine der Kosten:

$$\mathbf{M_1} = \{\mathbf{1; 2; 3; 4; 5; 6}\}; \quad \mathbf{M_2} = \{\mathbf{100{,}25; 101{,}00; 102{,}25; 104{,}00; 106{,}25; 109{,}00}\}$$

397 Ordnet man nun jedem Element $\mathbf{x} \in \mathbf{M_1}$ mittels einer Zuordnungsvorschrift **f** genau ein Element $\mathbf{K} \in \mathbf{M_2}$ zu, so nennt man die dadurch gegebene paarweise Zuordnung eine **Funktion**. Damit ist **f** als die Menge aller bei dieser Zuordnung auftretenden Paare $(\mathbf{x}|\mathbf{K})$ charakterisiert, d.h.:

$$\mathbf{f} = \{(\mathbf{1}|\mathbf{100{,}25}), (\mathbf{2}|\mathbf{101}), (\mathbf{3}|\mathbf{102{,}25}), (\mathbf{4}|\mathbf{104}), (\mathbf{5}|\mathbf{106{,}25}), (\mathbf{6}|\mathbf{109})\}$$

398 $\mathbf{M_1}$ stellt in diesem Fall den **Definitionsbereich** $\mathbf{D(f)}$ und $\mathbf{M_2}$ den **Wertebereich** $\mathbf{W(f)}$ dar. Wir formulieren eine **Funktionsgleichung**

$$\mathbf{K} = \mathbf{f(x)}\,,$$

399 wobei **f** die Funktion beschreibt, die dem Wert **x** den Funktionswert **K = f von x** zuordnet. Im betrachteten Fall stellt **x** die **unabhängige Variable**, **exogene Variable** oder das **Argument** dar und **K** die **abhängige Variable**, **endogene Variable** oder den **Funktionswert**. Alternativ findet in der angewandten Wirtschaftsmathematik auch die Schreibweise $\mathbf{K} = \mathbf{K(x)}$ Verwendung. Dieser werden wir uns bei wirtschaftsmathematischen Falluntersuchungen anschließen.

400 Der obige exemplarische Zusammenhang ist unter anderem in der Funktionsgleichung

$$\mathbf{K(x)} = \mathbf{0{,}25x^2} + \mathbf{100}$$

401 enthalten. Erweitern wir Definitionsbereich und Wertebereich auf die positiven reellen Zahlen, so liegt eine Funktionsgleichung vor, die jeder nicht negativen Produktionsmenge (Output) $\mathbf{x} \in \mathbb{R}_0^+$ über die Zuordnungsvorschrift **f** eindeutig einen bestimmten positiven Kostenbetrag $\mathbf{K} \in \mathbb{R}_0^+$ zuordnet.

4.2 Eigenschaften von Funktionen

Nachfolgend werden wesentliche Funktionseigenschaften dargestellt. Bei ökonomischen Funktionen lassen sich aus deren Eigenschaften unmittelbar Rückschlüsse auf ökonomische Inhalte und Zusammenhänge ziehen. 402

❖ Beschränktheit

Eine Funktion $\mathbf{f}: \mathbf{D(f)} \rightarrow \mathbb{R}$ heißt nach oben (bzw. nach unten) beschränkt, falls es eine Konstante $\mathbf{c} \in \mathbb{R}$ gibt, so dass gilt: 403

$$\mathbf{f(x) \leq c \; \forall \, x \in D(f)} \quad \text{bzw.} \quad \mathbf{f(x) \geq c \; \forall \, x \in D(f)}$$

f heißt beschränkt, wenn **f** sowohl nach oben als auch nach unten beschränkt ist. 404

Ist **f** nach oben bzw. nach unten beschränkt, so gibt es stets eine kleinste obere Schranke (**Supremum** $\mathbf{sup\, f(x)}$ bzw. eine größte untere Schranke (**Infimum** $\mathbf{inf\, f(x)}$). 405

Ein Punkt $\mathbf{x^*} \in \mathbf{D(f)}$ heißt eine Maximal- bzw. eine Minimalstelle von **f**, falls $\mathbf{f(x^*) \geq f(x)}$ bzw. $\mathbf{f(x^*) \leq f(x) \; \forall \; x \in D(f)}$ gilt. In diesem Fall bezeichnet man 406

$$\mathbf{f(x^*) = max\, f(x) \; \forall \, x \in D(f)}$$

als globales Maximum bzw. 407

$$\mathbf{f(x^*) = min\, f(x) \; \forall \, x \in D(f)}$$

als globales Minimum von **f** über $\mathbf{D(f)}$ und es ist 408

$$\mathbf{sup\, f(x) = max\, f(x)} \quad \text{bzw.} \quad \mathbf{inf\, f(x) = min\, f(x)}$$

Beispiel 4.2.1

Eine Kostenfunktion laute 409

$$\mathbf{K(x) = 0{,}2x^2}$$

$\mathbf{\forall x \in D(f): K \geq 0}$. Offenbar ist $\mathbf{c = 0}$ eine untere Schranke. 410

Eine Gewinnfunktion laute 411

$$\mathbf{G(x) = -x^2 + 6x + 10}$$

$\mathbf{\forall x \in D(f): G \leq 19}$. Der Funktionswert $\mathbf{c = f(3) = 19}$ ist eine obere Schranke. 412

Die Dichtefunktion der standardisierten Normalverteilung lautet: 413

$$\mathbf{f_X(x) = \frac{1}{\sqrt{2\pi}} e^{-0{,}5x^2}}, \quad \mathbf{-\infty < x < \infty}$$

414 $\mathbf{f_X(x)}$ ist beschränkt. Eine untere Schranke ist bei $\mathbf{c = 0}$, eine obere Schranke bei $\mathbf{c = 1/\sqrt{2\pi}}$.

❖ **Monotonie**

415 Eine Funktion $\mathbf{f: D(f) \to \mathbb{R}}$ heißt $\forall \mathbf{x_1 < x_2,\ x_1, x_2 \in D(f)}$

416

monoton wachsend (isoton)	**falls** $\mathbf{f(x_1) \leq f(x_2)}$
streng monoton wachsend (streng isoton)	**falls** $\mathbf{f(x_1) < f(x_2)}$
monoton fallend (antiton)	**falls** $\mathbf{f(x_1) \geq f(x_2)}$
streng monoton fallend (streng antiton)	**falls** $\mathbf{f(x_1) > f(x_2)}$

Beispiel 4.2.2

417 Die Funktion $\mathbf{K(x) = 2x + 100}$ ist über ihren gesamten Definitionsbereich $\mathbf{D(f)} = \mathbb{R}_0^+$ streng isoton. Als Gegenbeispiel handelt es sich bei der Dirichlet-Funktion

$$\mathbf{D(x)} = \begin{cases} \mathbf{1, falls\ x\ eine\ rationale\ Zahl\ ist} \\ \mathbf{0, falls\ x\ eine\ irrationale\ Zahl\ ist} \end{cases}$$

418 um eine über ihren gesamten Definitionsbereich nicht monotone Funktion.

❖ **Eineindeutigkeit (Injektivität)**

419 Eine Funktion $\mathbf{f: D(f) \to \mathbb{R}}$ heißt **eineindeutig (injektiv)** oder **umkehrbar eindeutig**, falls

$$\forall \mathbf{x_1, x_2 \in D(f): f(x_1) = f(x_2) \to x_1 = x_2}\,.$$

420 Ist die Funktion $\mathbf{f: D(f) \to \mathbb{R}}$ eineindeutig, so existiert zu **f** eine **Umkehrfunktion (inverse Funktion)** $\mathbf{f^{-1}}$ mit dem Definitionsbereich $\mathbf{D(f^{-1}) = W(f)}$ sowie dem Wertebereich $\mathbf{W(f^{-1}) = D(f)}$, und es gilt $\mathbf{f^{-1}\big(f(x)\big) = x\ \forall x \in D(f)}$.

Beispiel 4.2.3

421 $\mathbf{f: y = f(x) = x^2;\ D(f) \to \mathbb{R}_0^+}$ ist eineindeutig, da

$$\forall \mathbf{y_1 \in W(f): y_1 = f(x_1) \to f^{-1}(y_1) = x_1}\,.$$

422 $\mathbf{f: y = f(x) = x^2;\ D(f) \to \mathbb{R}}$ ist nicht eineindeutig, da

$$\forall \mathbf{y_1 \in W(f): y_1 = f(x_1) \to f^{-1}(y_1) = x_1 \wedge f^{-1}(y_1) = -x_1}\,.$$

423 Es ist zu beachten, dass die Funktion im ersten Fall nur auf die positiven reellen Zahlen (einschließlich der Null), im zweiten Fall auf die gesamten reellen Zahlen definiert ist.

Ökonomisch bedeutsam ist die Injektivität z.B. bei einer Produktionsfunktion 424

$$\mathbf{f}: \mathbf{x} = \mathbf{f}(\mathbf{r}) = \mathbf{r}^2 \,; \mathbf{D}(\mathbf{f}) = \mathbb{R}_0^+,$$

wobei **r** die Produktionsfaktoreinsatzmenge (Faktorinput) und **x** die Güterausbringungsmenge 425
(Output) beschreibt. Der letzte Ausdruck beschreibt die **Outputfunktion**, die eindeutig einem gegebenen Input einen Output zuordnet. Die Inverse

$$\mathbf{f}^{-1}: \mathbf{r} = \mathbf{f}^{-1}(\mathbf{x}) = \sqrt{\mathbf{x}}$$

beschreibt dagegen die **Inputfunktion**, die den jeweils notwendigen Input für einen fixierten 426
Output angibt. Vereinfacht können wir für die Outputfunktion bzw. für die Inputfunktion auch die Schreibweisen

$$\mathbf{x} = \mathbf{x}(\mathbf{r}) \text{ bzw. } \mathbf{r} = \mathbf{r}(\mathbf{x})$$

wählen.

Beispiel 4.2.4

Der Zusammenhang zwischen Saatguteinsatz **r** und Ernteertrag **x** werde durch die Outputfunk- 427
tion $\mathbf{x} = \sqrt{\mathbf{r}}$ beschrieben. Diese beschreibt den Ernteertrag, der bei einem Saatguteinsatz **r** erzielbar ist. Die Inputfunktion $\mathbf{r}(\mathbf{x}) = \mathbf{x}^2$ beschreibt den Input, der für ein bestimmtes Ernteertragsziel notwendig ist.

❖ Krümmung

Eine Funktion $\mathbf{f}: \mathbf{D}(\mathbf{f}) \to \mathbb{R}$ heißt $\forall\, \mathbf{x}_1, \mathbf{x}_2 \in \mathbf{D}(\mathbf{f}), \mathbf{0} < \boldsymbol{\lambda} < \mathbf{1}, \mathbf{x}_1 < \mathbf{x}_2$ 428

konvex	**falls** $\mathbf{f}(\boldsymbol{\lambda}\mathbf{x}_1 + (\mathbf{1} - \boldsymbol{\lambda})\mathbf{x}_2) \leq \boldsymbol{\lambda}\mathbf{f}(\mathbf{x}_1) + (\mathbf{1} - \boldsymbol{\lambda})\mathbf{f}(\mathbf{x}_2)$	429
streng konvex	**falls** $\mathbf{f}(\boldsymbol{\lambda}\mathbf{x}_1 + (\mathbf{1} - \boldsymbol{\lambda})\mathbf{x}_2) < \boldsymbol{\lambda}\mathbf{f}(\mathbf{x}_1) + (\mathbf{1} - \boldsymbol{\lambda})\mathbf{f}(\mathbf{x}_2)$	
konkav	**falls** $\mathbf{f}(\boldsymbol{\lambda}\mathbf{x}_1 + (\mathbf{1} - \boldsymbol{\lambda})\mathbf{x}_2) \geq \boldsymbol{\lambda}\mathbf{f}(\mathbf{x}_1) + (\mathbf{1} - \boldsymbol{\lambda})\mathbf{f}(\mathbf{x}_2)$	
streng konkav	**falls** $\mathbf{f}(\boldsymbol{\lambda}\mathbf{x}_1 + (\mathbf{1} - \boldsymbol{\lambda})\mathbf{x}_2) > \boldsymbol{\lambda}\mathbf{f}(\mathbf{x}_1) + (\mathbf{1} - \boldsymbol{\lambda})\mathbf{f}(\mathbf{x}_2)$	

Die Krümmung einer Funktion $\mathbf{y} = \mathbf{f}(\mathbf{x})$ an einer Stelle $\mathbf{x}_0 \in \mathbf{D}(\mathbf{f})$ können wir auch mit Hilfe 430
der zweiten Ableitung beschreiben. Die Funktion $\mathbf{y} = \mathbf{f}(\mathbf{x})$ verläuft an der Stelle $\mathbf{x}_0$

- konvex, falls $\mathbf{f}''(\mathbf{x}_0) \geq \mathbf{0}$ bzw. streng konvex falls $\mathbf{f}''(\mathbf{x}_0) > \mathbf{0}$,
- konkav, falls $\mathbf{f}''(\mathbf{x}_0) \leq \mathbf{0}$ bzw. streng konkav falls $\mathbf{f}''(\mathbf{x}_0) < \mathbf{0}$.

Beispiel 4.2.5

431 Die Funktion $\mathbf{y = f(x) = x^2, D(f)} = \mathbb{R}$ verläuft über ihren Definitionsbereich streng konvex, wegen

$$\mathbf{y'' = f''(x) = 2 > 0}\ \forall \mathbf{x} \in \mathbb{R}\,.$$

432 Die Funktion $\mathbf{y = f(x)} = \sqrt{\mathbf{x}},\ \mathbf{D(f)} = \mathbb{R}_\mathbf{0}^+$ verläuft über ihren Definitionsbereich streng konkav, wegen

$$\mathbf{y'' = f''(x) = -0,25x^{-1,5} < 0}\ \forall \mathbf{x} \in \mathbb{R}_\mathbf{0}^+\,.$$

❖ **Stetigkeit**

433 Es sei $\mathbf{f\colon D(f)} \to \mathbb{R}$ eine reelle Funktion. Dann heißt **f** an der Stelle $\mathbf{x_0} \in \mathbf{D(f)}$

- linksstetig, falls $\lim\limits_{\mathbf{x\uparrow x_0}} \mathbf{f(x) = f(x_0)}$
- rechtsstetig, falls $\lim\limits_{\mathbf{x\downarrow x_0}} \mathbf{f(x) = f(x_0)}$
- stetig, falls $\lim\limits_{\mathbf{x\to x_0}} \mathbf{f(x) = f(x_0)}$

434 Die Funktion **f** ist bei $\mathbf{x = x_0}$ stetig, falls sie bei $\mathbf{x = x_0}$ links- und rechtsstetig ist. Ist **f** an der Stelle $\mathbf{x = x_0}$ stetig, so heißt $\mathbf{x_0}$ eine Stetigkeitsstelle von **f**. Ist **f** an der Stelle $\mathbf{x = x_0}$ nicht stetig, so heißt **f** unstetig bei $\mathbf{x_0}$, und $\mathbf{x_0}$ heißt Unstetigkeitsstelle von **f**. Ist **f** für alle $\mathbf{x_0} \in \mathbf{D(f)}$ stetig, so heißt **f** eine **stetige Funktion**. Unstetigkeitsstellen sind Sprung- und Polstellen sowie Lücken.

❖ **Grenzwerte**

435 Es sei $\mathbf{f\colon D(f)} \to \mathbb{R}$ eine reelle Funktion. Dann heißt

$$\boldsymbol{\alpha} = \lim_{\mathbf{x\uparrow x0}} \mathbf{f(x)} \quad \text{bzw.} \quad \boldsymbol{\beta} = \lim_{\mathbf{x\downarrow x0}} \mathbf{f(x)}$$

436 der linksseitige bzw. rechtsseitige Grenzwert von **f** an der Stelle $\mathbf{x_0}$, falls für jede monoton wachsende bzw. fallende Folge

$$\{\mathbf{x_k}\}, \mathbf{k = 1, 2, \ldots}\ \ \textbf{mit}\ \mathbf{x_k} \in \mathbf{D(f)}\ \text{und}\ \lim_{\mathbf{k\to\infty}} \mathbf{x_k = x_0}$$

437 die Folge

$$\{\mathbf{f(x_k)}\}, \qquad \mathbf{k = 1, 2, \ldots}$$

438 konvergent ist mit

$$\lim_{\mathbf{k\to\infty}} \mathbf{f(x_k)} = \boldsymbol{\alpha} \quad \text{bzw.} \quad \lim_{\mathbf{k\to\infty}} \mathbf{f(x_k)} = \boldsymbol{\beta}\,.$$

❖ Nullstellen

Es sei $\mathbf{f}: \mathbf{D(f)} \to \mathbb{R}$ eine reelle Funktion. Dann heißt $\mathbf{x_0} \in \mathbf{D(f)}$ Nullstelle von **f**, falls 439

$$\mathbf{f(x_0) = 0}\,.$$

4.3 Funktionstypen allgemein

Werden ökonomische Zusammenhänge zwischen ausgewählten ökonomischen Variablen über eine Funktionsgleichung modelliert, ergeben sich je nach Art des Zusammenhangs bestimmte Funktionstypen. Einige werden im Folgenden kurz erläutert. 440

❖ Ganze rationale Funktionen (Polynome)

Eine Funktion **f** mit 441

$$\mathbf{y = f(x) = \sum_{k=0}^{n} a_k x^k, \quad n \in \mathbb{N}, a_0, \dots, a_n \in \mathbb{R}, \quad x \in \mathbb{R}, \quad a_n \neq 0}$$

heißt Polynom **n**-ten Grades. 442

Beispiel 4.3.1

$$\mathbf{n = 1, \;\; y = f(x) = a_1 x + a_0}$$

stellt z.B. den Funktionstyp einer affin-linearen Kostenentwicklung dar. In diesem Fall beschreiben $\mathbf{a_0}$ die Höhe der Fixkosten und $\mathbf{a_1}$ die Höhe der stückvariablen Kosten. 443

$$\mathbf{n = 3, y = f(x) = a_3 x^3 + a_2 x^2 + a_1 x + a_0;\;\; a_3, a_1, a_0 > 0;\;\; a_2 < 0;\;\; a_2^2 \leq 3 a_1 a_3}$$

beschreibt z.B. den **ertragsgesetzlichen Kostenverlauf**. Für die Fixkosten gilt $\mathbf{K_F = a_0}$, die Funktion der variablen Kosten lautet $\mathbf{K_v = f(x) = a_3 x^3 + a_2 x^2 + a_1 x}$. 444

❖ Gebrochen rationale Funktionen

Seien 445

$$\mathbf{P_m: y = P_m(x) = \sum_{k=0}^{m} a_k x^k, \quad a_m \neq 0}$$

$$\mathbf{Q_n: y = Q_n(x) = \sum_{k=0}^{n} b_k x^k, \quad b_n \neq 0, \quad x \in \mathbb{R}, \quad n, m \in \mathbb{N}}$$

Polynome **m-ten** bzw. **n-ten** Grades, so heißt die Funktion 446

$$\mathbf{f(x) = \frac{P_m(x)}{Q_n(x)}; \;\; Q_n(x) \neq 0}$$

447 eine gebrochen rationale Funktion. $\mathbf{P_m(x)}$ heißt Zählerpolynom, $\mathbf{Q_n(x)}$ heißt Nennerpolynom. Ist $\mathbf{m < n}$, bezeichnet man $\mathbf{f(x)}$ als echt gebrochen, im Fall $\mathbf{m \geq n}$ als unecht gebrochen rationale Funktion.

Beispiel 4.3.2

448 Sei

$$\mathbf{K = f(x) = ax^2 + bx + c, x > 0}$$

449 eine quadratische Kostenfunktion, so ergibt sich die **Durchschnittsfunktion**

$$\mathbf{\bar{K} = \bar{f}(x) = \frac{ax^2 + bx + c}{x}}$$

450 als eine unecht gebrochen rationale Funktion ($\mathbf{m = 2, n = 1}$). Ökonomisch handelt es sich um die **Stückkostenfunktion**, die die durchschnittlichen Kosten bezogen auf eine Mengeneinheit Output angibt.

❖ **Exponentialfunktionen**

451 Eine reelle Funktion $\mathbf{f: D(f) \to \mathbb{R}}$ mit $\mathbf{f(x) = a^x, a > 0}$ heißt **Exponentialfunktion** zur Basis **a**. Sie besitzt folgende Eigenschaften:

- $\mathbf{f(x) > 0 \ \forall x \in \mathbb{R} \ \ \wedge f(0) = 1}$
- $\mathbf{f(x_1) \cdot f(x_2) = f(x_1 + x_2)}$
- $\mathbf{(f(x_1))^{x_2} = f(x_1 \cdot x_2)}$
- **f** ist streng monoton wachsend für **a > 1**.
- **f** ist streng monoton fallend für **a < 1**.

452 Die allgemeine Exponentialfunktion lautet:

$$\mathbf{f(x) = u(x)^{v(x)}}$$

Beispiel 4.3.3

$\mathbf{f(x_1) \cdot f(x_2) = a^{x_1} a^{x_2} = a^{x_1 + x_2}}$

$\mathbf{\left(f(x_1)\right)^{x_2} = (a^{x_1})^{x_2} = a^{x_1 x_2}}$

❖ **Logarithmusfunktionen**

453 Sei $\mathbf{f: D(f) \to \mathbb{R}}$ mit $\mathbf{f(x) = a^x, a > 0}$ eine Exponentialfunktion. **f** besitzt eine **Umkehrfunktion** $\mathbf{g = f^{-1}}$. Diese Funktion

$$\mathbf{g: g(x) = f^{-1}(x) =: \log_a x, \ \ x > 0}$$

heißt **Logarithmusfunktion**. Wir betrachten zwei Eigenschaften: 454

- $\mathbf{f^{-1}(f(x)) = log_a a^x = x, \ \ x > 0}$
- $\mathbf{f\left(f^{-1}(x)\right) = a^{log_a x} = x, \ \ x > 0}$

Durch Logarithmieren reduziert sich die Komplexität der Verknüpfung zwischen Variablen. 455
Entsprechende Gesetze lauten:

- $\mathbf{log_a(x_1 x_2) = log_a x_1 + log_a x_2}$
- $\mathbf{log_a(x_1/x_2) = log_a x_1 - log_a x_2}$
- $\mathbf{log_a {x_1}^{x_2} = x_2 log_a x_1}$

Als Basis **a** finden häufig die Werte „**2**“ ($\mathbf{log_2 x =: ld\, x}$, Logarithmus Dualis), Eulersche Zahl 456
„**e**“ ($\mathbf{log_e x =: ln\, x}$, Logarithmus naturalis) sowie „**10**“ ($\mathbf{log_{10} x =: lg\, x}$, dekadischer Logarithmus) Verwendung.

Bei Wechsel der logarithmischen Basis von **b** nach **a** gilt 457

$$\mathbf{log_b x = \frac{log_a x}{log_a b}}$$

und speziell vom Wechsel eines Logarithmus beliebiger Basis **a > 0** zum Logarithmus Naturalis 458

$$\mathbf{log_a x = \frac{ln\, x}{ln\, a}}.$$

Beispiel 4.3.4

Die Umkehrfunktion zu der Funktion $\mathbf{f: y = f(x) = e^x}$ lautet: 459

$$\mathbf{g: x = g(y) = f^{-1}(y) = ln\, y, \ \ y > 0}$$

❖ **Trigonometrische Funktionen**

Sinusfunktion	$\mathbf{y = f(x) = sin\, x, x \in \mathbb{R}, W(f) = [-1, 1]}$	460
Kosinusfunktion	$\mathbf{y = f(x) = cos\, x, x \in \mathbb{R}, W(f) = [-1, 1]}$	
Tangensfunktion	$\mathbf{y = f(x) = tan\, x, x \in \mathbb{R} \ \backslash\{k\pi + \pi/2, \ k \in \mathbb{Z}\}, W(f) = \mathbb{R}}$	
Kotangensfunktion	$\mathbf{y = f(x) = cot\, x, x \in \mathbb{R} \ \backslash\{k\pi, \ k \in \mathbb{Z}\}, W(f) = \mathbb{R}}$	

❖ Potenzfunktionen, Wurzelfunktionen

461 **Sei** $\mathbf{f: f(x) = ax^b, D(f) = [0, \infty[\,, a > 0, b \in \mathbb{R}}$, so heißt **f** Potenzfunktion.

462 Ist $\mathbf{a = 1}$ und $\mathbf{b = 1/n}$, $\mathbf{n = 2, 3, 4, \ldots}$ so nennt man die Funktion

$$\mathbf{f: f(x) = x^{1/n} = \sqrt[n]{x}, \qquad x > 0}$$

auch Wurzelfunktion.

Beispiel 4.3.5

463 In der angewandten Wirtschaftsmathematik ist die Exponentialschreibweise häufig vorteilhaft. Für eine Produktionsfunktion $\mathbf{x(r) = 100\sqrt[4]{r}}$ empfiehlt sich im Hinblick auf nachfolgende Rechenoperationen die Schreibweise $\mathbf{x(r) = 100r^{1/4}}$.

4.4 Funktionen in der Ökonomie

464 Im Folgenden werden Funktionsgleichungen aus verschiedenen ökonomischen Fachdisziplinen vorgestellt. Diese beschreiben spezifische quantitative Beziehungszusammenhänge zwischen ausgewählten ökonomischen Variablen.

❖ Nachfragefunktion

465 Eine Nachfragefunktion beschreibt den Zusammenhang zwischen der Preisforderung **p** eines Anbieters bezüglich eines bestimmten Gutes und der Nachfragemenge **x** nach diesem Gut. **p** ist die unabhängige Variable (Argument), **x** die abhängige Variable.

Beispiel 4.4.1

$\mathbf{(1)\ x(p) = 0,9p^{-0,8}}$ $\mathbf{(2)\ x(p) = 2\sqrt{36 - p}}$

466 Häufig findet sich in der Literatur bei Nachfragefunktionen auch die inverse Form wie z.B. Funktionen gemäß:

$\mathbf{(3)\ p(x) = -0,5x + 10}$ $\mathbf{(4)\ p(x) = 5e^{-0,2x}}$

❖ Angebotsfunktion

467 Eine Angebotsfunktion beschreibt den Zusammenhang zwischen dem angebotsseitig erzielbaren Preis **p** eines Gutes und der Angebotsmenge **x**. Auch hier findet sich häufig die inverse Form.

Beispiel 4.4.2

$\mathbf{(1)\ p(x) = 0,5x + 2}$ $\mathbf{(2)\ p(x) = 0,4x^2 + x + 20}$ $\mathbf{(3)\ p(x) = 2\sqrt{5x + 4}}$

❖ Erlös-, Ausgaben-, Umsatzfunktion

Der Umsatz ergibt sich aus dem Produkt der Absatzmenge **x** und des Verkaufspreises **p**. Er hat eine monetäre Dimension. Aus der Sicht des Anbieters handelt es sich um Erlös **E**, aus der Sicht der Nachfrager um Ausgaben **A**. Dabei kann jeweils der Preis bzw. die Menge als Argument betrachtet werden: 468

$$\mathbf{E(x) = xp(x) \text{ bzw. } E(p) = px(p)}$$

$$\mathbf{A(x) = xp(x) \text{ bzw. } A(p) = px(p)}$$

Beispiel 4.4.3

Die Erlösfunktion zu (1) aus Beispiel 4.4.1 lautet 469

$$\mathbf{E(p) = x(p)p = 0,9p^{-0,8} \cdot p = 0,9p^{0,2}}.$$

Die Erlösfunktion zu (3) aus Beispiel 4.4.1 lautet 470

$$\mathbf{E(x) = p(x)x = (-0,5x + 10)x = -0,5x^2 + 10x}.$$

❖ Produktionsfunktion

Eine Produktionsfunktion $\mathbf{x = x(r)}$ gibt den quantitativen Zusammenhang zwischen der Produktionsfaktoreinsatzmenge (Input) **r** und der Produktmenge (Output) **x** an. **r** ist das Argument, **x** die abhängige Variable. 471

Beispiel 4.4.4

472

Ertragsgesetzliche Produktionsfunktion	$\mathbf{x(r) = -ar^3 + br^2 + cr\,;\ \ a, b, c > 0}$
Cobb-Douglas-Produktionsfunktion	$\mathbf{x(r) = 0,7r^{0,5}}$
CES-Produktionsfunktion	$\mathbf{x(r) = \left(r^{-0,5} + 0,5\right)^{-2}}$

❖ Kostenfunktion

Kosten beschreiben den **bewerteten Verzehr** von Produktionsfaktoren zwecks Erstellung **betrieblicher Produkte** in **einer Periode**. Eine Kostenfunktion beschreibt den Zusammenhang zwischen der Produktionsmenge **x** (unabhängige Variable) und den (i.d.R. minimal realisierbaren) Kosten **K**. Sei **q** der Produktionsfaktorpreis und **r** die Faktorinputmenge, so gilt für Kosten bei annahmegemäßer Existenz nur einer Faktorart prinzipiell die Definitionsgleichung: 473

$$\mathbf{K := q \cdot r}$$

474 Wir ermitteln die Kostenfunktion, indem von der Produktionsfunktion $\mathbf{x} = \mathbf{x}(\mathbf{r})$ zunächst deren Inverse $\mathbf{r} = \mathbf{r}(\mathbf{x})$ gebildet wird. Es handelt sich um die **Input- oder Produktorfunktion**. Multiplikation mit Faktorpreis **q** führt dann zu der Funktion der variablen Gesamtkosten:

$$\mathbf{K_v(x) = qr(x)}$$

475 Die Gesamtkostenfunktion ergibt sich durch Addition der Fixkosten zu $\mathbf{K_v(x)}$ gemäß:

$$\mathbf{K(x) = K_v(x) + K_F}$$

Beispiel 4.4.5

476

Ertragsgesetzliche Kostenfunktion	$\mathbf{K(x) = 0,01x^3 - x^2 + 60x + 800}$
Neoklassische Kostenfunktionen	$\mathbf{K(x) = 0,1x^2 + 200}$ $\mathbf{K(x) = 36e^{0,01x} + 2001}$ $\mathbf{K(x) = 0,5x + 1 + \frac{36}{x+9}}$
Affin – lineare Kostenfunktion	$\mathbf{K(x) = 0,8x + 100}$

❖ **Gewinnfunktion**

477 In einer Standarddefinition ergibt sich der Gewinn **G** aus der Differenz von Erlös **E** und Kosten **K**. Damit lautet die Definitionsgleichung:

$$\mathbf{G := E - K}$$

478 Bei gegebener Erlösfunktion $\mathbf{E(x)}$ und Kostenfunktion $\mathbf{K(x)}$ lautet die Gewinnfunktion dann:

$$\mathbf{G(x) = E(x) - K(x)}$$

Beispiel 4.4.6

479 Die outputabhängige Kostenfunktion eines Anbieters laute:

$$\mathbf{K(x) = x^3 - 12x^2 + 60x + 98}$$

480 Der Marktpreis betrage $\mathbf{p = 52,5}$, woraus $\mathbf{E(x) = 52,5x}$ folgt. Die Gewinnfunktion lautet somit:

$$\mathbf{G(x) = E(x) - K(x) = 52,5x - (x^3 - 12x^2 + 60x + 98) = -x^3 + 12x^2 - 7,5x - 98}$$

❖ **Makroökonomische Konsumfunktion**

481 Eine makroökonomische Konsumfunktion $\mathbf{C = C(Y)}$ beschreibt den Zusammenhang zwischen Sozialprodukt **Y** und den gesamtwirtschaftlichen Ausgaben für Konsumgüter.

Beispiel 4.4.7

Affin-lineare Funktion	$\mathbf{C(Y) = a + bY}$	482
Potenzfunktion	$\mathbf{C(Y) = aY^b}$
Gebrochen-rationale Funktion	$\mathbf{C(Y) = 2Y/(Y+1)}$
Exponentialfunktion	$\mathbf{C(Y) = ae^{b/Y}}$

❖ **Nutzenfunktion**

Eine Nutzenfunktion beschreibt den funktionalen Zusammenhang zwischen einer Nutzendeterminante **x** (z.B. Konsummenge eines Gutes) und dem Nutzen **u**. 483

Beispiel 4.4.8

Potenzfunktion	$\mathbf{u(x) = ax^b}$	484
Exponentialfunktion	$\mathbf{u(x) = ae^{bx}}$
Logistische Funktion	$\mathbf{u(x) = \frac{a}{1 + be^{-cx}}}$
HARA-Funktion	$\mathbf{u(x) = \frac{1}{a-1}(ax+b)^{(a-1)/a}}$

❖ **Investitionsfunktion**

Eine Investitionsfunktion beschreibt den Zusammenhang zwischen der Marktzinsrate **i** und den Ausgaben für die Anschaffung von Investitionsgütern **I**. 485

Beispiel 4.4.9

Affin-lineare Funktion	$\mathbf{I(i) = \bar{I} - ni}$	486
Exponentialfunktion	$\mathbf{I(i) = \bar{I}e^{-bi}}$

$\bar{\mathbf{I}}$ beschreibt die Höhe der autonomen Investitionsgüternachfrage. 487

❖ **Wachstumsfunktion**

Wir symbolisieren mit **y** eine interessierende ökonomische Größe (z.B. Sozialprodukt, Preisniveau, Kapital), die zu einem bestimmten Zeitpunkt **t** einen bestimmten Wert annehmen möge. Diese modellieren wir durch eine entsprechende Bestandsfunktion 488

$$\mathbf{y = y(t)} \text{ mit } \mathbf{y_0 = y(0)}$$

489 als Startwert. Sei $\boldsymbol{\rho}$ die stetige Wachstumsrate (Wachstumsintensität), so lautet die stetige Wachstumsfunktion (Funktion zeitkontinuierlichen Wachstums):

$$\mathbf{y(t) = y_0 e^{\rho t}}$$

Beispiel 4.4.10

490 Gegeben sei ein Anfangsbestand $\mathbf{y_0 = 1.000}$ bei einer Wachstumsintensität $\boldsymbol{\rho} = \mathbf{0,05}$. Der Bestand ergibt sich nach **zwei** Jahren zu:

$$\mathbf{y_2 = 1.000e^{0,05 \cdot 2} = 1.105,17}$$

491 **Exkurs:** Ermittlung einer Wachstumsgleichung aus der Wachstumsintensität und einem Initialwert (siehe Kapitel 7)

492 Für die Wachstumsintensität gilt allgemein:

$$\frac{\mathbf{y'(t)}}{\mathbf{y(t)}} = \boldsymbol{\rho}$$

493 Wir integrieren beide Seiten über **t** und erhalten:

$$\int \frac{\mathbf{y'(t)}}{\mathbf{y(t)}} \mathbf{dt} = \int \boldsymbol{\rho} \mathbf{dt}$$

$$\leftrightarrow \ln \mathbf{y(t)} = \boldsymbol{\rho}\mathbf{t} + \mathbf{C}$$

494 Beidseitiges Exponenzieren zur Basis **e** ergibt

$$\mathbf{y(t) = e^{\rho t + C} = e^C e^{\rho t}},$$

495 wobei $\mathbf{e^C}$ eine Konstante darstellt. Wir setzen $\mathbf{e^C = y_0}$ und erhalten:

$$\mathbf{y(t) = y_0 e^{\rho t}}$$

496 Für den Fall, dass die Wachstumsrate nicht konstant, sondern selbst eine Funktion der Zeit ist, gilt: $\boldsymbol{\rho} = \boldsymbol{\rho}(\mathbf{t})$. Beidseitige Integration ergibt in diesem Fall:

$$\ln \mathbf{y(t)} = \int_0^t \boldsymbol{\rho}(\mathbf{u})\mathbf{du} + \mathbf{C}$$

497 Wir exponenzieren beidseitig und erhalten:

$$\mathbf{y(t) = e^{\int_0^t \rho(u)du + C} = e^C e^{\int_0^t \rho(u)du}}$$

498 Wir setzen wieder $\mathbf{e^C = y_0}$ und erhalten als Lösung:

$$\mathbf{y(t) = y_0 e^{\int_0^t \rho(u)du}}$$

5 Differenzialrechnung bei Funktionen mit einer unabhängigen Variablen

5.1 Differenzen- und Differenzialquotient

Es sei $\mathbf{f}: \mathbf{y} = \mathbf{f}(\mathbf{x}),\ \mathbf{x} \in \mathbf{D}(\mathbf{f})$ eine reelle Funktion. Sei $\mathbf{x_0}, \mathbf{x_1} \in \mathbf{D}(\mathbf{f}),\quad \mathbf{x_1} > \mathbf{x_0}$, so heißt 499

$$\frac{\Delta \mathbf{y}}{\Delta \mathbf{x}} = \frac{\mathbf{f}(\mathbf{x_1}) - \mathbf{f}(\mathbf{x_0})}{\mathbf{x_1} - \mathbf{x_0}}$$

der Differenzenquotient von **f** bezüglich $\Delta \mathbf{x}$ und $\Delta \mathbf{y}$.

Der Differenzenquotient ist damit ein Maß für die mittlere Veränderung von **f** über dem Intervall $[\mathbf{x_0}, \mathbf{x_1}]$. 500

Beispiel 5.1.1

Eine Kostenfunktion laute: 501

$$\mathbf{K}(\mathbf{x}) = \sqrt{\mathbf{x}} + \mathbf{100}, \qquad \mathbf{x} > \mathbf{0}$$

Eine Erhöhung des Outputs von **25 ME** auf **36 ME** führt zu einer durchschnittlichen Kostenzunahme pro Einheit von: 502

$$\frac{\Delta \mathbf{K}}{\Delta \mathbf{x}} = \frac{\mathbf{K}(\mathbf{36}) - \mathbf{K}(\mathbf{25})}{\mathbf{11}} = \frac{\mathbf{1}}{\mathbf{11}}$$

Das letzte Ergebnis ist nicht mit **Stückkosten** zu verwechseln. Die Stückkosten - oder Durchschnittskostenfunktion lautet 503

$$\overline{\mathbf{K}}(\mathbf{x}) = \frac{\sqrt{\mathbf{x}} + \mathbf{100}}{\mathbf{x}} = \mathbf{x}^{-0,5} + \frac{\mathbf{100}}{\mathbf{x}}$$

bei Stückkosten von $\overline{\mathbf{K}}(\mathbf{25}) = \mathbf{4{,}20}$; $\overline{\mathbf{K}}(\mathbf{36}) = \mathbf{2{,}94}$. 504

Es sei $\mathbf{f}: \mathbf{y} = \mathbf{f}(\mathbf{x}), \mathbf{x} \in \mathbf{D}(\mathbf{f})$ eine reelle Funktion. Existiert der Grenzwert 505

$$\lim_{\Delta \mathbf{x} \to \mathbf{0}} \frac{\mathbf{f}(\mathbf{x_0} + \Delta \mathbf{x}) - \mathbf{f}(\mathbf{x_0})}{\Delta \mathbf{x}} = \frac{\mathbf{dy}}{\mathbf{dx}}(\mathbf{x_0}),$$

so heißt **f** an der Stelle $\mathbf{x_0}$ differenzierbar, und 506

$$\frac{\mathbf{dy}}{\mathbf{dx}}(\mathbf{x_0}) = \mathbf{f}'(\mathbf{x_0}) = \mathbf{y}'(\mathbf{x_0})$$

heißt der **Differenzialquotient** oder die **erste Ableitung** von **f** an der Stelle $\mathbf{x_0}$. Wir werden im Folgenden – soweit ohne Missverständnisse möglich – die vereinfachte Schreibweise $\mathbf{f}'(\mathbf{x})$ bzw. $\mathbf{y}'(\mathbf{x})$ verwenden. Bei Funktionen mit einer unabhängigen Variablen kann auch die knappe Form $\mathbf{f}'$ bzw. $\mathbf{y}'$ verwendet werden. 507

508 Die erste Ableitung $\mathbf{y'(x_0)}$ beschreibt den Anstieg der Tangente an der Stelle $\mathbf{x_0}$. Die Tangentenfunktionsgleichung $\mathbf{h(x)}$ lautet an der Stelle $\mathbf{x_0}$:

$$\mathbf{h(x) = f(x_0) + f'(x_0)(x - x_0)}$$

509 Ist die reelle Funktion **f** für alle $\mathbf{x \in D(f)}$ differenzierbar, so heißt **f** differenzierbar und die Funktion

$$\mathbf{f' = f'(x) = \lim_{\Delta x \to 0} \frac{f(x + \Delta x) - f(x)}{\Delta x}}$$

510 die erste Ableitungsfunktion von **f**. In der Ökonomie spricht man von **Grenz- oder Marginalfunktion**. Übliche Schreibweisen für die erste Ableitung einer Funktion $\mathbf{y = f(x)}$ sind zusammengefasst:

$$\mathbf{f'}, \qquad \mathbf{f'(x)}, \qquad \mathbf{\frac{df(x)}{dx}}, \qquad \mathbf{\frac{d}{dx}f(x)}, \qquad \mathbf{y'}, \qquad \mathbf{\frac{dy}{dx}}$$

511 Der Ausdruck $\mathbf{d/dx}$ beschreibt den **Differenziationsoperator** bezüglich einer Funktion $\mathbf{f(x)}$.

512 **dy** beschreibt das Differenzial der abhängigen Variablen, **dx** das Differenzial der unabhängigen Variablen. Für den Wert der ersten Ableitung an einer Stelle $\mathbf{x_0 \in D(f)}$ verwenden wir im Folgenden die Schreibweisen $\mathbf{f'(x_0)}$ bzw. $\mathbf{y'(x_0)}$.

Interpretationen der ersten Differenziation:

513 ❖ $\mathbf{f'(x_0)}$ beschreibt die **Momentanveränderung** oder das **Grenzverhalten** der Funktion **f** an der Stelle $\mathbf{x_0}$.

514 ❖ $\mathbf{f'(x_0)}$ gibt näherungsweise die Änderung des Funktionswertes (approximative Funktionswertänderung) an, wenn das Argument an der Stelle $\mathbf{x_0}$ um eine Einheit erhöht wird.

515 ❖ $\mathbf{f'(x_0)}$ gibt die Änderung des Funktionswertes bei infinitesimaler Erhöhung des Arguments an der Stelle $\mathbf{x_0}$ an.

5.2 Regeln für die Bildung erster Ableitungen

516 Im Rahmen der praktischen Anwendung der Differentialrechnung sind für spezifische Funktionen Ableitungen zu bilden. Nachfolgende elementare Regeln sind dabei behilflich.

Faktorregel	$y = af(x)$	$y' = af'(x)$	517
Summenregel	$y = \sum_i a_i f_i(x)$	$y' = \sum_i a_i f_i'(x)$	
Produktregel	$y = f(x)g(x)$	$y' = f'(x)g(x) + f(x)g'(x)$	
Quotientenregel	$y = \frac{f(x)}{g(x)}$	$y' = \frac{f'(x)g(x) - f(x)g'(x)}{(g(x))^2}$	
Kettenregel	$y = f(g(x))$	$y' = f'\big(g(x)\big)g'(x)$	
Logarithmusregel	$y = f(x)$	$y' = (\ln f(x))'f(x)$	

Die erste Ableitung elementarer Funktionen

$y = f(x)$	$y' = f'(x)$	518
(01) $y = c$	$y' = 0$	
(02) $y = ax^n$	$y' = nax^{n-1}$	
(03) $y = ax + b$	$y' = a$	
(04) $y = ax^2 + bx + c$	$y' = 2ax + b$	
(05) $y = 1/x = x^{-1}$	$y' = -x^{-2} = -1/x^2$	
(06) $y = a/x^n = ax^{-n}$	$y' = -nax^{-n-1} = -na/x^{n+1}$	
(07) $y = 1/f(x) = (f(x))^{-1}$	$y' = -\big(f(x)\big)^{-2} f'(x) = -f'(x)/(f(x))^2$	
(08) $y = \sqrt{x} = x^{0,5}$	$y' = 0,5x^{-0,5}$	
(09) $y = \sqrt[n]{x} = x^{1/n}$	$y' = (1/n)x^{(1/n)-1}$	

(10) $y = 1/\sqrt{x} = x^{-0,5}$	$y' = -0,5x^{-1,5} = -1/\left(2\sqrt{x^3}\right)$
(11) $y = \sqrt{f(x)} = (f(x))^{0,5}$	$y' = 0,5(f(x))^{-0,5}f'(x)$
(12) $y = \ln x$	$y' = 1/x$
(13) $y = \ln f(x)$	$y' = f'(x)/f(x)$
(14) $y = \log_a x = \ln x/\ln a$	$y' = 1/x\ln a$
(15) $y = \log_a f(x)$	$y' = f'(x)/f(x)\ln a$
(16) $y = e^x$	$y' = e^x$
(17) $y = a^x$	$y' = a^x \ln a$
(18) $y = x^x$	$y' = (1 + \ln x)x^x$
(19) $y = e^{f(x)}$	$y' = e^{f(x)}f'(x)$
(20) $y = a^{f(x)}$	$y' = a^{f(x)}f'(x)\ln a$
(21) $y = f(x)^{g(x)}$	$y' = (g'(x)\ln f(x) + g(x)\,f'(x)/f(x))f(x)^{g(x)}$
(22) $y = \sin x$	$y' = \cos x$
(23) $y = \cos x$	$y' = -\sin x$
(24) $y = \tan x$	$y' = 1 + \tan^2 x$
(25) $y = \cot x$	$y' = -1 - \cot^2 x$

Wir betrachten im Folgenden ausgewählte ökonomische Funktionen, deren erste Ableitung sowie deren ökonomische Interpretation. 519

520

Ökonomische Funktion	Erste Ableitung	Interpretation
Kostenfunktion, z.B. $K(x) = ae^{bx}$	**Grenzkostenfunktion** $K'(x) = abe^{bx}$	**Approximative Kostenänderung bei Outputerhöhung um eine ME**
Nutzenfunktion, z.B. $u(x) = a\sqrt{x}$	**Grenznutzenfunktion** $u'(x) = 0,5ax^{-0,5}$	**Approximative Nutzenänderung bei Erhöhung der Konsummenge um eine ME**
Produktionsfunktion, z.B. $x(r) = 0,5r^{0,5}$	**Grenzproduktivitätsfunktion** $x'(r) = 0,25r^{-0,5}$	**Approximative Outputänderung bei Faktorinputerhöhung um eine ME**
Erlösfunktion, z.B. $E(x) = -bx^2 + ax$	**Grenzerlösfunktion** $E'(x) = -2bx + a$	**Approximative Erlösänderung bei Absatzmengenerhöhung um eine ME**
Gewinnfunktion, z.B. $G(x) = E(x) - K(x)$	**Grenzgewinnfunktion** $G'(x) = E'(x) - K'(x)$	**Approximative Gewinnänderung bei Absatzerhöhung um eine ME**
Nachfragefunktion, z.B. $x(p) = ap^{-b}$	**Grenznachfragefunktion** $x'(p) = -abp^{-b-1}$	**Approximative Nachfragemengenänderung bei Erhöhung des Preises um eine Einheit**
Makroökonomische Konsumfunktion, z.B. $C(Y) = a + bY$	**Grenzkonsumfunktion** $C'(Y) = b$	**Approximative Änderung der gesamtwirtschaftlichen Konsumgüternachfrage bei Erhöhung des Sozialprodukts um eine Einheit**
Zeitabhängige Kapital - bestandsfunktion, z.B. $K(t) = K_0e^{it}$	**Grenzkapitalfunktion** $K'(t) = iK_0e^{it}$	**Approximative Kapital- änderung bei Ablauf der Zeit um eine Einheit**
Investitionsfunktion, z.B. $I(i) = \bar{I}e^{-bi}$	**Grenzinvestitionsfunktion** $I'(i) = -b\bar{I}e^{-bi}$	**Approximative Änderung des Investitionsvolumens bei Erhöhung des Zinssatzes um eine Einheit**

Alternativ kann die Interpretation der ersten Ableitung auch lauten: Änderung der jeweils abhängigen Variablen bei infinitesimaler Erhöhung der jeweils unabhängigen Variablen. 521

Beispiel 5.2.1

522 Zu untersuchen ist das Änderungsverhalten der Kostenfunktion

$$\mathbf{K(x) = \sqrt{x} + 100}, \qquad \mathbf{x > 0}$$

523 an der Stelle $\mathbf{x_0 = 20}$. Wir ermitteln die Funktion der ersten Ableitung (Grenzkostenfunktion) und berechnen die Höhe der Grenzkosten gemäß:

$$\mathbf{K'(x) = 0,5x^{-0,5}} \quad \text{mit} \quad \mathbf{K'(20) = 0,5 \cdot 20^{-0,5} = 0,1118}$$

524 Eine Erhöhung der Produktionsmenge an der Stelle $\mathbf{x_0 = 20}$ um eine **ME** führt näherungsweise zu einem Kostenanstieg in Höhe von $\mathbf{\Delta K = 0,1118}$. Alternativ können wir interpretieren, dass eine infinitesimale Erhöhung der Produktionsmenge an der Stelle $\mathbf{x_0 = 20}$ zu einem Kostenanstieg von $\mathbf{\Delta K = 0,1118}$ führt.

5.3 Höhere Ableitungen

525 Es sei $\mathbf{f: D(f) \to \mathbb{R}}$ differenzierbar. Ist die erste Ableitung $\mathbf{f': D(f) \to \mathbb{R}}$ ihrerseits differenzierbar, so heißt

$$\mathbf{f'': f''(x) = \frac{df'(x)}{dx} = \frac{d\left(\frac{df(x)}{dx}\right)}{dx} = \frac{d^2f(x)}{dx^2}}$$

526 die **zweite Ableitung** von **f**. Entsprechend heißt für $\mathbf{n = 2, 3, ...}$

$$\mathbf{f^{(n)}: f^{(n)}(x) = \frac{df^{(n-1)}(x)}{dx} = \frac{d\left(\frac{d^{n-1}f(x)}{dx^{n-1}}\right)}{dx} = \frac{d^nf(x)}{dx^n}}$$

527 die **n-te Ableitung** von **f**, falls $\mathbf{f^{(n-1)}}$ differenzierbar ist.

528 Die **m**-te Ableitung der **n**-ten Ableitung von **f** ist die (**m + n**)-te Ableitung von **f**.

Beispiel 5.3.1

529 Wir betrachten die Kostenfunktion:

$$\mathbf{K(x) = ae^{bx} + c; \quad a, b, c > 0, \quad D(f) = \mathbb{R}_0^+}$$

530 Die Grenzkostenfunktion lautet:

$$\mathbf{K'(x) = abe^{bx}}$$

531 Für die zweite Ableitung erhalten wir:

$$\mathbf{K''(x) = ab^2e^{bx}}$$

$\mathbf{K''}$ beschreibt die approximative Grenzkostenänderung bei Erhöhung des Outputs um eine Einheit. Für die **n**-te Ableitung ergibt sich: 532

$$\mathbf{K^{(n)} = ab^n e^{bx}}$$

Sie beschreibt die approximative Änderung von $\mathbf{K^{(n-1)}}$ bei Erhöhung des Outputs um eine Einheit. 533

5.4 Anwendungen der Differentialrechnung

5.4.1 Überprüfung der Monotonie einer Funktion

Ist $\mathbf{f: D(f) \to \mathbb{R}}$ differenzierbar, so ist **f** über dem Intervall $\mathbf{[a, b] \subset D(f), a < b}$ 534

monoton wachsend (isoton)	falls $\mathbf{f'(x) \geq 0 \quad \forall x \in [a, b]}$	535
streng monoton wachsend (streng isoton)	falls $\mathbf{f'(x) > 0 \quad \forall x \in [a, b]}$	
monoton fallend (antiton)	falls $\mathbf{f'(x) \leq 0 \quad \forall x \in [a, b]}$	
streng monoton fallend (streng antiton)	falls $\mathbf{f'(x) < 0 \quad \forall x \in [a, b]}$.	

5.4.2 Überprüfung der Krümmung einer Funktion

Ist $\mathbf{f': D(f') \to \mathbb{R}}$ differenzierbar, so verläuft **f** über dem Intervall $\mathbf{[a, b] \subset D(f), a < b}$ 536

konvex	falls $\mathbf{f''(x) \geq 0 \quad \forall x \in [a, b]}$	537
streng konvex	falls $\mathbf{f''(x) > 0 \quad \forall x \in [a, b]}$	
konkav	falls $\mathbf{f''(x) \leq 0 \quad \forall x \in [a, b]}$	
streng konkav	falls $\mathbf{f''(x) < 0 \quad \forall x \in [a, b]}$.	

$\mathbf{f''(x) \geq 0}$ bedeutet, dass $\mathbf{f'(x)}$ monoton wachsend ist und $\mathbf{f(x)}$ somit konvex gekrümmt ist. 538
Dagegen bedeutet $\mathbf{f''(x) \leq 0}$, dass $\mathbf{f'(x)}$ monoton fallend ist und $\mathbf{f(x)}$ somit eine konkave Krümmung aufweist.

Nachfolgender Funktionsgraph weist eine streng konkave Krümmung auf. 539

540 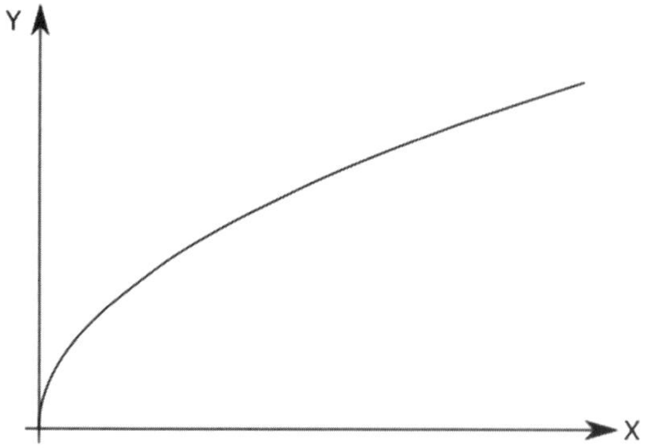

Abbildung 5.4.2.1: Streng konkave Krümmung

541 Der Funktionsgraph in Abbildung 5.4.2.2 ist streng konvex gekrümmt.

542 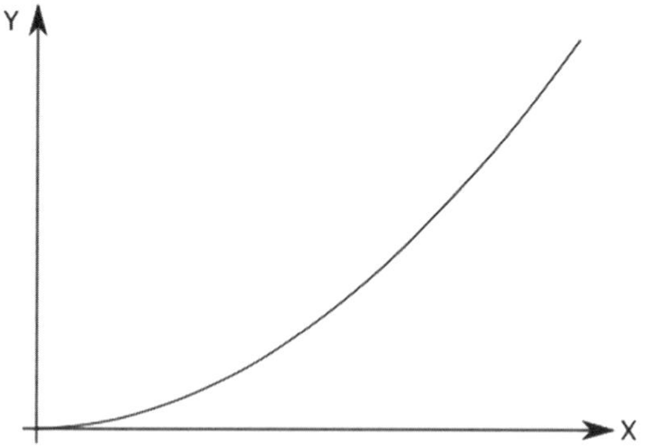

Abbildung 5.4.2.2: Streng konvexe Krümmung

5.4.3 Extremwertbestimmungen

543 Ein Punkt $\mathbf{x}^* \in \mathbf{D(f)}$ heißt eine lokale Maximal- bzw. Minimalstelle von **f** und $\mathbf{f(x^*)}$ ein lokales Maximum bzw. Minimum von **f**, falls es für ein $\boldsymbol{\varepsilon} > \mathbf{0}$ ein Intervall

$$\mathbf{I} := [\mathbf{x}^* - \boldsymbol{\varepsilon}, \mathbf{x}^* + \boldsymbol{\varepsilon}] \subset \mathbf{D(f)}$$

gibt, sodass

$$\mathbf{f(x^*)} \geq \mathbf{f(x)} \quad \text{bzw.} \quad \mathbf{f(x^*)} \leq \mathbf{f(x)}\ \forall\, \mathbf{x} \in \mathbf{I}$$

gilt.

544 Erfüllt **f** an einer Stelle $\mathbf{x} = \mathbf{x}^*$ die Bedingungen

$$\mathbf{f'(x^*)} = \mathbf{0} \quad \text{und} \quad \mathbf{f''(x^*)} \neq \mathbf{0}$$

so ist im Falle 545

$$\mathbf{f''(x^*) < 0}$$

der Punkt $\mathbf{x = x^*}$ eine **lokale Maximalstelle**, im Falle 546

$$\mathbf{f''(x^*) > 0}$$

eine **lokale Minimalstelle**. $\mathbf{f(x^*)}$ beschreibt dann ein lokales Maximum bzw. lokales Minimum. Extremwertbestimmungen erfolgen in vier Schritten, wobei wir implizit eine ökonomische Anwendung unterstellen. 547

(1) Formulierung der Zielfunktion 548

$$\mathbf{extremiere\ y = f(x)}$$

Hierbei beschreibt **y** die **Zielvariable**, **x** die **Dispositions- oder Instrumentalvariable** und „extremiere“ die **Zielextension**, wobei es sich je nach Optimierungserfordernis um **Minimierung** oder **Maximierung** handeln kann. Weitere Zielextensionen sind **Fixierung** und **Satisfizierung**, die hier aber ohne Bedeutung sind. 549

(2) Formulierung der notwendigen Extremwertbedingung 550

$$\mathbf{y' = f'(x) = 0}$$

Durch Auflösung nach **x** erhalten wir eine **extremwertverdächtige** oder **stationäre Stelle**. 551

(3) Überprüfung der hinreichenden Bedingung 552

Im Fall 553

$$\mathbf{y'' = f''(x) < 0 \rightarrow x = x^*}$$

beschreibt $\mathbf{x^*}$ eine Maximalstelle. 554

Im Fall 555

$$\mathbf{y'' = f''(x) > 0 \rightarrow x = x^*}$$

beschreibt $\mathbf{x^*}$ eine Minimalstelle. 556

(4) Ermittlung des maximalen bzw. minimalen Funktionswertes 557

$$\mathbf{y^* = f(x^*)}$$

und Angabe des Gesamtoptimums 558

$$\mathbf{(x^*|y^*)}.$$

Beispiel 5.4.3.1

559 Ein Gemeindeamt habe bezüglich einer bestimmten Materialart (Stückpreis $\mathbf{q = 10}$) einen Jahresbedarf $\mathbf{V = 1.000\ ME}$. Die Kosten pro Bestellvorgang belaufen sich auf $\mathbf{b = 5}$. Der Zins- und Lagerkostensatz belaufe sich auf $\mathbf{j = 0,1}$. Gesucht sind die optimale Bestellmenge $\mathbf{x^*}$, die optimale Bestellhäufigkeit $\mathbf{h^* = V/x^*}$ sowie die minimal realisierbaren Gesamtkosten $\mathbf{K^*}$.

560 Zielvariable sind die jährlichen Kosten der Materialbedarfsdeckung, Dispositionsvariable die Bestellmenge $\mathbf{x}$. Die Kosten setzen sich aus dem Periodenbedarfswert $\mathbf{Vq}$, den Bestellkosten $\mathbf{(V/x)b = hb}$ sowie den Zins- und Lagerkosten $\mathbf{0,5xqj}$ zusammen. Hierbei beschreiben $\mathbf{0,5x}$ den durchschnittlichen jährlichen Lagerbestand und $\mathbf{0,5xq}$ den durchschnittlichen jährlichen Lagerwert. Wir formulieren die Zielfunktion:

$$\min K(x) = Vq + \frac{V}{x}b + 0,5xqj$$

561 Die optimale Bestellmenge ergibt sich über eine Extremwertbestimmung:

$$K'(x) = -\frac{V}{x^2}b + 0,5qj = 0 \leftrightarrow x = \sqrt{\frac{2Vb}{jq}}$$

562 Die hinreichende Bedingung ist erfüllt wegen:

$$K''(x) = \frac{2V}{x^3}b > 0 \ \forall\, x > 0$$

563 Dann folgt für die optimale Bestellmenge:

$$x^* = \sqrt{\frac{2Vb}{jq}}$$

564 Optimale Bestellhäufigkeit und minimale Kosten ergeben sich gemäß:

$$h^* = \frac{V}{x^*}$$

$$K^* = K(x^*) = Vq + h^*b + 0,5x^*qj$$

565 Einsetzen der Ausgangswerte ergibt den optimalen Beschaffungsplan zu: $\begin{pmatrix} x^* \\ h^* \\ K^* \end{pmatrix} = \begin{pmatrix} 100 \\ 10 \\ 10100 \end{pmatrix}$

566 Materialpreise sind volatil. Wir wollen die Implikationen von Materialpreisänderungen auf die optimale Bestellmenge untersuchen. Eine Differenziation der Bestellmengenformel nach $\mathbf{q}$ ergibt:

$$\frac{dx^*}{dq} = -\frac{1}{2q}\sqrt{\frac{2Vb}{jq}} < 0$$

Folglich führt eine Materialpreissteigerung zu einer sinkenden optimalen Bestellmenge und vice versa. 567

Beispiel 5.4.3.2

Wir betrachten einen Angebotsmonopolisten mit einer konjekturalen (vermuteten) Preisabsatzfunktion $\mathbf{p} = \mathbf{p}(\mathbf{x})$, der entsprechenden Erlösfunktion $\mathbf{E}(\mathbf{x}) = \mathbf{p}(\mathbf{x})\mathbf{x}$ sowie einer Kostenfunktion $\mathbf{K} = \mathbf{K}(\mathbf{x})$. Ziel sei die Maximierung des Gewinns $\mathbf{G}$. Die Zielfunktion lautet bei Mengenfixierung (Absatzmenge ist Dispositionsvariable): 568

$$\max\ G(x) = E(x) - K(x)$$

Die gewinnmaximale Menge $\mathbf{x}^*$ erfüllt die beiden Bedingungen: 569

$$G'(x^*) = E'(x^*) - K'(x^*) = 0 \leftrightarrow E'(x^*) = K'(x^*)$$

$$G''(x^*) = E''(x^*) - K''(x^*) < 0 \leftrightarrow E''(x^*) < K''(x^*)$$

Die Bedingung $\mathbf{E}'(\mathbf{x}^*) = \mathbf{K}'(\mathbf{x}^*)$ beschreibt ein **Äquimarginalprinzip**. Dieses beschreibt das Prinzip der Gleichheit zweier Grenz- oder Marginalgrößen und ist in der Ökonomie von großer Bedeutung. Es besagt in diesem Fall, dass der Monopolist seine Absatzmenge soweit erhöht, bis der Erlös, der durch Absatz der nächsten infinitesimalen Einheit erzielt wird, genau den Kosten entspricht, die diese nächste infinitesimale Einheit verursacht. Jede Absatzeinheit darüber hinaus würde mehr Kosten verursachen als Erlöse einspielen. 570

Bei Konkretisierung einer annahmegemäß affin – linearen Preisabsatzfunktion 571

$$p(x) = \alpha - \beta x;\ \ \alpha, \beta > 0$$

sowie einer annahmegemäß affin – linearen Kostenfunktion 572

$$K(x) = F + \gamma x;\ \ F, \gamma > 0$$

ergibt sich die gewinnmaximale Menge über folgenden Ansatz: 573

$$\max G(x) = p(x)x - K(x) = \alpha x - \beta x^2 - F - \gamma x = -\beta x^2 + (\alpha - \gamma)x - F$$

$$G'(x) = -2\beta x + \alpha - \gamma = 0 \leftrightarrow x = \frac{\alpha - \gamma}{2\beta}$$

$$G''(x) = -2\beta < 0 \leftrightarrow x^* = \frac{\alpha - \gamma}{2\beta}$$

$$p^* = p(x^*) = \frac{\alpha + \gamma}{2}$$

$$G^* = G(x^*) = \frac{(\alpha - \gamma)^2}{4\beta} - F$$

Die Koordinate $(\mathbf{p}^*|\mathbf{x}^*)$ ist der Cournotsche Punkt. Es handelt sich um genau die Koordinate auf der Preisabsatzfunktion, die maximalen Gewinn impliziert. 574

Beispiel 5.4.3.3

575 Ein Betrieb verfüge über ein Eigenkapital $\boldsymbol{\varepsilon_0}$. Zur Disposition stehe die Erhöhung der Kapitalbasis durch den Einsatz von Fremdkapital $\boldsymbol{\varphi}$. Die Fremdkapitalkosten $\mathbf{z}$ mögen überproportional mit der Höhe des Fremdkapitaleinsatzes zunehmen (Risikoabgeltungshypothese). Wir formalisieren:

$$\mathbf{z = z(\varphi), z'(\varphi) > 0, z''(\varphi) > 0}$$

576 Bei gegebenem Fremdkapitalvolumen $\boldsymbol{\varphi_0}$ gilt für den durchschnittlichen Fremdkapitalkostensatz $\mathbf{\bar{z}(\varphi_0) = z(\varphi_0)/\varphi_0}$ sowie für den marginalen Fremdkapitalkostensatz $\mathbf{z'(\varphi_0)}$. Dieser gibt die zusätzlich entstehenden Fremdkapitalkosten bei infinitesimaler Erhöhung des Fremdkapitals an.

577 Der erzielbare Bruttogewinn $\mathbf{G_b}$ hänge von der Höhe des Kapitaleinsatzes ab. Wir formalisieren $\mathbf{G_b = G_b(\varepsilon_0 + \varphi)}$. Ziel sei die Maximierung des Nettogewinns $\mathbf{G_n}$. Dieser ergibt sich aus der Differenz von Bruttogewinn und Fremdkapitalkosten. Die Zielfunktion lautet

$$\mathbf{\max G_n(\varphi) = G_b(\varepsilon_0 + \varphi) - z(\varphi)}$$

578 mit dem Fremdkapitalvolumen $\boldsymbol{\varphi}$ als Dispositionsvariable. Die optimale Verschuldung $\boldsymbol{\varphi^*}$erfüllt die Bedingungen:

$$\mathbf{G_n'(\varphi^*) = G_b'(\varepsilon_0 + \varphi^*) - z'(\varphi^*) = 0 \leftrightarrow G_b'(\varepsilon_0 + \varphi^*) = z'(\varphi^*)}$$

$$\mathbf{G_n''(\varphi^*) = G_b''(\varepsilon_0 + \varphi^*) - z''(\varphi^*) < 0 \leftrightarrow G_b''(\varepsilon_0 + \varphi^*) < z''(\varphi^*)}$$

579 Auch hier finden wir ein Äquimarginalprinzip. Das Fremdkapitalvolumen wird so weit erhöht, bis die Kosten, die die nächste infinitesimale Fremdkapitaleinheit zusätzlich verursacht, genau dem Bruttogewinn entspricht, der durch Einsatz dieser Fremdkapitaleinheit zusätzlich erzielbar ist. Der marginale Nettogewinn ist an dieser Stelle $\mathbf{0}$. Jede weitere Fremdkapitaleinheit verursacht mehr Kosten als dessen Einsatz an Bruttogewinn generiert.

Beispiel 5.4.3.4

580 Wir wollen zeigen, dass bei der stückkostenminimalen Menge Stückkosten und Grenzkosten identisch sind. Der Ansatz lautet:

$$\mathbf{\min \bar{K}(x) = \frac{K(x)}{x}, x > 0}$$

581 Eine Anwendung der Quotientenregel führt zu:

$$\mathbf{\bar{K}'(x) = \frac{K'(x)x - K(x)}{x^2} = 0 \leftrightarrow K'(x)x - K(x) = 0 \leftrightarrow K'(x) = \frac{K(x)}{x}}$$

582 Auf die Überprüfung der hinreichenden Bedingung wird verzichtet. Es gilt:

$$\mathbf{\bar{K}(x_{\bar{K}}^*) = K'(x_{\bar{K}}^*)}$$

Beispiel 5.4.3.5

Ein kommunaler Forstbestand habe zu einem Zeitpunkt $\mathbf{0}$ einen Wert von $\mathbf{A = 100\ GE}$. Die 583
zeitliche Wertentwicklung infolge eines Holzwachstumsprozesses gehorche der Beziehung:

$$\mathbf{V(t) = Ae^{\sqrt{t}}, t > 0}$$

Kalkuliert werde mit einer Verzinsungsintensität von $\mathbf{j = 0,07}$. 584

Die momentane relative Änderungsrate des Holzwertes (Wertänderungsintensität) berechnen 585
wir gemäß:

$$\mathbf{\hat{V}(t) = \frac{V'(t)}{V(t)} = \frac{1}{2\sqrt{t}}}$$

Ziel sei die Maximierung des Barwertes. Die Zielfunktion lautet: 586

$$\mathbf{\max V_0(t) = V(t)e^{-jt} = Ae^{\sqrt{t}}e^{-jt} = Ae^{\sqrt{t}-jt}}$$

Den optimalen Liquidationszeitpunkt $\mathbf{t^*}$ erhalten wir gemäß (die hinreichende Bedingung ist 587
erfüllt, auf deren Überprüfung wird verzichtet):

$$\mathbf{V_0' = Ae^{\sqrt{t}-jt} \cdot \left(\frac{1}{2\sqrt{t}} - j\right) = 0 \leftrightarrow t^* = \frac{1}{4j^2}}$$

Wegen $\mathbf{t^{*\prime} = -0,5j^{-3} < 0}$ liegt der Liquidationszeitpunkt umso früher je höher die Verzin- 588
sungsintensität ist und vice versa.

Wir erhalten:

$$\mathbf{t^* = \frac{1}{4 \cdot 0,07^2} = 51,02}$$

Für den maximalen Barwert ergibt sich dann: 589

$$\mathbf{V_0^* = 100 \cdot e^{\sqrt{51,02} - 0,07 \cdot 51,02} = 3.556,84}$$

Wir betrachten allgemein die Wertentwicklungsfunktion eines Wertträgers: 590

$$\mathbf{V = V(t)} \text{ mit } \mathbf{V'(t) > 0}$$

Dispositionsvariable ist der Liquidationszeitpunkt des Wertträgers, **Zielvariable** der Barwert. 591
Wir spezifizieren die Zielfunktion:

$$\mathbf{\max V_0(t) = V(t)e^{-jt}}$$

Erste Ableitung mit Nullsetzung ergibt: 592

$$\mathbf{V_0' = V'(t)e^{-jt} - jV(t)e^{-jt} = 0}$$

593 Auch hier ist die hinreichende Bedingung erfüllt, auf eine Prüfung wird verzichtet. Äquivalenzumformungen führen zu der Optimalitätsbedingung:

$$\frac{\mathbf{V'(t^*)}}{\mathbf{V(t^*)}} = \mathbf{j} \leftrightarrow \hat{\mathbf{V}}(\mathbf{t^*}) = \mathbf{j}$$

594 Im optimalen Liquidationszeitpunkt $\mathbf{t^*}$ entspricht die Wertänderungsintensität der Verzinsungsintensität.

5.4.4 Wendepunktbestimmungen

595 Eine Stelle $\mathbf{x_W} \in \mathbf{D(f)}$ heißt eine Wendestelle von **f**, falls für ein $\boldsymbol{\varepsilon} > \mathbf{0}$ die Funktion **f** auf dem Intervall $[\mathbf{x_W} - \boldsymbol{\varepsilon}, \mathbf{x_W}]$ streng konvex (bzw. streng konkav) gekrümmt ist und auf dem Intervall $[\mathbf{x_W}, \mathbf{x_W} + \boldsymbol{\varepsilon}]$ eine streng konkave (bzw. streng konvexe) Krümmung aufweist. Erfüllt **f** an einer Stelle $\mathbf{x} = \mathbf{x_W}$ die Bedingungen

$$\mathbf{f''(x_W) = 0} \quad \text{und} \quad \mathbf{f'''(x_W) \neq 0},$$

so beschreibt $\mathbf{x} = \mathbf{x_W}$ eine Wendestelle.

596 Der Wendepunkt markiert einen Übergang von **streng konvexer zu streng konkaver Krümmung** im Falle

$$\mathbf{f'''(x_W) < 0}$$

597 bzw. einen Übergang von **streng konkaver zu streng konvexer Krümmung**, wenn

$$\mathbf{f'''(x_W) > 0}\,.$$

598 Im ersten Fall hat $\mathbf{f'(x)}$ bei $\mathbf{x_W}$ eine Maximalstelle, im zweiten Fall eine Minimalstelle.

Beispiel 5.4.4.1

599 Wir betrachten die ertragsgesetzliche Kostenfunktionsgleichung:

$$\mathbf{K(x) = ax^3 - bx^2 + cx + d; \quad a, b, c, d > 0; b^2 \leq 3ac; \quad x \in \mathbb{R}_0^+}$$

600 Erste und zweite Ableitungen lauten:

$$\mathbf{K'(x) = 3ax^2 - 2bx + c}$$

$$\mathbf{K''(x) = 6ax - 2b}$$

Nullsetzen der zweiten Ableitung ergibt die wendeverdächtige Stelle $\mathbf{x = b/3a}$.. Aus der drit- 601
ten Ableitung $\mathbf{K'''(x) = 6a > 0}$ folgt, dass eine Wendestelle vorliegt, die einen Übergang von streng konkaver zu streng konvexer Krümmung markiert. Wir schreiben $\mathbf{x_W = b/3a}$.
Diese markiert gleichzeitig das Minimum der Grenzkosten. 602

Beispiel 5.4.4.2

Wir betrachten die Produktionsfunktion 603

$$\mathbf{x(r) = -ar^3 + br^2 + cr}; \quad \mathbf{a, b, c} > 0; \ \mathbf{r} \in \mathbb{R}_0^+$$

Die Funktionsgleichung der Grenzproduktivität lautet: 604

$$\mathbf{x'(r) = -3ar^2 + 2br + c}$$

Wir bilden die notwendige Bedingung für eine Wendestelle und ermitteln die wendeverdächtige 605
Stelle gemäß:

$$\mathbf{x''(r) = -6ar + 2b = 0 \leftrightarrow r = b/3a}$$

Die hinreichende Bedingung $\mathbf{x'''(r) = -6a < 0}$ signalisiert, dass eine Wendestelle vorliegt, 606
die einen Übergang von streng konvexer zu streng konkaver Krümmung markiert. Wir schreiben $\mathbf{r_W = b/3a}$. Diese markiert gleichzeitig eine Maximalstelle der Grenzproduktivitätsfunktion.

5.5 Änderungsraten

Der Differenzialquotient betrachtet das Verhältnis von zwei absoluten Änderungen. Betrachten 607
wir eine Funktion $\mathbf{y = f(x)}$, so beschreibt $\mathbf{dy/dx = y' = f'(x)}$ die absolute Änderung der abhängigen Variablen $\mathbf{y}$ bei infinitesimaler Erhöhung des Arguments $\mathbf{x}$. Die **momentane relative Änderungsrate** $\hat{\mathbf{y}}$ ergibt sich durch Division der ersten Ableitungsfunktion durch die Originalfunktion. Wir schreiben:

$$\hat{\mathbf{y}} = \frac{\mathbf{y'}}{\mathbf{y}} \qquad \text{bzw.} \qquad \hat{\mathbf{f}}(\mathbf{x}) = \frac{\mathbf{f'(x)}}{\mathbf{f(x)}}$$

$\hat{\mathbf{y}} = \hat{\mathbf{f}}(\mathbf{x})$ beschreibt die momentane relative Änderungsrate der abhängigen Variablen $\mathbf{y}$ bei in- 608
finitesimaler Erhöhung des Arguments. Alternativ beschreibt $\hat{\mathbf{y}} = \hat{\mathbf{f}}(\mathbf{x})$ die näherungsweise momentane relative Änderungsrate von $\mathbf{y}$, wenn das Argument $\mathbf{x}$ um eine Einheit erhöht wird. Synonym wird bei $\hat{\mathbf{y}}$ auch von **Änderungsintensität** gesprochen, wir werden im Folgenden diesen Begriff verwenden.

Eine alternative Berechnungsmöglichkeit der Änderungsintensität ergibt sich über die erste Dif- 609
ferenziation der logarithmierten Funktion $\mathbf{\ln y = \ln f(x)}$ gemäß:

$$\hat{\mathbf{y}} = (\mathbf{\ln y})' = \frac{\mathbf{y'}}{\mathbf{y}} = \frac{\mathbf{f'(x)}}{\mathbf{f(x)}}$$

Beispiel 5.5.1

610 Eine Kostenfunktion laute:

$$\mathbf{K(x) = 0,5x^2 + 50, \ x > 0}$$

611 Die Funktion der Kostenänderungsintensität ergibt sich zu:

$$\widehat{\mathbf{K}}(\mathbf{x}) = \frac{\mathbf{K'(x)}}{\mathbf{K(x)}} = \frac{\mathbf{x}}{\mathbf{0,5x^2 + 50}}$$

612 Die Höhe von $\widehat{\mathbf{K}}$ an der Stelle $\mathbf{x = 10}$ beträgt:

$$\widehat{\mathbf{K}}(\mathbf{10}) = \frac{\mathbf{10}}{\mathbf{0,5 \cdot 10^2 + 50}} = \mathbf{0,1}$$

613 Eine Erhöhung des Outputs an der Stelle $\mathbf{x = 10}$ um eine ME führt näherungsweise zu einer Kostenänderung von **10 %**. Eine Prüfung ergibt $\mathbf{K(10) = 100; \ K(11) = 110,5}$. Die berechneten **10 %** liefern eine Näherungslösung für den tatsächlichen Kostenanstieg von **10,5 %**.

Beispiel 5.5.2

614 Häufig kompliziert und missverständlich interpretierbare Formulierungen lassen sich elegant in formaler Notation beschreiben. Betrachten wir die Aussage: „Die Zunahme der Änderungsrate des Sozialproduktes einer Volkswirtschaft hat abgenommen“. Sei $\mathbf{Y(t)}$ das Sozialprodukt zum Zeitpunkt **t**. In formaler Notation entspricht diese Aussage den beiden Ausdrücken:

$$\left(\frac{\mathbf{Y'(t)}}{\mathbf{Y(t)}}\right)' = \widehat{\mathbf{Y}}'(\mathbf{t}) > \mathbf{0}$$

$$\left(\frac{\mathbf{Y'(t)}}{\mathbf{Y(t)}}\right)'' = \widehat{\mathbf{Y}}''(\mathbf{t}) < \mathbf{0}$$

Beispiel 5.5.3

615 Das Sozialprodukt **Y** einer Volkswirtschaft möge sich chronologisch gemäß der Funktion

$$\mathbf{Y(t) = Y_0 e^{\beta t}}$$

616 entwickeln. Hierbei beschreibt $\mathbf{Y_0}$ den Basiswert. Die absolute zeitliche Änderungsrate ergibt sich über die erste Ableitung nach der Zeit gemäß:

$$\mathbf{Y'(t) = \beta Y_0 e^{\beta t}}$$

617 Erste Ableitungen nach der Zeit beschreiben immer eine momentane Änderungsgeschwindigkeit. Folglich beschreibt die Ableitungsfunktion die Änderungsgeschwindigkeit des Sozialprodukts im Zeitpunkt **t**.

Die Änderungsintensität erhalten wir gemäß: 618

$$\hat{Y}(t) = \frac{Y'(t)}{Y(t)} = \frac{\beta Y_0 e^{\beta t}}{Y_0 e^{\beta t}} = \beta$$

Beispiel 5.5.4

Das Sozialprodukt möge sich bei zeitabhängiger Änderungsintensität gemäß der Funktion 619

$$Y(t) = Y_0 e^{\int_0^t \beta(u)du}$$

entwickeln. Die Änderungsintensität ergibt sich in diesem Fall gemäß: 620

$$\hat{Y}(t) = \frac{Y'(t)}{Y(t)} = \frac{\beta(t) Y_0 e^{\int_0^t \beta(u)du}}{Y_0 e^{\int_0^t \beta(u)du}} = \beta(t)$$

$\hat{Y}(t)$ stellt eine zeitabhängige Funktion dar, d.h., die Änderungsintensität ist zeitabhängig. 621

5.6 Elastizitäten

Aus Gründen der Anschaulichkeit wählen wir zunächst einen exemplarischen Ansatz. 622

Beispiel 5.6.1

Wir betrachten zwei Güter mit jeweils zwei unterschiedlichen Preisforderungen p_0, p_1 und entsprechenden Nachfragemengen x_0, x_1: 623

Gut	Preis p_0	Menge x_0	Preis p_1	Menge x_1
Gut 1	2 GE	50 ME	3 GE	40 ME
Gut 2	100 GE	1.000 ME	101 GE	990 ME

624

Das Änderungsverhalten der Variablen Preis und Menge kann auf mehrfache Weise beschrieben werden: 625

- **Tendenzielle Änderungen:** Eine Preiserhöhung führt bei beiden Gütern zu einem Rückgang der Nachfragemenge. 626
- **Absolute Änderungen:** Eine Erhöhung des Preises um $\Delta p = p_1 - p_0 = 1$ **GE** führt bei beiden Gütern zu einer Reduktion der Nachfragemenge um **10 ME**. 627
- **Relative Änderungen:** Eine **50%**ige Preiserhöhung bei Gut **1** induziert einen **20%**igen Nachfragemengenrückgang bei Gut **1**. Eine **1%**ige Preiserhöhung bei Gut **2** induziert einen **1%**igen Nachfragemengenrückgang bei Gut **2**. 628

629 ❖ **Verhältnis relativer Änderungen = Elastizität.** Bei Gut **1: –20 % / 50 % = –0,4**; Bei Gut **2: –1 % / 1 % = –1.**

630 Offensichtlich beschreibt die Elastizität das **Verhältnis zweier prozentualer oder relativer Änderungen**. Es handelt sich hier um das Verhältnis zwischen der relativen Nachfragemengenänderung $\Delta x/x$ und der diese Änderung bewirkenden relativen Preisänderung $\Delta p/p$, konkret um die **direkte Preiselastizität der Nachfrage**. Sie ist ein Maß für die Reaktionssensitivität der Nachfrage auf Preisänderungen. Je größer der Betrag der Preiselastizität ausfällt, desto preissensitiver reagiert die Nachfrageseite auf Preisänderungen. Da im Beispiel mit endlichen Differenzen operiert wird, handelt es sich um **Bogenelastizitäten**. Entsprechend ist die direkte Bogenpreiselastizität der Nachfrage definiert gemäß:

$$\varepsilon_{x,p} = \frac{\Delta x}{x} : \frac{\Delta p}{p} = \frac{\Delta x}{\Delta p} \cdot \frac{p}{x}$$

631 Sie ergibt sich aus dem Produkt des Differenzenquotienten mit dem Quotienten(p/x).

632 Bei Betrachtung des Grenzüberganges $\Delta p \rightarrow 0$ sprechen wir von einer **Punktelastizität** gemäß:

$$\varepsilon_{x,p} = \frac{dx}{x} : \frac{dp}{p} = \frac{dx}{dp} \cdot \frac{p}{x}$$

633 Die Preispunktelastizität der Nachfrage (fortan als Preiselastizität der Nachfrage bezeichnet) ergibt sich aus dem Produkt des Differenzialquotienten (oder der ersten Ableitung $x'(p)$) mit dem Quotienten (p/x). Wir formalisieren:

$$\varepsilon_{x,p} = \frac{x'(p)p}{x(p)}$$

634 Mittels weiterer Äquivalenzumformungen erhalten wir:

$$\varepsilon_{x,p} = x'(p)\frac{p}{x(p)} = x'(p) : \frac{x(p)}{p} = x'(p) : \bar{x}(p) = \frac{x'(p)}{\bar{x}(p)}$$

635 Offenbar lässt sich die Elastizität auch mittels Division der ersten Ableitungsfunktion durch die Durchschnittsfunktion berechnen.

636 Wir fassen zwei Möglichkeiten der Elastizitätsberechnung kurz zusammen:

637 ❖ Multiplikation der ersten Ableitungsfunktion mit dem Argument und Division durch die Originalfunktion

638 ❖ Division der ersten Ableitungsfunktion durch die Durchschnittsfunktion

Letzteres wollen wir verallgemeinern und weitere Möglichkeiten der Elastizitätsberechnung betrachten. Basis sei eine Funktion $\mathbf{y = f(x)}$ mit $\mathbf{y}$ als abhängiger und $\mathbf{x}$ als unabhängiger Variablen (Argument). Wir vereinbaren, dass bei Verwendung des Elastizitätsbegriffs immer die Punktelastizität gemeint ist – im Fall einer Bogenelastizität wird diese namentlich genannt. Somit gilt einerseits: 639

$$\varepsilon_{y,x} = \frac{dy}{y} : \frac{dx}{x} = \frac{\frac{dy}{dx}x}{y} = \frac{y'x}{y} = \frac{f'(x)x}{f(x)}$$

Mittels Äquivalenzumformungen erhalten wir wiederum: 640

$$\varepsilon_{y,x} = y'\frac{x}{y} = y' : \frac{y}{x} = y' : \bar{y} = \frac{y'}{\bar{y}} = \frac{f'(x)}{\bar{f}(x)}$$

Unter Verwendung der in Kapitel 5.5 dargestellten Definition der Änderungsintensität ist die Elastizität das Produkt aus der momentanen relativen Änderungsrate und dem Argument gemäß: 641

$$\varepsilon_{y,x} = \hat{y}x = \hat{f}(x)x$$

Für eine weitere Möglichkeit der Elastizitätsberechnung, die gerade bei komplexeren Funktionen sinnvoll ist, gehen wir von der logarithmierten Funktion $\mathbf{\ln y = \ln f(x)}$ aus. Wir betrachten den Differenzialquotienten der logarithmierten Variablen bzw. die Ableitung $\mathbf{d\ln y/d\ln x}$ und erhalten: 642

$$\frac{d\ln y}{d\ln x} = \frac{d\ln y}{dx}\frac{dx}{d\ln x} = \frac{d\ln y}{dx} : \frac{d\ln x}{dx} = \frac{y'}{y} : \frac{1}{x} = \frac{y'x}{y} = \frac{f'(x)x}{f(x)} = \varepsilon_{y,x}$$

Offenbar ist die Elastizität auch über den Differenzialquotienten der logarithmierten Variablen berechenbar. Wir fassen die vier Berechnungsmöglichkeiten in knapper Form zusammen. 643

- $\varepsilon_{y,x} = y'x/y$
- $\varepsilon_{y,x} = y'/\bar{y}$
- $\varepsilon_{y,x} = \hat{y}x$
- $\varepsilon_{y,x} = d\ln y/d\ln x$

Bei der Elastizität der inversen Funktion gilt der reziproke Zusammenhang: 644

$$\varepsilon_{y,x} = \frac{1}{\varepsilon_{x,y}}$$

Dies wollen wir kurz zeigen. Bekanntlich gilt: 645

$$\varepsilon_{y,x} = \frac{\frac{dy}{dx}x}{y}$$

646 Kehrwertbildung der rechten Seite ergibt:

$$\frac{y}{\frac{dy}{dx}x} = \frac{\frac{dx}{dy}y}{x} = \varepsilon_{x,y}$$

Beispiel 5.6.2

647 Wir betrachten die Nachfragefunktion:

$$\mathbf{x(p) = ap^{-b}, \ \ a, b > 0, \ \ D(f) = \mathbb{R}_0^+}$$

648 Die erste Ableitungsfunktion lautet:

$$\mathbf{x'(p) = -abp^{-b-1}}$$

649 $\mathbf{x'(p)}$ beschreibt die Nachfragemengenänderung bei infinitesimaler Preiserhöhung. Der Quotient aus erster Ableitung und Ausgangsfunktion führt zu der **Änderungsintensität** gemäß:

$$\hat{x}(p) = \frac{x'(p)}{x(p)} = \frac{-abp^{-b-1}}{ap^{-b}} = -\frac{b}{p}$$

650 Eine infinitesimale Preiserhöhung führt zu einem Rückgang der Nachfrage von $(\mathbf{-b/p})$ %. Die Funktion der direkten Preiselastizität der Nachfrage berechnen wir nach den eben besprochenen **vier** Möglichkeiten:

$$\varepsilon_{x,p} = \frac{x'(p)p}{x(p)} = \frac{-abp^{-b-1} \cdot p}{ap^{-b}} = -b$$

$$\varepsilon_{x,p} = \frac{x'(p)}{\bar{x}(p)} = \frac{-abp^{-b-1}}{ap^{-b-1}} = -b$$

$$\varepsilon_{x,p} = \hat{x}(p)p = -\frac{b}{p}p = -b$$

651 Die logarithmierte Nachfragefunktion lautet $\mathbf{\ln x(p) = \ln a - b\ln p}$. Es folgt:

$$\varepsilon_{x,p} = \frac{d\ln x(p)}{d\ln p} = -b$$

652 Da die direkte Preiselastizität der Nachfrage in diesem Fall unabhängig vom Preis ist und einen über den gesamten Definitionsbereich konstanten Wert aufweist, liegt eine sogenannte **isoelastische Nachfragefunktion** vor. Wird jeder beliebige Preis annahmegemäß um **1 %** geändert, ändert sich die Nachfragemenge gegensinnig um **b %.**

Beispiel 5.6.3

Eine Produktionsfunktion laute: 653

$$\mathbf{x(r) = \sqrt{r},\ \ r > 0}$$

Wir logarithmieren die Produktionsfunktion und ermitteln die Funktion der Produktionselastizität gemäß: 654

$$\mathbf{\ln x(r) = 0,5\ln r}$$

$$\boldsymbol{\varepsilon_{x,r} = \frac{d\ln x(r)}{d\ln (r)} = 0,5}$$

Offenbar führt eine annahmegemäß **1%**-tige Erhöhung des Faktorinputs an beliebiger Stelle zu einer Zunahme des Outputs von **0,5%**. 655

Beispiel 5.6.4

Wir betrachten die Kostenfunktion: 656

$$\mathbf{K(x) = F + vx,\ \ x, F, v > 0}$$

F seien die Fixkosten, **v** die stückvariablen Kosten. Die Funktion der Kostenelastizität lautet: 657

$$\boldsymbol{\varepsilon_{K,x} = \frac{K'(x)x}{K(x)} = \frac{vx}{F + vx}}$$

Wegen 658

$$\boldsymbol{\frac{\partial \varepsilon_{K,x}}{\partial F} = -\frac{vx}{(F + vx)^2} < 0}$$

ist die Kostenelastizität negativ mit der Höhe der Fixkosten korreliert. Je höher die Fixkosten sind, desto weniger sensitiv reagieren die Gesamtkosten auf Änderungen des Outputs. 659

Beispiel 5.6.5

Betrachtet werde eine Nachfragefunktion: 660

$$\mathbf{x(p) = \frac{a}{p}}$$

Nach Ermittlung der Elastizitätsfunktion 661

$$\boldsymbol{\varepsilon_{x,p} = \frac{x'(p)p}{x(p)} = \frac{(-a/p^2)p}{a/p} = -1}$$

662 fällt auf, dass die Nachfragefunktion preiseinheitselastisch ist. Eine annahmegemäße Erhöhung des Preises an jeder beliebigen Stelle um **1 %** führt näherungsweise zu einem Rückgang der Nachfragemenge um **1 %**.

Beispiel 5.6.6

663 Wir betrachten eine affin-lineare konjekturale Preisabsatzfunktion eines Monopolisten gemäß:

$$\mathbf{p(x) = a - bx}$$

664 Die Inverse lautet:

$$\mathbf{x(p) = \frac{a}{b} - \frac{1}{b}p}$$

665 Die **Sättigungsmenge** entspricht der Absatzmenge bei einer Preisforderung von $\mathbf{p = 0}$. Sie beträgt $\mathbf{x_0 = x(0) = a/b}$. Der **Prohibitivpreis** ist der Preis, bei dessen Forderung kein Absatz mehr stattfindet. Er liegt bei $\mathbf{p_0 = p(0) = a}$. Die direkte Preiselastizität der Nachfrage ergibt sich in Abhängigkeit vom Preis bei Prohibitivpreis $\mathbf{p_0}$ zu:

$$\boldsymbol{\varepsilon}_{\mathbf{x,p}}\mathbf{(p) = \frac{x'(p)p}{x(p)} = \frac{-(1/b)p}{a/b - (1/b)p} = \frac{p}{p - p_0}}$$

666 Für die Ermittlung der mengenabhängigen Preiselastizitätsfunktion bilden wir zunächst:

$$\boldsymbol{\varepsilon}_{\mathbf{p,x}}\mathbf{(x) = \frac{p'(x)x}{p(x)} = \frac{-bx}{a - bx} = \frac{x}{x - x_0}}$$

667 Wegen $\boldsymbol{\varepsilon}_{\mathbf{x,p}} \mathbf{= 1/}\boldsymbol{\varepsilon}_{\mathbf{p,x}}$ erhalten wir für die direkte Preiselastizität in Abhängigkeit von der Menge bei Sättigungsmenge $\mathbf{x_0}$:

$$\boldsymbol{\varepsilon}_{\mathbf{x,p}}\mathbf{(x) = \frac{x - x_0}{x}}$$

668 Die Elastizität gilt in der Ökonomie als sehr wichtige Kennzahl. Ausgehend von der Funktion $\mathbf{y = f(x)}$ betrachten wir einige Interpretationen:

669 ❖ $\boldsymbol{\varepsilon}_{\mathbf{y,x}}$ beschreibt das Verhältnis zwischen der relativen Änderung der abhängigen Variablen **y** und der diese Änderung bewirkenden relativen Änderung der unabhängigen Variablen **x**.

670 ❖ Eine annahmegemäße Änderung des Arguments **x** um **1 %** an einer bestimmten Stelle $\mathbf{x_0}$ führt näherungsweise zu einer Änderung der abhängigen Variablen von $\boldsymbol{\varepsilon}_{\mathbf{y,x}}\mathbf{(x_0)}$ %.

671 ❖ Die Elastizität ist ein Maß der Reaktionssensitivität der abhängigen Variablen bezüglich Änderungen des Arguments. Je höher die Elastizität, desto empfindlicher reagiert die abhängige Variable auf Änderungen des Arguments.

Beispiel 5.6.7

Das deutsche Einkommensteuergesetz legt einen Tarif $\mathbf{T(y)}$ fest, der jedem steuerpflichtigen 672
Einkommen $\mathbf{y}$ einen bestimmten Steuerbetrag $\mathbf{T}$ zuordnet. Die Durchschnittssteuertariffunktion

$$\overline{\mathbf{T}}(\mathbf{y}) = \frac{\mathbf{T}(\mathbf{y})}{\mathbf{y}}$$

gibt den durchschnittlichen Steuerbetrag pro Einkommenseinheit an. Die Grenzsteuertariffunk- 673
tion

$$\mathbf{T}'(\mathbf{y}) = \frac{\mathbf{dT}(\mathbf{y})}{\mathbf{dy}}$$

ermittelt den zusätzlichen Steuerbetrag bei infinitesimaler Erhöhung des Einkommens. Die 674
Aufkommenselastizität

$$\boldsymbol{\varepsilon}_{\mathbf{T,y}} = \frac{\mathbf{T}'(\mathbf{y})}{\overline{\mathbf{T}}(\mathbf{y})}$$

beschreibt den prozentualen Anstieg der Steuereinnahmen bei Erhöhung des Einkommens um 675
1 %. Bei einem direkt progressiven Steuertarif gilt $\overline{\mathbf{T}}'(\mathbf{y}) > \mathbf{0}$ und $\mathbf{T}'(\mathbf{y}) > \overline{\mathbf{T}}(\mathbf{y})$, d.h., der Grenzdurchschnittssteuertarif ist für jedes Einkommen positiv, und der Grenzsteuertarif ist für jeden Bemessungswert größer als der Durchschnittssteuertarif. Sei $\mathbf{y}^* = \mathbf{y} - \mathbf{T}(\mathbf{y})$ das Nettoeinkommen, so beschreibt die Residualelastizität

$$\boldsymbol{\varepsilon}_{\mathbf{y^*,y}} = \frac{\mathbf{dy^*/dy}}{\mathbf{y^*/y}} = \frac{\mathbf{1} - \mathbf{T}'(\mathbf{y})}{\mathbf{1} - \overline{\mathbf{T}}(\mathbf{y})}$$

die Intensität der Steuerprogression. Sie gibt näherungsweise an, um wie viel **Prozent** das Net- 676
toeinkommen steigt, wenn das Bruttoeinkommen um **1 %** zunimmt. Je geringer die Residualelastizität ausfällt, desto schärfer ist die Progressionswirkung. Bei einem Wert von **0** ist der gesamte Bruttoeinkommenszuwachs neutralisiert, bei einem negativen Wert ergibt sich trotz Zunahme des Bruttoeinkommens sogar eine Abnahme des Nettoeinkommens.

Beispiel 5.6.8

Wir betrachten die Marktform der vollständigen Konkurrenz bei Mengenbesteuerung der An- 677
bieter (Steuerbetragstarif **t**). Das Marktmodell lautet:

Marktnachfragefunktion	$\mathbf{x_N = x_N(p)}$	678
Marktangebotsfunktion	$\mathbf{x_A = x_A(p^-)}$	
Marktgleichgewichtsbedingung	$\mathbf{x_N = x_A}$	
Definition des Nettopreises	$\mathbf{p^- = p - t}$	

679 Die Lösung des Gleichungssystems ergibt die Marktgleichgewichtsmenge $\mathbf{x^*(t)}$, die von dem Steuerbetragstarif abhängt. Das Steuervolumen **T** ist nun ebenfalls eine Funktion des Steuerbetragstarifs gemäß:

$$\mathbf{T(t) = x^*(t)t}$$

680 Wir wollen untersuchen, inwieweit ein steigender Steuerbetragstarif auch zu steigenden Steuereinnahmen führt. Dies ist so lange der Fall, wie für die erste Differenziation (Produktregel) des letzten Ausdrucks nach **t**

$$\mathbf{T'(t) = x^{*\prime}(t)t + x^*(t) > 0}$$

681 gilt. Für den steuervolumenmaximalen Steuerbetragstarif gilt:

$$\mathbf{T'(t) = x^{*\prime}(t^*)t^* + x^*(t^*) = 0}$$

$$\mathbf{T''(t^*) = x^{*\prime\prime}(t^*)t^* + 2x^{*\prime}(t^*) < 0}$$

682 Folglich ist eine Erhöhung des Steuerbetragstarifs mit dem exklusiven Ziel der Steuervolumenerhöhung dann kontraindiziert, wenn

$$\mathbf{T'(t) = x^{*\prime}(t)t + x^*(t) < 0}\,.$$

683 Wir formulieren die Funktion der Steuerbetragstarifelastizität der Gleichgewichtsmenge gemäß:

$$\boldsymbol{\varepsilon}_{\mathbf{x^*,t}}\mathbf{(t)} = \frac{\mathbf{x^{*\prime}(t)t}}{\mathbf{x^*(t)}}$$

684 $\boldsymbol{\varepsilon}_{\mathbf{x^*,t}}\mathbf{(t)}$ beschreibt das Verhältnis zwischen der relativen Änderung der Marktgleichgewichtsmenge und der diese auslösenden relativen Änderung des Steuerbetragstarifs. Mittels Substitution können wir $\mathbf{T'(t)}$ auch ausdrücken gemäß:

$$\mathbf{T'(t) = x^*(t)(}\boldsymbol{\varepsilon}_{\mathbf{x^*t}}\mathbf{(t) + 1)}$$

685 Der letzte Ausdruck ermöglicht folgende Aussagen:

686 - Erhöhungen des Steuerbetragstarifs im unelastischen Bereich führen zu einer Erhöhung der Steuereinnahmen, Erhöhungen im elastischen Bereich führen dagegen zu sinkenden Steuereinnahmen.

687 - Senkungen des Steuerbetragstarifs im unelastischen Bereich haben sinkende Steuereinnahmen zur Folge, Senkungen im elastischen Bereich dagegen steigende Steuereinnahmen.

688 - Beim steuereinnahmemaximalen Steuerbetragstarif gilt $\boldsymbol{\varepsilon}_{\mathbf{x^*,t}}\mathbf{(t^*) = -1}$.

Beispiel 5.6.9

Wir betrachten die Marktgleichgewichte bei vollständiger Konkurrenz ohne Besteuerung (Marktgleichgewichtsmenge $\mathbf{x_0^*}$, Marktgleichgewichtspreis $\mathbf{p_0^*}$) sowie mit Mengenbesteuerung bei einem Steuerbetragstarif $\mathbf{t}$ $(\mathbf{x_1^*}, \mathbf{p_1^*})$. Den Anbietern obliegt die Zahlungspflicht der Steuern, was aber nicht das alleinige Tragen der Steuerlast impliziert. Die Anbieter werden versuchen, einen möglichst großen Teil der Steuerlast auf die Nachfrager vorzuwälzen. Das Ausmaß der Vorwälzung hängt von der Preissensitivität der Nachfrager ab, die durch die direkte Preiselastizität der Nachfrage gemessen werden kann. Die Steuerlast (Inzidenz) der Nachfrager ergibt sich zu 689

$$\mathbf{T_N = (p_1^* - p_0^*)x_1^*}$$

die der Anbieter zu 690

$$\mathbf{T_A = \left(t - (p_1^* - p_0^*)\right)x_1^*}\,.$$

Das Verhältnis der Steuerlastverteilung $\mathbf{T_A/T_N}$ (Inzidenzrelation) hängt vom Verhältnis zwischen der direkten Preiselastizität der Nachfrage und der direkten Preiselastizität des Angebots im alten Gleichgewichtspreis ab gemäß: 691

$$\frac{\mathbf{T_A}}{\mathbf{T_N}} = \frac{\boldsymbol{\varepsilon}_{\mathbf{x_N,p}}(\mathbf{p_0^*})}{\boldsymbol{\varepsilon}_{\mathbf{xA,p}}(\mathbf{p_0^*})}$$

Beispiel 5.6.10

Von wichtiger Bedeutung in der Ökonomie ist die **Substitutionselastizität**. Wir betrachten eine bivariate Produktionsfunktion: 692

$$\mathbf{x = x(r_1, r_2)}$$

Die Substitutionselastizität beschreibt das Verhältnis zwischen der relativen Änderung der Faktorrelation $(\mathbf{r_2/r_1})$ und der relativen Änderung der Grenzrate der Faktorsubstitution 693

$\mathbf{R_{21} = dr_2/dr_1}$ gemäß:

$$\boldsymbol{\varepsilon}_{\mathbf{(r2/r1),(dr2/dr1)}} = \frac{\mathbf{d\left(\frac{r_2}{r_1}\right)}}{\mathbf{\frac{r_2}{r_1}}} : \frac{\mathbf{d\left(\frac{dr_2}{dr_1}\right)}}{\mathbf{\frac{dr_2}{dr_1}}}$$

Sie ist ein Maß für die Isoquantenkrümmung und beschreibt die Leichtigkeit der Substitution. Die Substitutionelastizität ist bei rechtwinkligen Isoquanten null, bei linear verlaufenden Isoquanten beträgt ihr Wert $-\infty$. Alternative Formalisierungen lauten: 694

$$\boldsymbol{\varepsilon}_{\mathbf{(r2/r1),(dr2/dr1)}} = \frac{\mathbf{d\left(\frac{r_2}{r_1}\right)}}{\mathbf{d\left(\frac{dr_2}{dr_1}\right)}} \cdot \frac{\mathbf{\frac{dr_2}{dr_1}}}{\mathbf{\frac{r_2}{r_1}}} = \frac{\mathbf{dln\ \left(\frac{r_2}{r_1}\right)}}{\mathbf{dln\ \left(\frac{dr_2}{dr_1}\right)}}$$

695 In der Minimalkostenkombination entspricht die Grenzrate der Faktorsubstitution der negativen reziproken Preisrelation gemäß:

$$\mathbf{R_{21}} = \frac{\mathbf{dr_2}}{\mathbf{dr_1}} = -\frac{\mathbf{q_1}}{\mathbf{q_2}}$$

696 Daraus lässt sich eine weitere Interpretation der Substitutionselastizität ableiten. Sie beschreibt das Verhältnis zwischen der relativen Änderung der Faktorrelation und der relativen Änderung des reziproken Faktorpreisverhältnisses. Sie gibt näherungsweise an, um wieviel Prozent sich die Faktorrelation ändert, wenn das reziproke Faktorpreisverhältnis annahmegemäß um ein Prozent steigt. Sie ist damit ein Maß für die Reaktionssensitivität auf Änderungen der Faktorpreisrelation.

Beispiel 5.6.11

697 Betrachtet werde die Cobb-Douglas-Produktionsfunktion:

$$\mathbf{x(r_1, r_2) = \gamma r_1^{\alpha} r_2^{\beta}, \qquad \alpha + \beta = 1}$$

698 Über implizite Differenziation ergibt sich die Grenzrate der Faktorsubstitution gemäß:

$$\mathbf{R_{21}} = -\frac{\mathbf{x_1'}}{\mathbf{x_2'}} = \frac{\boldsymbol{\alpha\gamma} \mathbf{r_1^{\alpha-1} r_2^{\beta}}}{\boldsymbol{\beta\gamma} \mathbf{r_1^{\alpha} r_2^{\beta-1}}} = \frac{\boldsymbol{\alpha}}{\boldsymbol{\beta}} \cdot \frac{\mathbf{r_2}}{\mathbf{r_1}}$$

699 Logarithmierung mit anschließender Äquivalenzumformung ergibt:

$$\mathbf{\ln R_{21} = \ln\left(\frac{\alpha}{\beta}\right) + \ln\left(\frac{r_2}{r_1}\right) \leftrightarrow \ln\left(\frac{r_2}{r_1}\right) = \ln R_{21} - \ln\left(\frac{\alpha}{\beta}\right)}$$

700 Wegen

$$\frac{\mathbf{d\ln\left(\frac{r_2}{r_1}\right)}}{\mathbf{d\ln R_{21}}} = \mathbf{1}$$

701 beträgt die Substitutionselastizität einer Cobb-Douglas-Produktionsfunktion immer **eins**.

702 Gibt es einen allgemeinen Zusammenhang zwischen der Elastizität einer Funktion $\mathbf{y = f(x)}$ und der Durchschnittsfunktion $\bar{\mathbf{y}} = \mathbf{f(x)/x}$? Wir wollen zeigen, dass die Elastizität bezüglich der **Durchschnittsfunktion** immer um **1** kleiner ist als die Elastizität bezüglich der Originalfunktion.

$$\boldsymbol{\varepsilon_{\bar{y},x}} = \frac{\left(\frac{\mathbf{f(x)}}{\mathbf{x}}\right)' \mathbf{x}}{\frac{\mathbf{f(x)}}{\mathbf{x}}} = \frac{\frac{\mathbf{f'(x)x - f(x)}}{\mathbf{x^2}} \mathbf{x}}{\frac{\mathbf{f(x)}}{\mathbf{x}}} = \frac{\mathbf{f'(x)} - \frac{\mathbf{f(x)}}{\mathbf{x}}}{\frac{\mathbf{f(x)}}{\mathbf{x}}} = \frac{\mathbf{f'(x)}}{\bar{\mathbf{f}}\mathbf{(x)}} - \mathbf{1} = \boldsymbol{\varepsilon_{y,x}} - \mathbf{1}$$

Ein alternativer Nachweis über einen logarithmischen Ansatz lautet: 703

$$\varepsilon_{\bar{y},x} = \frac{d\ln\left(\frac{y}{x}\right)}{d\ln x} = \frac{d(\ln y - \ln x)}{d\ln x} = \frac{d\ln y - d\ln x}{d\ln x} = \frac{d\ln y}{d\ln x} - 1 = \varepsilon_{y,x} - 1$$

Neben der soeben besprochenen Elastizität existieren **Semielastizitäten** in zwei Varianten. Die erste Variante ist ein Synonym der Veränderungsintensität einer Funktion $y = f(x)$. Wir schreiben wiederholungshalber: 704

$$\hat{y} = \frac{y'}{y} = \frac{f'(x)}{f(x)}$$

Für die zweite Form verwenden wir das Symbol $\eta_{y,x}$ und definieren: 705

$$\eta_{y,x} = 0,01y'x = 0,01f'(x)x$$

Letztere gibt näherungsweise die absolute Änderung der abhängigen Variablen **y** an, wenn das Argument **x** um **1 %** erhöht wird. 706

Beispiel 5.6.12

Eine Produktionsfunktion laute: 707

$$x(r) = 2r^{0,5}, r > 0$$

Wir formulieren die Funktionen der Semielastizitäten gemäß: 708

$$\hat{x}(r) = \frac{x'(r)}{x(r)} = \frac{r^{-0,5}}{2r^{0,5}} = \frac{1}{2r}$$

$$\eta_{x,r}(r) = 0,01x'(r)r = 0,01r^{-0,5}r = 0,01r^{0,5}$$

Die Semielastizitäten betragen bei $r = 9$: $\hat{x}(9) = 0,0555$; $\eta_{x,r}(9) = 0,03$. Die exakten Werte ergeben sich zu $(x(10) - x(9))/x(9) = 0,0541$ bzw. $x(9,09) - x(9) = 0,0299$. 709

Eine weitere definitorische Variante der Semielastizität ergibt sich gemäß: 710

$$\eta_{y,x} = 0,01\frac{df(x)}{d\ln x} = 0,01f'(x)x$$

Der letzte Ausdruck gibt näherungsweise die Änderung von $y = f(x)$ in absoluten Einheiten an, wenn **x** um **1 %** erhöht wird. 711

712 Wir fassen die letzteren Überlegungen zusammen:

713

Funktion	$y = f(x)$
Durchschnittsfunktion	$\bar{y} = f(x)/x$
Funktion der momentanen Änderungsrate (Erste Differenziation)	$y' = f'(x)$
Funktion der relativen momentanen Änderungsrate (Änderungsintensität)	$\hat{y} = f'(x)/f(x)$
Elastizitätsfunktion	$\varepsilon_{y,x} = f'(x)/\bar{f}(x)$
Semielastizitätsfunktion	$\eta_{y,x} = 0{,}01f'(x)x$ bzw. $\hat{y} = f'(x)/f(x)$

Beispiel 5.6.13

714 Wir betrachten die Kostenfunktion $\mathbf{K(x) = 10e^{0,01x}}$; $\mathbf{x \geq 0}$. Die Funktionen entsprechend der letzten Zusammenfassung lauten:

$$\bar{K}(x) = 10e^{0,01x}/x$$

$$K'(x) = 0{,}1e^{0,01x}$$

$$\hat{K}(x) = 0{,}01$$

$$\varepsilon_{K,x} = 0{,}01x$$

$$\eta_{K,x} = 0{,}001xe^{0,01x}$$

Beispiel 5.6.14

715 Die Struktur der Nutzenfunktion vom **HARA-Typ** (hyperbolic absolute risk aversion) lautet:

$$u(x) = \frac{1}{a-1}(ax + b)^{(a-1)/a}$$

716 Hierbei gilt für $\mathbf{a > 0}$ abnehmende absolute Risikoaversion (entsprechend zunehmende absolute Risikoaversion bei $\mathbf{a < 0}$) sowie für $\mathbf{b > 0}$ zunehmende relative Risikoaversion und vice versa bei $\mathbf{b < 0}$.

717 Arrow/Pratt definieren ein Maß für die absolute lokale Risikoaversion $\boldsymbol{\alpha(x)}$ gemäß:

$$\alpha(x) = -\frac{u''(x)}{u'(x)}$$

Wir bilden die erste und zweite Ableitung der Nutzenfunktion und erhalten: 718

$$\mathbf{u'(x) = (ax + b)^{-1/a}}$$

$$\mathbf{u''(x) = -(ax + b)^{(-1/a)-1}}$$

Einsetzen ergibt: 719

$$\boldsymbol{\alpha}\mathbf{(x) = \frac{1}{ax + b}}$$

Wegen 720

$$\boldsymbol{\alpha}\mathbf{'(x) = -\frac{a}{(ax + b)^2} < 0}$$

nimmt die absolute Risikoaversion mit zunehmendem Wert der jeweiligen Nutzendeterminante ab. $\boldsymbol{\alpha}\mathbf{(x)}$ ist weiterhin als negative Semielastizität des Grenznutzens bzw. als negative Änderungsintensität des Grenznutzens zu interpretieren. 721

Der Reziprokwert von $\boldsymbol{\alpha}\mathbf{(x)}$ beschreibt die Risikotoleranz $\boldsymbol{\tau}\mathbf{(x)}$. Wir erhalten: 722

$$\boldsymbol{\tau}\mathbf{(x) = \frac{1}{\boldsymbol{\alpha}(x)} = ax + b}$$

Offenbar entwickelt sich die Risikotoleranz bei Nutzenfunktionen vom HARA-Typ linear. 723

Ein Maß für die relative lokale Risikoaversion lautet: 724

$$\boldsymbol{\vartheta}\mathbf{(x) = \boldsymbol{\alpha}(x)x - -\frac{u''(x)}{u'(x)}x - \boldsymbol{\varepsilon}_{u',x}}$$

Offenbar ist das Maß relativer Risikoaversion mit der Grenznutzenelastizität identisch. 725

5.7 Ausgewählte Fallgestaltungen

Fall 1

Der Zusammenhang zwischen Faktorinput und Output werde durch die Produktionsfunktion 726

$$\mathbf{x(r) = 2\sqrt{r}}$$

beschrieben. Im Rahmen einer Produktivitätsanalyse berechnen wir zunächst die Funktionsgleichungen der Grenzproduktivität, der Durchschnittsproduktivität, der Änderungsintensität sowie der Produktionselastizität: 727

$$\mathbf{x'(r) = r^{-0,5}}$$

$$\mathbf{\bar{x}(r) = \frac{x(r)}{r} = \frac{2r^{0,5}}{r} = 2r^{-0,5}}$$

$$\hat{\mathbf{x}}(\mathbf{r}) = \frac{\mathbf{x}'(\mathbf{r})}{\mathbf{x}(\mathbf{r})} = \frac{\mathbf{r}^{-0,5}}{2\mathbf{r}^{0,5}} = \frac{1}{2\mathbf{r}}$$

$$\varepsilon_{\mathbf{x,r}}(\mathbf{r}) = \frac{\mathbf{x}'(\mathbf{r})\mathbf{r}}{\mathbf{x}(\mathbf{r})} = \frac{\mathbf{x}'(\mathbf{r})}{\bar{\mathbf{x}}(\mathbf{r})} = \hat{\mathbf{x}}(\mathbf{r})\mathbf{r} = \mathbf{0,5}$$

728 Die Elastizitätsermittlung über die logarithmierte Produktionsfunktion $\mathbf{\ln x(r) = 2 + 0,5 \ln r}$ ergibt:

$$\varepsilon_{\mathbf{x,r}} = \frac{\mathbf{d\ln x(r)}}{\mathbf{d\ln r}} = \mathbf{0,5}$$

729 Der **Produktionskoeffizient** $\bar{\mathbf{r}}$ ist als Verhältnis zwischen Faktorinput und Output definiert. Er beschreibt den Input, der im Durchschnitt pro ME Output erforderlich ist. Die Funktionsgleichung lautet:

$$\bar{\mathbf{r}}(\mathbf{r}) = \frac{\mathbf{r}}{\mathbf{x}(\mathbf{r})} = \frac{\mathbf{r}}{2\mathbf{r}^{0,5}} = \mathbf{0,5r^{0,5}}$$

730 Produktionskoeffizient und Durchschnittsproduktivität stehen in einer reziproken Beziehung:

$$\bar{\mathbf{r}}(\mathbf{r}) = \frac{1}{\bar{\mathbf{x}}(\mathbf{r})} \leftrightarrow \bar{\mathbf{x}}(\mathbf{r}) = \frac{1}{\bar{\mathbf{r}}(\mathbf{r})}$$

731 Der Ausdruck $\mathbf{x(r) = 2\sqrt{r}}$ beschreibt eine **Outputfunktion**. Diese gibt den quantitativen Beziehungszusammenhang zwischen Faktorinput und Güteroutput an. Wir formulieren die Inverse:

$$\mathbf{r(x) = 0,25x^2}$$

732 Es handelt sich um die entsprechende **Input-** oder **Produktorfunktion**. Diese beschreibt für jeden Output den notwendigen Faktorinput und ist in der Bedarfsplanung sowie in der flexiblen Plankostenrechnung von Bedeutung.

733 Multiplikation der Inputfunktion mit einem Produktionsfaktorpreis **q** führt zur Funktion der outputabhängigen variablen Gesamtkosten gemäß:

$$\mathbf{K_v(x) = qr(x)}$$

734 Die Gesamtkostenfunktion lautet bei Existenz von Fixkosten **F**:

$$\mathbf{K(x) = qr(x) + F}$$

735 Wir gehen von einem Faktorpreis **q = 4** und von Fixkosten **F = 100** aus. Wir formulieren die Funktionsgleichungen der Kosten, Grenzkosten, Stückkosten, Kostenänderungsintensität und Kostenelastizität:

$$\mathbf{K(x) = x^2 + 100}$$

$$\mathbf{K'(x) = 2x}$$

$$\mathbf{\overline{K}(x) = \frac{K(x)}{x} = \frac{x^2 + 100}{x} = x + \frac{100}{x}}$$

$$\mathbf{\widehat{K}(x) = \frac{K'(x)}{K(x)} = \frac{2x}{x^2 + 100}}$$

$$\mathbf{\varepsilon_{K,x} = \frac{K'(x)x}{K(x)} = \frac{K'(x)}{\overline{K}(x)} = \widehat{K}(x)x = \frac{2x^2}{x^2 + 100}}$$

Das Produkt werde auf einem angebotsmonopolistischen Markt angeboten. Die Preisabsatzfunktion laute $\mathbf{p(x) = 30 - 0,5x}$. Wir berechnen die Koordinaten des Cournotschen Punktes: 736

$$\mathbf{\max G(x) = p(x)x - K(x) = (30 - 0,5x)x - (x^2 + 100) = -1,5x^2 + 30x - 100}$$

$$\mathbf{G'(x) = -3x + 30 = 0 \leftrightarrow x = 10}$$

$$\mathbf{G''(x) = -3 < 0 \rightarrow x_G^* = 10}$$

$$\mathbf{p_G^* = p(x_G^*) = 25}$$

$$\mathbf{(p_G^* | x_G^*) = (25|10)}$$

Es handelt sich um die gewinnmaximale Preis-Mengen-Kombination, wobei eine einheitliche Preisfixierung unterstellt ist. In der Realität sind sehr häufig **Preisdifferenzierungen** zu beobachten. Eine Preisdifferenzierung liegt vor, wenn ein und dasselbe Gut verschiedenen Käufergruppen zu jeweils unterschiedlichen Preisen angeboten wird. Dabei wird u.a. in räumliche, persönliche, zeitliche sowie sachliche Preisdifferenzierung unterschieden. Wir betrachten im Folgenden die **perfekte Preisdifferenzierung**. Bei dieser wird die **Konsumentenrente** abgeschöpft, d.h. es werden die jeweiligen **Reservationspreise** gefordert. Ein Reservationspreis ist der Preis, den ein Nachfrager maximal für das betreffende Gut zu zahlen bereit ist. Wir formulieren die allgemeine Zielfunktion: 737

$$\mathbf{\max G(x) = \int_0^x p(u)du - K(x)}$$

Die gewinnmaximale Menge $\mathbf{x_G^*}$ erfüllt die Bedingungen: 738

$$\mathbf{G'(x_G^*) = p(x_G^*) - K'(x_G^*) = 0}$$

$$\mathbf{G''(x_G^*) = p'(x_G^*) - K''(x_G^*) < 0}$$

Einsetzen der konkreten Werte führt zu: 739

$$\mathbf{\max G(x) = \int_0^x (30 - 0,5u)du - (x^2 + 100)}$$

740 Wir erhalten:

$$\mathbf{G'(x) = 30 - 2,5x = 0 \leftrightarrow x = 12}$$

$$\mathbf{G''(x) = -2,5 < 0 \rightarrow x_G^* = 12}$$

741 Der maximale Gewinn ergibt sich zu

$$\mathbf{G^* = G(x_G^*) = [30u - 0,25u^2]_0^{12} - 244 = 324 - 244 = 80}$$

742 Bei dem produzierten Gut handele es sich nun um ein öffentliches Gut. Bei der Bereitstellung öffentlicher Güter wird i.d.R. nicht das Ziel Gewinnmaximierung verfolgt. Zielvariable ist die soziale Wohlfahrt **W**. Wir formulieren die entsprechende Zielfunktion:

$$\mathbf{\max W(x) = \int_0^x p(u)du \quad - K(x)}$$

743 Die wohlfahrtsmaximale Menge erfüllt die Bedingungen:

$$\mathbf{W'(x_W^*) = p(x_W^*) - K'(x_W^*) = 0}$$

$$\mathbf{W''(x_W^*) = p'(x_W^*) - K''(x_W^*) < 0}$$

744 Einsetzen der Beispieldaten ergibt:

$$\mathbf{30 - 0,5x - 2x = 0 \rightarrow x = 12}$$

$$\mathbf{-2,5 < 0 \rightarrow x_w^* = 12}$$

745 Bezüglich der Ziele Gewinnmaximierung bei perfekter Preisdifferenzierung sowie sozialer Wohlfahrtsmaximierung ergeben sich identische Zielmengen, die aber ökonomisch jeweils zieladäquat zu interpretieren sind.

Fall 2

746 Wir wollen auf Basis der Amoroso-Robinson-Relation zeigen, dass der Grenzerlös im preiselastischen Bereich positiv bzw. im preisunelastischen Bereich negativ ausfällt und im Erlösmaximum einheitselastische Nachfrage vorliegt. Dabei sei typisches Nachfrageverhalten unterstellt.

747 Wir leiten zunächst die Amoroso-Robinson-Relation her. Ausgangspunkt ist eine inverse Nachfragefunktion bei **typischer Nachfrage** (mit steigendem Preis sinkt die Nachfragemenge und vice versa):

$$\mathbf{p = p(x)} \text{ und } \mathbf{p'(x) < 0}$$

748 Die mengenabhängige Erlösfunktion lautet:

$$\mathbf{E(x) = p(x)x}$$

Wir bilden die Grenzerlösfunktion und erhalten mittels Äquivalenzumformungen: 749

$$\mathbf{E'(x) = p'(x)x + p(x)}$$

$$\leftrightarrow \mathbf{E'(x) = p(x)\left(1 + \frac{p'(x)x}{p(x)}\right)}$$

$$\leftrightarrow \mathbf{E'(x) = p(x)\left(1 + \varepsilon_{p,x}\right)}$$

$$\leftrightarrow \mathbf{E'(x) = p(x)\left(1 + \frac{1}{\varepsilon_{x,p}}\right)}$$

Der letzte Ausdruck beschreibt die **Amoroso-Robinson-Relation**. Im preiselastischen Bereich gilt offensichtlich: 750

$$-\infty < \boldsymbol{\varepsilon_{x,p}} < \mathbf{-1} \rightarrow \mathbf{E'(x) > 0}$$

Im preisunelastischen Bereich gilt dagegen: 751

$$\mathbf{-1} < \boldsymbol{\varepsilon_{x,p}} < \mathbf{0} \rightarrow \mathbf{E'(x) < 0}$$

Bei $\boldsymbol{\varepsilon_{x,p}} = \mathbf{-1}$ gilt für den Grenzerlös $\mathbf{E'(x) = 0}$. 752

Fall 3

Wir betrachten eine Investition mit annahmegemäß unendlich langer Laufzeit, die einen jährlichen Zahlungsüberschuss **c** generieren möge. Dabei hänge dieser vom Investitionsvolumen gemäß $\mathbf{c = c(a_0)}$ ab. Bei Spezifizierung des Investitionsvolumens als Dispositionsvariable und des Kapitalwertes $\mathbf{C_0}$ als Zielvariable lautet die Zielfunktion: 753

$$\mathbf{max\, C_0(a_0) = -a_0 + c(a_0)\frac{1}{i}}$$

Differenziation nach $\mathbf{a_0}$ und Nullsetzung ergibt: 754

$$\mathbf{C_0'(a_0) = -1 + c'(a_0)\frac{1}{i} = 0}$$

Wir erhalten die Optimalitätsbedingung gemäß: 755

$$\mathbf{c'(a_0) = i}$$

Der linksseitige Ausdruck beschreibt mathematisch den zusätzlichen Überschuss bei infinitesimaler Erhöhung des Investitionsvolumens. Ökonomisch ist er eine **Grenzrentabilität**. Offensichtlich entspricht beim optimalen Investitionsvolumen die Grenzrentabilität dem Kalkulationszinssatz. 756

Fall 4

757 In der Stadt „Blitzburg“ bestehe folgender **Input-Output-Zusammenhang** zwischen der Einsatzmenge eines Reinigungsmittels **r** und der gereinigten Fläche:

$$\mathbf{x = \sqrt{r}}$$

758 Das Erscheinungsbild der Sauberkeit der Stadt gehorche der **Output-Outcome-Beziehung**:

$$\boldsymbol{\gamma}(\mathbf{x}) = \frac{\mathbf{1}}{\mathbf{1 + e^{-0,1x}}}$$

759 Der empfundene Nutzen eines repräsentativen Bürgers werde durch die **Outcome-Impact-Beziehung**

$$\mathbf{u = \ln \boldsymbol{\gamma}}$$

abgebildet.

760 Mittels Verkettung lässt sich ein Zusammenhang zwischen Faktorinput und Impact herstellen:

$$\mathbf{u = \ln \frac{1}{1 + e^{-0,1\sqrt{r}}}}$$

761 Den faktorspezifischen **Grenz-Impact** erhalten wir über die erste Ableitung der Nutzenfunktion nach dem Faktorinput gemäß (Nachrechnung empfohlen):

$$\mathbf{u'(r) = \frac{1}{20\sqrt{r}\left(1 + e^{-0,1\sqrt{r}}\right)}}$$

Allgemein lässt sich die **Input-Output-Outcome-Impact-Relation** über eine verkettete Funktion gemäß

$$\mathbf{u = u\Big(\boldsymbol{\gamma}\big(x(r)\big)\Big)}$$

762 beschreiben. Der faktoreinsatzspezifische Grenznutzen ergibt sich mittels Anwendung der Kettenregel gemäß:

$$\mathbf{u'(r) = u'\Big(\boldsymbol{\gamma}\big(x(r)\big)\Big) \cdot \boldsymbol{\gamma}'\big(x(r)\big) \cdot x'(r)}$$

Fall 5

Wir wollen die Bedingung für ein Pareto-Optimum bei einem Quasikollektivgut herleiten und Effekte eines individuellen Ertragsmaximierungskalküls sichtbar machen. Vorab wird der Begriff „Quasikollektivgut" erläutert und von anderen Güterkategorien abgegrenzt. 763

Quasikollektivgüter sind rivale Güter bei fehlender Exklusion. Je nach Ausprägung von Rivalitäts- und Exklusionsgrad lassen sich folgende Güter spezifizieren: 764

765

	Rivalitätsgrad = 0	**Rivalitätsgrad = 1**
Exklusionsgrad = 0	**öffentliches Gut, z.B. Deich**	**Quasikollektivgut, z.B. Weideland**
Exklusionsgrad = 1	**Clubgut, z.B. Pay-TV**	**privates Gut, z.B. Speiseeis**

Die Nutzung eines Quasikollektivgutes führt zu einer Nutzungsexternalität, d.h. zu externen Effekten auf die anderen Nutzer, die nicht von einem Marktmechanismus gesteuert werden. Wir gehen bei der folgenden Analyse davon aus, dass eine Menge $\mathbf{N} = \{\mathbf{1}, \dots, \mathbf{n}\}$ von Agenten das Quasikollektivgut nutzt. Der Aktivitätsgrad des Agenten **i** betrage $\mathbf{r_i}$ (in ME), die annahmegemäß interindividuell identischen Grenzkosten bezogen auf eine ME der Aktivität $\mathbf{K'}$, das aggregierte Aktivitätsniveau $\mathbf{R} = \sum \mathbf{r_i}$ und die Funktion des Gesamtoutputs laute $\mathbf{X} = \mathbf{F(R)}$. Der anteilige Ertrag $\boldsymbol{\pi_i}$ eines Agenten **i** ergibt sich gemäß: 766

$$\boldsymbol{\pi_i = \frac{r_i}{R} F(R) - K' r_i}$$

Die optimale Aktivität ergibt sich durch Nullsetzen der **1**. Ableitung (Anwendung Quotienten- und Produktregel) gemäß: 767

$$\boldsymbol{\frac{\partial \pi_i}{\partial r_i} = \frac{R - r_i}{R^2} F(R) + \frac{r_i}{R} F'(R) - K' = 0}$$

In spieltheoretischer Interpretation stellt der Kalkül eines jeden Agenten $\mathbf{i} \in \{\mathbf{1}, \dots, \mathbf{n}\}$ jeweils die optimale Reaktion auf die Aktivitäten aller anderen Agenten $\mathbf{j} \in \{\mathbf{1}, \dots, \mathbf{n}\} \backslash \{\mathbf{i}\}$ dar. Man spricht spieltheoretisch von einem symmetrischen Nash-Gleichgewicht. Unter dieser Prämisse gilt: 768

$$\boldsymbol{\frac{\partial \pi_i}{\partial r_i} = \frac{n r_i - r_i}{(n r_i)^2} F(R) + \frac{r_i}{n r_i} F'(R) - K' = 0}$$

$$\boldsymbol{\leftrightarrow \frac{n-1}{n} \frac{F(R)}{R} + \frac{1}{n} F'(R) = K'}$$

Pareto-Effizienz wird erreicht, wenn nur ein Agent das Quasikollektivgut nutzt, d.h. **n = 1** gilt. In diesem Fall folgt aus der letzten Gleichung ein Äquimarginalprinzip gemäß: 769

$$\boldsymbol{F'(R_0^*) = K'}$$

770 Der Agent dehnt seine Aktivität soweit aus, bis der Grenzertrag den individuellen Grenzkosten entspricht. Dies ist bei $\mathbf{R_0^*}$ der Fall. Dabei realisiert er einen Ertrag von:

$$\boldsymbol{\pi}_i(\mathbf{R_0^*}) = \mathbf{F(R_0^*) - R_0^*K'} \ \ \textbf{mit} \ \ \mathbf{r_i^* = R_0^*}$$

771 Für eine Agentenanzahl $\mathbf{n > 1}$ gilt:

$$\mathbf{\frac{n-1}{n}\frac{F(R_1^*)}{R_1^*} + \frac{1}{n}F'(R_1^*) = K'}$$

772 In diesem Fall ist die gewichtete Summe aus Durchschnitts- und Grenzertrag gleich den Grenzkosten, wobei mit steigender Agentenzahl die Gewichtung des Durchschnittsertrags zunimmt. Für $\mathbf{n} = \infty$ gilt ein reiner „Durchschnittsertrag = Grenzkostenkalkül" gemäß:

$$\mathbf{\frac{F(R_1^*)}{R_1^*} = K'}$$

773 Für eine Agentenzahl $\mathbf{n > 1}$ ergibt sich eine Übernutzung $\mathbf{\Delta R^* = R_1^* - R_0^*}$. Der interindividuell identische Ertrag beträgt für jeden Agenten $\mathbf{i} \in \{\mathbf{1}, \ldots, \mathbf{n}\}$:

$$\boldsymbol{\pi}_i(\mathbf{R_1^*}) = \mathbf{\frac{F(R_1^*)}{n} - r_i^*K'}$$

Hierbei gilt:

$$\sum_{\mathbf{i=1}}^{\mathbf{n}} \boldsymbol{\pi}_i(\mathbf{R_1^*}) < \boldsymbol{\pi}_i(\mathbf{R_0^*})$$

774 d.h., die Summe der Einzelerträge aller Agenten ist kleiner als der Gesamtertrag, der bei paretooptimaler Aktivität erzielt wird. Folglich führt rationales Verhalten eines Einzelnen zu einem ineffizienten kollektiv nicht rationalen Ergebnis. Bei Nutzung durch mehrere Agenten besteht die effiziente Nutzung in der Realisation der pareto-optimalen Aktivität mit anschließender Gleichverteilung des Gesamtertrags auf alle Agenten, sodass jeder Agent einen Ertrag gemäß

$$\boldsymbol{\pi}_i = \mathbf{\frac{F(R_0^*)}{n} - r_iK'}$$

realisiert.

775 Im Endeffekt wird durch Vermeidung der Übernutzung $\mathbf{\Delta R^* = R_1^* - R_0^*}$ ein interindividuell identischer Mehrertrag von

$$\Delta\boldsymbol{\pi}_i = \mathbf{\frac{1}{n}(F(R_0^*) - F(R_1^*))}$$

für jeden Agenten realisiert.

6 Funktionen mehrerer unabhängiger Variablen

6.1 Ableitungen und Elastizitäten

Bei den bisherigen Überlegungen sind wir von der Existenz genau einer unabhängigen Variablen ausgegangen, d.h. wir haben univariate Funktionen analysiert. Im Folgenden erhöhen wir die Anzahl unabhängiger Variablen auf zwei – dann liegt eine bivariate Funktion vor – bzw. auf mehr als zwei Argumente – in diesem Fall handelt es sich um eine multivariate Funktion. Eine Funktion $\mathbf{f}$ zweier unabhängiger Variablen $\mathbf{x}$ und $\mathbf{y}$ ist eine Regel, die jedem Wertepaar $(\mathbf{x},\mathbf{y}) \in \mathbf{D}(\mathbf{f})$ eindeutig eine Zahl $\mathbf{z} = \mathbf{f}(\mathbf{x},\mathbf{y}) \in \mathbf{W}(\mathbf{f})$ zuordnet. Dabei ist $\mathbf{z}$ die abhängige Variable. 776

Beispiel 6.1.1

Bei Kanalisationsaushubarbeiten hänge das Volumen des ausgehobenen Erdreichs $\mathbf{x}$ von den eingesetzten Maschinenarbeitsstunden $\mathbf{r_1}$ und den eingesetzten Handarbeitsstunden $\mathbf{r_2}$ ab. Der konkrete Zusammenhang werde durch die Produktionsfunktion 777

$$\mathbf{x(r_1, r_2) = r_1\sqrt{r_2} \;=\; r_1 r_2^{0,5}}$$

beschrieben. Jeder Einsatzmengenkombination an Hand- und Maschinenarbeitsstunden wird über die Funktionsvorschrift eindeutig ein bestimmtes Aushubvolumen zugeordnet. 778

Wir wollen untersuchen, in welchem Ausmaß sich die abhängige Variable bei infinitesimaler Änderung genau einer unabhängigen Variablen ceteris paribus ändert (alle anderen Variablen bleiben konstant). Das Änderungsausmaß kann durch den **partiellen Differenzialquotienten** beschrieben werden. Bezüglich einer multivariaten Funktion $\mathbf{y = f(x_1, \dots, x_n)}$ sind bei partieller Differenziation nach $\mathbf{x_i}$; $\mathbf{i \in \{1, \dots, n\}}$ folgende Schreibweisen üblich: 779

$$\mathbf{\partial_{x_i} f(x_1, \dots, x_n),\; \partial_{x_i} y,\; \frac{\partial f(x_1, \dots, x_n)}{\partial x_i},\; \frac{\partial y}{\partial x_i},\; y_{x_i}, f_{x_1},\; y'_{x_i},\; f'_{x_i},\; f'_i,\; y'_i}$$

Bei indizierten Argumenten ist die Angabe der Indexnummer, wie in den letzten beiden Ausdrücken geschehen, ausreichend. Wir verwenden im Folgenden bei indizierten Variablen die Symbole $\mathbf{f'_i}$ bzw. $\mathbf{y'_i}$, bei einer nicht indizierten Variablen $\mathbf{x}$ das Symbol $\mathbf{f'_x}$ bzw. $\mathbf{y'_x}$. 780

Der partielle Differenzialquotient $\mathbf{y'_i}$ bezüglich eines Arguments $\mathbf{x_i}$ beschreibt die Änderung der abhängigen Variablen $\mathbf{y}$ bei infinitesimaler Erhöhung des Arguments $\mathbf{x_i}$ bei Invarianz aller anderen Argumente $\mathbf{x_j \neq x_i,\; i, j \in \{1, \dots, n\}}$. Knapper formuliert können wir auch von der Änderung der abhängigen Variablen bei infinitesimaler Erhöhung eines bestimmten Arguments ceteris paribus sprechen. Ceteris paribus bedeutet wörtlich „unter sonst gleichen Umständen“, d.h. alle anderen Variablen behalten ihren Ausgangswert. 781

Bei der Bildung einer partiellen Ableitungsfunktion ist zu beachten, dass die Variablen, nach denen nicht differenziert wird, wie eine Konstante behandelt werden. Zur Verdeutlichung betrachten wir eine Funktion: 782

$$\mathbf{z(x, y) = x^2 + y^2 + xy}$$

783 Bei der partiellen Differenziation nach $\mathbf{x}$ wird $\mathbf{y}$ differenziationstechnisch wie ein konstanter Parameter behandelt, entsprechend wird bei partieller Differenziation nach $\mathbf{x}$ die Variable $\mathbf{y}$ differenziationstechnisch als konstanter Parameter behandelt. Konkret ergibt sich:

$$\mathbf{z}'_{\mathbf{x}} = \mathbf{2x + y} \quad \text{bzw.} \quad \mathbf{z}'_{\mathbf{y}} = \mathbf{2y + x}$$

Beispiel 6.1.2

784 Betrachtet werde die Produktionsfunktion aus Beispiel 6.1.1. Die partiellen Ableitungen lauten:

$$\mathbf{x}'_1 = \mathbf{r}_2^{0,5} \quad \text{bzw.} \quad \mathbf{x}'_2 = \mathbf{0,5 r_1 r_2^{-05}}$$

785 Ökonomisch handelt es sich um die Funktionsgleichungen der **partiellen Grenzproduktivitäten**. Eine partielle Grenzproduktivität $\mathbf{x}'_{\mathbf{i}}$ bezüglich einer Faktorart $\mathbf{i}$ gibt ceteris paribus die Outputänderung bei infinitesimaler Inputerhöhung genau dieser Faktorart $\mathbf{i} \in \{\mathbf{1}, \dots, \mathbf{n}\}$ an. Sie ist ein Maß für die produktive Wirksamkeit einer faktorspezifischen Inputerhöhung.

786 Höhere Ableitungen können sowohl bezüglich ein und derselben Variablen gebildet werden als auch bezüglich anderer als der vorhergehenden Differenziationsvariablen. Wir betrachten wieder die Funktion $\mathbf{y} = \mathbf{f}(\mathbf{x}_1, \dots, \mathbf{x}_n)$. Mögliche Notationen für die erste und zweite Ableitung jeweils nach $\mathbf{x}_k$ sind:

$$\frac{\partial^2 \mathbf{y}}{\partial \mathbf{x}_k \partial \mathbf{x}_k}, \quad \frac{\partial^2 \mathbf{y}}{\partial \mathbf{x}_k^2}, \quad \mathbf{y}''_{\mathbf{x}_k\mathbf{x}_k}, \quad \mathbf{f}''_{\mathbf{x}_k\mathbf{x}_k}, \quad \mathbf{y}''_{\mathbf{kk}}, \quad \mathbf{f}''_{\mathbf{kk}}$$

787 Für die erste Ableitung nach $\mathbf{x}_k$ und die zweite Ableitung nach $\mathbf{x}_j$ sind folgende Notationen verwendbar:

$$\frac{\partial^2 \mathbf{y}}{\partial \mathbf{x}_k \partial \mathbf{x}_j}, \quad \mathbf{y}''_{\mathbf{x}_k\mathbf{x}_j}, \quad \mathbf{f}''_{\mathbf{x}_k\mathbf{x}_j}, \quad \mathbf{y}''_{\mathbf{kj}}, \quad \mathbf{f}''_{\mathbf{kj}}$$

788 Es handelt sich im letzten Fall um **gemischte partielle Ableitungen** oder **Kreuzableitungen**. Die Reihenfolge der Differenziation ist dabei irrelevant. Nach dem Satz von Schwarz (auch Young-Theorem) gilt:

$$\mathbf{y}''_{\mathbf{kj}} = \mathbf{y}''_{\mathbf{jk}}$$

Beispiel 6.1.3

789 Wir ermitteln bezüglich $\mathbf{x}(\mathbf{r}_1, \mathbf{r}_2) = \mathbf{0,5 r_1 r_2^{0,5}}$ die Kreuzableitungen:

$$\mathbf{x}''_{12} = \mathbf{0,25 r_2^{-0,5}} \quad \text{und} \quad \mathbf{x}''_{21} = \mathbf{0,25 r_2^{-0,5}}$$

790 Beide Kreuzableitungen sind positiv. Die partielle Grenzproduktivität eines Faktors steigt bezüglicher obiger Produktionsfunktion folglich mit der Einsatzmenge des jeweils anderen Faktors. Die produktive Wirksamkeit eines Faktors steigt folglich mit der Einsatzmenge des jeweils anderen Faktors.

Analog der Bildung partieller Ableitungsfunktionen können wir **partielle Durchschnittsfunktionen** bilden. Ausgehend von $\mathbf{y = f(x_1, \dots, x_n)}$ werden bezüglich des Durchschnitts einer Variablen $\mathbf{x_k} \in \{\mathbf{x_1, \dots, x_n}\}$ folgende Schreibweisen verwendet: 791

$$\frac{\mathbf{f(x_1, \dots, x_n)}}{\mathbf{x_k}}, \quad \frac{\mathbf{y}}{\mathbf{x_k}}, \quad \bar{\mathbf{y}}_{\mathbf{x_k}}, \quad \bar{\mathbf{y}}_{\mathbf{k}}$$

Beispiel 6.1.4

Wir gehen wiederum von den Beispieldaten aus 6.1.1 aus. Die partiellen Durchschnittsfunktionen lauten: 792

$$\bar{\mathbf{x}}_1 = \frac{\mathbf{r_1 r_2^{0,5}}}{\mathbf{r_1}} = \mathbf{r_2^{0,5}} \text{ bzw. } \bar{\mathbf{x}}_2 = \frac{\mathbf{r_1 r_2^{0,5}}}{\mathbf{r_2}} = \mathbf{r_1 r_2^{-0,5}}$$

Ökonomisch handelt es sich um die Funktionsgleichungen der **partiellen Durchschnittsproduktivitäten**. Eine partielle Durchschnittsproduktivität gibt den Output an, der ceteris paribus im Durchschnitt pro Mengeneinheit Input der Faktorart **i** erzielt wird. 793

Bisher haben wir die Wirkungen untersucht, die von Änderungen eines einzelnen Arguments ausgehen. Wir wollen untersuchen, welche Wirkung auf die abhängige Variable eintritt, wenn alle Argumente mit einem identischen Faktor variiert werden. Eine Multiplikation aller Argumente mit **m** möge zu folgendem Ergebnis führen: 794

$$\mathbf{m^h y = f(mx_1, \dots, mx_n)}$$

In diesem Fall liegt eine **homogene Funktion** mit Homogenitätsgrad **h** vor. Lässt sich eine entsprechende Gleichung nicht formulieren, so ist $\mathbf{y = f(x_1, \dots, x_n)}$ inhomogen. 795

Beispiel 6.1.5

Werden alle Produktionsfaktoreinsatzmengen der Produktionsfunktion aus Beispiel 6.1.1 mit dem Faktor **m** variiert, ergibt sich: 796

$$\mathbf{mr_1 m^{0,5} r_2^{0,5} = m^{1,5} r_1 r_2^{0,5} = m^{1,5} x \rightarrow h = 1,5}$$

Die Produktionsfunktion ist homogen vom Grad $\mathbf{h = 1,5}$. 797

Beispiel 6.1.6

Wir betrachten eine Produktionsfunktion $\mathbf{x = x(r_1, \dots, r_2)}$. Die Produktionsfunktion sei homogen vom Grade **h**, sodass gilt: 798

$$\mathbf{x(mr_1, \dots, mr_n) = m^h x(r_1, \dots, r_n)}$$

Wir differenzieren partiell nach **m** und erhalten: 799

$$\sum \frac{\partial \mathbf{x}}{\partial(\mathbf{mr_i})} \frac{\partial(\mathbf{mr_i})}{\partial \mathbf{m}} = \mathbf{hm^{h-1} x(r_1, \dots, r_n)}$$

800 Wir setzen $\mathbf{m = 1}$ und erhalten

$$\sum \frac{\partial x}{\partial r_i} r_i = hx(r_1, \dots, r_n)$$

801 bzw. in kompakter Form

$$\sum x_i' r_i = hx\,.$$

802 Der letzte Ausdruck beschreibt das **Eulersche Theorem**. Eine ökonomische Interpretation findet sich im folgenden Beispiel.

Beispiel 6.1.7

803 Betrachtet werde die Produktionsfunktion $\mathbf{x = x(r_1, \dots, r_n)}$. Die faktorinputabhängige Gewinnfunktion lautet:

$$\max G(r_1, \dots, r_n) = px(r_1, \dots, r_n) - \sum_{i=1}^{n} q_i r_i,$$

804 Die gewinnmaximalen Faktorinputmengen ergeben sich aus den Bedingungen

$$G_i' = px_i' - q_i = 0, \qquad i = 1, \dots, n$$

805 Äquivalenzumformungen führen zu

$$px_i' = q_i, \qquad i = 1, \dots, n$$

806 Im Gewinnmaximum wird von jeder Faktorart die Menge eingesetzt, bei der die Wertgrenzproduktivität $\mathbf{px_i'}$ dem Faktorpreis $\mathbf{q_i}$ entspricht. Für das Faktoreinkommen $\mathbf{y_i}$ des Faktors **i** gilt:

$$y_i = q_i r_i = px_i' r_i$$

Setzen wir $\mathbf{p = 1}$ folgt:

$$y_i = x_i' r_i \;\; \text{bzw.} \;\; \sum_{i=1}^{n} y_i = \sum_{i=1}^{n} x_i' r_i$$

807 Das Eulersche Theorem besagt somit, dass bei gewinnmaximalem Faktorinput die Summe der Faktoreinkommen dem Produktwert **hx** entspricht, wobei der Homogenitätsgrad der Bewertungsfaktor ist. Handelt es sich um eine linear – homogene Produktionsfunktion, entspricht die Summe der Faktoreinkommen dem quantitativen Output **x**.

Ein Maß der Reaktionsempfindlichkeit der abhängigen Variablen auf Änderung einer ausgewählten unabhängigen Variablen ist die **partielle Elastizität**. Auch hier wenden wir, wie bereits in Kapitel **5** dargestellt, drei bekannte Möglichkeiten der Elastizitätsberechnung an. Wir betrachten die Funktion $\mathbf{y = f(x_1, \ldots, x_n)}$, und wollen die partielle Elastizität bezüglich der Variablen $\mathbf{x_j} \in \{\mathbf{x_1, \ldots, x_n}\}$ berechnen. Es folgt: 808

$$\varepsilon_{y,x_j} = \frac{y_j' \cdot x_j}{y} \quad \text{bzw.} \quad \varepsilon_{y,x_j} = \frac{y_j'}{\bar{y}_j} \quad \text{bzw.} \quad \varepsilon_{y,x_j} = \frac{\partial \ln y}{\partial \ln x_j}$$

ε_{y,x_j} gibt näherungsweise die prozentuale Änderung der abhängigen Variablen **y** an, wenn sich ceteris paribus der Wert von $\mathbf{x_j}$ um **1 %** ändert. 809

Beispiel 6.1.8

Die partiellen Produktionselastizitäten der aus Beispiel 6.1.1 bekannten Produktionsfunktion ergeben sich zu: 810

$$\varepsilon_{x,r_1} = \frac{x_1' \cdot r_1}{x} = \frac{r_2^{0,5} \cdot r_1}{r_1 \cdot r_2^{0,5}} = 1; \quad \varepsilon_{x,r_2} = \frac{x_2' \cdot r_2}{x} = \frac{0,5 r_1 r_2^{-0,5} \cdot r_2}{r_1 r_2^{0,5}} = 0,5$$

$$\varepsilon_{x,r_1} = \frac{x_1'}{\bar{x}_1} = \frac{r_2^{0,5}}{r_2^{0,5}} = 1; \quad \varepsilon_{x,r_2} = \frac{x_2'}{\bar{x}_2} = \frac{0,5 r_1 r_2^{-0,5}}{r_1 r_2^{-0,5}} = 0,5$$

Für die Berechnung der partiellen Produktionselastizitäten über den Differenzialquotienten der logarithmierten Variablen bringen wir die Produktionsfunktion in die logarithmierte Form und erhalten: 811

$$\ln x = \ln r_1 + 0,5 \ln r_2$$

Dann folgt:

$$\varepsilon_{x,r1} = \frac{\partial \ln x}{\partial \ln r_1} = 1; \quad \varepsilon_{x,r2} = \frac{\partial \ln x}{\partial \ln r_2} = 0,5$$

In Beispiel 6.1.8 fällt auf, dass die partiellen Produktionselastizitäten mit den Faktorexponenten übereinstimmen. Wir wollen diesbezüglich eine mögliche Allgemeingültigkeit überprüfen. Es handelt sich in dem Beispiel um eine Produktionsfunktion vom Cobb-Douglas-Typ. Bei **n** Inputfaktoren lautet die Produktionsfunktion: 812

$$x(r_1, \ldots, r_n) = \alpha_0 r_1^{\alpha_1} r_2^{\alpha_2} \ldots r_n^{\alpha_n} = \alpha_0 \prod_{j=1}^{n} r_j^{\alpha_j}$$

Wir bilden die logarithmierte Produktionsfunktion und erhalten: 813

$$\ln x(r_1, \ldots r_n) = \alpha_0 + \sum_{j=1}^{n} \alpha_j \ln r_j$$

814 Für die partielle Produktionselastizität einer Faktorart $\mathbf{j} \in \{\mathbf{1}, \dots, \mathbf{n}\}$ ergibt sich nun

$$\varepsilon_{x,rj} = \frac{\partial \ln x}{\partial \ln r_j} = \alpha_j ,$$

815 womit gezeigt ist, dass Faktorexponent und partielle Produktionselastizität bei einer Cobb-Douglas-Produktionsfunktion identisch sind.

Beispiel 6.1.9

816 Die Nachfragemenge $\mathbf{x_i}$ nach einem Gut **i** hänge vom Preis des Gutes **i**, dem Preis eines anderen Gutes **j** sowie vom verfügbaren Einkommen **y** ab. Die allgemeine Nachfragefunktion lautet somit $\mathbf{x_i = x_i(p_i, p_j, y)}$. Mit Hilfe der Vorzeichen spezifischer partieller Differenzialquotienten lassen sich Eigenschaften des Gutes **i** beschreiben.

817

$\partial x_i/\partial p_i \; < 0$	**typisches Nachfrageverhalten bezüglich Gut i**
$\partial x_i/\partial p_i \; > 0$	**atypisches Nachfrageverhalten bezüglich Gut i**
$\partial x_i/\partial p_j \; < 0$	**komplementäre Güterbeziehung bezüglich Gut i und Gut j**
$\partial x_i/\partial p_j \; > 0$	**substitutive Güterbeziehung bezüglich Gut i und Gut j**
$\partial x_i/\partial y \; < 0$	**Gut i ist inferior**
$\partial x_i/\partial y \; > 0$	**Gut i ist superior**

818 Bei typischer Nachfrage entwickeln sich Preis und Nachfragemenge gegensinnig, bei atypischer Nachfrage gleichsinnig. Bei substitutiver Güterbeziehung kann der Minderkonsum eines Gutes (substituiertes Gut) durch Mehrkonsum eines anderen Gutes (substituierendes Gut) bei unverändertem Nutzenniveau ausgeglichen werden (Reis, Kartoffeln). Komplementäre Güter können nur im Verbund nutzenstiftend konsumiert werden (Tabakpfeife, Pfeifentabak). Bei inferioren Gütern entwickeln sich Nachfrage und Einkommen gegensinnig (Billiggüter), bei superioren Gütern gleichsinnig (Komfortgüter).

819 Reaktionsempfindlichkeiten der Nachfrage bezüglich ausgewählter Nachfragedeterminanten quantifizieren wir mittels partieller Elastizitäten. Die direkte Preiselastizität der Nachfrage lautet:

$$\varepsilon_{xi,pi} = \frac{\frac{\partial x_i}{\partial p_i} p_i}{x_i}$$

820 Für die Kreuzpreiselastizität gilt

$$\varepsilon_{xi,pj} = \frac{\frac{\partial x_i}{\partial p_j} p_j}{x_i}$$

sowie für die Einkommenselastizität 821

$$\varepsilon_{xi,y} = \frac{\frac{\partial x_i}{\partial y} y}{y}.$$

Die Kreuzpreiselastizität ist als Maß für die Gütersubstitutionalität zu interpretieren, d.h., je höher die Kreuzpreiselastizität ausfällt desto ausgeprägter ist die gegenseitige Substitutionseignung der betrachteten Güter. 822

Beispiel 6.1.10

Es gelte folgende Nachfragefunktion bezüglich Gut **i**: 823

$$x_i = x_i(p_i, p_j, y) = \alpha y e^{\beta p_j - \gamma p_i}\ ; \quad \alpha, \beta, \gamma > 0$$

Gut **i** ist superior wegen: 824

$$\frac{\partial x_i}{\partial y} = \alpha e^{\beta p_j - \gamma p_i} > 0$$

Die Nachfrage nach Gut **i** ist typisch wegen: 825

$$\frac{\partial x_i}{\partial p_i} = -\gamma \alpha y e^{\beta p_j - \gamma p_i} < 0$$

Es liegt eine substitutive Güterbeziehung zwischen Gut **i** und Gut **j** vor wegen: 826

$$\frac{\partial x_i}{\partial p_j} = \beta \alpha y e^{\beta p_j - \gamma p_i} > 0$$

Für die Elastizitäten ergibt sich $\varepsilon_{xi,y} = 1$; $\varepsilon_{xi,pi} = -\gamma p_i$; $\varepsilon_{xi,pj} = \beta p_j$ (Nachrechnung empfohlen!). 827

Wir betrachten jetzt wieder die allgemeine Funktion: 828

$$y = f(x_1, \dots, x_n)$$

Ein fixierter Wert y_0 kann mit unterschiedlichen Argumentwertkombinationen realisiert werden, wobei ceteris paribus ein kleinerer Wert für x_i, $i \in \{1, \dots, n\}$ durch einen höheren Wert für x_j, $j \in \{1, \dots, n\}, j \neq i$ kompensiert werden kann. Es handelt sich dabei um einen Substitutionsvorgang in den Variablenwerten, der durch den Quotienten der Differenzen des Minder- bzw. Mehrwertes $\Delta x_i / \Delta x_j$ bzw. der Differenziale dx_i / dx_j quantifiziert werden kann. 829

Beispiel 6.1.11

830 Wir betrachten eine Produktionsfunktion

$$\mathbf{x} = \mathbf{x}(\mathbf{r_1}, \dots, \mathbf{r_n})$$

831 Gemäß des Euler-Theorems entspricht der Einkommensanteil $\mathbf{y_i/x}$ am Gesamtproduktionswert der Produktionselastizität des i-ten Faktors gemäß:

$$\frac{\mathbf{y_i}}{\mathbf{x}} = \frac{\mathbf{x_i'r_i}}{\mathbf{x}} = \boldsymbol{\varepsilon}_{\mathbf{x,r_i}}$$

832 Ist die Produktionsfunktion homogen vom Grad **h**, d.h. gilt

$$\mathbf{x}(\mathbf{mr_1}, \dots, \mathbf{mr_n}) = \mathbf{m^h x}(\mathbf{r_1}, \dots, \mathbf{r_n}),$$

833 so ergibt sich der Einkommensanteil am Gesamtproduktionswert gemäß:

$$\frac{\mathbf{y_i}}{\mathbf{hx}} = \frac{\mathbf{x_i'r_i}}{\mathbf{hx}} = \frac{\boldsymbol{\varepsilon}_{\mathbf{x,r_i}}}{\mathbf{h}}$$

834 Das Einkommensverhältnis bezüglich zweier Faktoren **i**, **k** entspricht dem Verhältnis der partiellen Produktionselastizitäten gemäß:

$$\frac{\mathbf{y_i}}{\mathbf{y_k}} = \frac{\mathbf{y_i/x}}{\mathbf{y_k/x}} = \frac{\boldsymbol{\varepsilon}_{\mathbf{x,r_i}}}{\boldsymbol{\varepsilon}_{\mathbf{x,r_k}}}$$

Beispiel 6.1.12

835 Es sei $\mathbf{x_0}$ die Menge des auszuhebenden Erdreichs. Die möglichen Inputkombinationen der unterschiedlichen Inputarten beschreiben wir durch die **Isoquantengleichung**, die sich durch Auflösung der Produktionsfunktion nach einer Faktorinputvariablen ergibt. Eine Isoquante beschreibt dabei die Punktmenge aller Faktorinputkombinationen mit identischem Output. Wir lösen die Produktionsfunktion aus Beispiel 6.1.1

$$\mathbf{x}(\mathbf{r_1}, \mathbf{r_2}) = \mathbf{r_1 r_2^{0,5}}$$

836 nach der Inputmenge der Faktorart **2** auf und erhalten:

$$\mathbf{r_2} = \frac{\mathbf{x_0^2}}{\mathbf{r_1^2}}$$

837 Offensichtlich ermöglicht ein Mehreinsatz der Faktorart **1** einen Mindereinsatz der Faktorart **2**. Es liegt dann eine Faktorsubstitution des Faktors **2** durch Faktor **1** vor. Wir differenzieren die Isoquantengleichung nach $\mathbf{r_1}$ und erhalten:

$$\frac{\mathbf{dr_2}}{\mathbf{dr_1}} = \frac{\mathbf{-2x_0^2}}{\mathbf{r_1^3}} = -\frac{\mathbf{2r_2}}{\mathbf{r_1}}$$

Ökonomisch handelt es sich um die **Grenzrate der Faktorsubstitution** $\mathbf{R_{21}}$ des Faktors **2** durch Faktor **1**. Für zwei Faktoren **i, j** beschreibt $\mathbf{R_{ji}}$ die Verzichtsmenge des substituierten Faktors **j** bei infinitesimaler Erhöhung der Einsatzmenge des substituierenden Faktors **i**. Im vorliegenden Beispiel ist Faktor **2** der substituierte und Faktor **1** der substituierende Faktor. 838

Wir betrachten eine Funktion $\mathbf{y = y(x)}$ in impliziter Form: $\mathbf{f(x, y(x)) = 0}$. Die totalc Ableitung der impliziten Funktion lautet: 839

$$\frac{\mathbf{df}}{\mathbf{dx}} = \frac{\partial \mathbf{f}}{\partial \mathbf{x}} + \frac{\partial \mathbf{f}}{\partial \mathbf{y}} \cdot \frac{\mathbf{dy}}{\mathbf{dx}}$$

Da die implizite Funktion identisch null ist, muss dies auch für die totale Ableitung gelten. Eine Äquivalenzumformung ergibt: 840

$$\frac{\mathbf{dy}}{\mathbf{dx}} = -\frac{\partial \mathbf{f}/\partial \mathbf{x}}{\partial \mathbf{f}/\partial \mathbf{y}} = -\frac{\mathbf{f}'_{\mathbf{x}}}{\mathbf{f}'_{\mathbf{y}}}$$

Unter Verwendung des letzten Zusammenhangs ergibt sich eine alternative Berechnungsmöglichkeit für die Grenzrate der Faktorsubstitution, was in Beispiel 6.1.13 gezeigt wird. 841

Beispiel 6.1.13

Unter Verwendung des letzten Zusammenhangs lässt sich die Grenzrate der Faktorsubstitution alternativ aus dem Verhältnis der partiellen Grenzproduktivitäten berechnen: 842

$$\mathbf{R_{21}} = \frac{\mathbf{dr_2}}{\mathbf{dr_1}} = -\frac{\mathbf{x}'_1}{\mathbf{x}'_2} = -\frac{\mathbf{r_2^{0,5}}}{\mathbf{0,5r_1r_2^{-0,5}}} = -\frac{\mathbf{2r_2}}{\mathbf{r_1}}$$

Wir wollen eine Funktionsgleichung berechnen, die alle Faktoreinsatzmengenkombinationen identischer Grenzrate der Faktorsubstitution berücksichtigt. Es handelt sich bei einer derartigen Gleichung um eine **Isokline**. Eine Isokline beschreibt eine Punktmenge mit identischer Grenzrate der Faktorsubstitution. 843

Beispiel 6.1.14

Zu berechnen sei die Funktionsgleichung einer Isokline für eine Grenzrate der Faktorsubstitution von $\mathbf{R_{21} = -1,5}$, d.h., die Punktmenge aller Faktoreinsatzmengenkombinationen, wo eine infinitesimale Erhöhung der Einsatzmenge der Faktorart **1** einen Inputverzicht der Faktorart **2** in Höhe von **1,5** ermöglicht. Entsprechende Äquivalenzumformungen der Gleichung aus Beispiel 6.1.13 ergeben: 844

$$\mathbf{R_{21}} = \frac{\mathbf{-2r_2}}{\mathbf{r_1}} \leftrightarrow \mathbf{r_2} = \mathbf{-0,5R_{21}r_1} \leftrightarrow \mathbf{r_2} = \mathbf{0,75r_1}$$

Die Isokline ist offensichtlich eine Gerade, was bei allen homogenen Funktionen der Fall ist. 845

6.2 Extremwertbestimmungen

846 Aus Gründen der Anschaulichkeit betrachten wir eine bivariate Funktion $\mathbf{z = f(x, y)}$ mit den Argumenten $\mathbf{x, y}$. Eine relative Extremstelle liegt im Punkt $(\mathbf{x^*, y^*})$ genau dann vor, wenn in der $\boldsymbol{\varepsilon}$-Umgebung $\mathbf{U_\varepsilon(x^*, y^*)}\ \forall\ (\mathbf{x, y}) \in \mathbf{U_\varepsilon(x^*, y^*)}$:

- lokales Maximum für $\mathbf{f(x, y) \leq f(x^*, y^*)}$
- lokales Minimum für $\mathbf{f(x, y) \geq f(x^*, y^*)}$

847 Gilt eine der beiden letzten Beziehungen $\forall\ (\mathbf{x, y}) \in \mathbf{D(f)}$, so liegt jeweils ein globales Extremum in Form eines globalen Maximums bzw. Minimums vor.

Notwendige Bedingung für ein Extremum ist das Verschwinden aller ersten partiellen Ableitungen gemäß:

$$\mathbf{z'_x = f'_x(x^*, y^*) = 0}$$

$$\mathbf{z'_y = f'_y(x^*, y^*) = 0}$$

848 $(\mathbf{x^*, y^*})$ heißt dann **stationärer Punkt** der Funktion $\mathbf{f}$. Eine alternative Darstellung ergibt sich, indem wir den **Gradienten** $\mathbf{\nabla f(x, y)}$ der Funktion $\mathbf{z = f(x, y)}$ gleich null setzen. Der Gradient beschreibt den Vektor der ersten partiellen Ableitungen nach jedem Argument. Es gilt:

$$\mathbf{\nabla f(x, y)} = \begin{pmatrix} \mathbf{f'_x(x, y)} \\ \mathbf{f'_y(x, y)} \end{pmatrix}$$

849 Der stationäre Punkt erfüllt die Eigenschaft:

$$\mathbf{\nabla f(x^*, y^*)} = \begin{pmatrix} \mathbf{f'_x(x^*, y^*)} \\ \mathbf{f'_y(x^*, y^*)} \end{pmatrix} = \mathbf{0}$$

Beispiel 6.2.1

850 In „Kulturhausen“ soll die Besuchsattraktivität erhöht werden. Der Besuchernutzen $\mathbf{u}$ hänge von dem Ressourceneinsatz für ein attraktives Stadterscheinungsbild $\mathbf{x}$ sowie von dem Niveau des Kulturangebots $\mathbf{y}$ ab. Die Nutzenfunktion laute:

$$\mathbf{u(x, y) = -0{,}25x^2 - 0{,}2y^2 + 6x + 9y + 160}$$

851 Der stationäre Punkt ergibt sich gemäß:

$$\mathbf{u'_x = -0{,}5x + 6 = 0;\ u'_y = -0{,}4y + 9 = 0 \rightarrow x^* = 12;\ y^* = 22{,}5}$$

852 In Vektorschreibweise ergibt sich:

$$\mathbf{\nabla u(x, y)} = \begin{pmatrix} \mathbf{u'_x} \\ \mathbf{u'_y} \end{pmatrix} = \begin{pmatrix} \mathbf{-0{,}5x + 6} \\ \mathbf{-0{,}4y + 9} \end{pmatrix} = \begin{pmatrix} \mathbf{0} \\ \mathbf{0} \end{pmatrix} \leftrightarrow \begin{pmatrix} \mathbf{x^*} \\ \mathbf{y^*} \end{pmatrix} = \begin{pmatrix} \mathbf{12} \\ \mathbf{22{,}5} \end{pmatrix}$$

Die Funktion $\mathbf{z = f(x, y)}$ besitzt im stationären Punkt $\mathbf{(x^*, y^*)}$ ein **relatives Extremum**, sofern 853

$$\mathbf{z''_{xx}(x^*, y^*) z''_{yy}(x^*, y^*) > \left(z''_{xy}(x^*, y^*)\right)^2}$$

gilt. Dabei liegt ein **relatives Maximum** vor, wenn 854

$$\mathbf{z''_{xx}(x^*, y^*) < 0}$$

bzw. ein **relatives Minimum**, wenn 855

$$\mathbf{z''_{yy}(x^*, y^*) > 0}$$

gilt.

Dagegen besitzt die Funktion $\mathbf{z = f(x, y)}$ im stationären Punkt $\mathbf{(x^*, y^*)}$ einen **Sattelpunkt**, 856
wenn folgende Bedingung erfüllt ist:

$$\mathbf{z''_{xx}(x^*, y^*) z''_{yy}(x^*, y^*) < \left(z''_{xy}(x^*, y^*)\right)^2}$$

Ein Sattelpunkt liegt vor, wenn es zu jeder Umgebung des stationären Punkts $\mathbf{(x^*, y^*)}$ Punkte 857
$\mathbf{(x_1, y_1), (x_2, y_2) \in D(f)}$ mit

$$\mathbf{z(x_1, y_1) < z(x^*, y^*) < z(x_2, y_2)}$$

gibt. In einem Sattelpunkt liegt kein Extremum vor. 858

Beispiel 6.2.2

Wir untersuchen den stationären Punkt aus Beispiel 6.2.1. Es ergibt sich 859

$$\mathbf{u''_{xx} = -0,5; \;\; u''_{yy} = -0,4; \;\; u''_{xy} = 0 \,,}$$

und somit ist die hinreichende Bedingung 860

$$\mathbf{u''_{xx} u''_{yy} > \left(u''_{xy}\right)^2} \text{ konkret } \mathbf{-0,5 \cdot (-0,4) = 0,2 > 0}$$

erfüllt. Wegen $\mathbf{u''_{xx} < 0}$ liegt ein Maximum vor. Folglich wird – bei den dem stationären Punkt 861
entsprechenden Ressourceneinsatzmengen – das Nutzenmaximum realisiert.

In der Ökonomie ist die Realisation freier Optima eher die Ausnahme, da bei ökonomischen 862
Entscheidungen i.d.R. Ressourcenknappheit existiert. Wird diese im Optimierungskalkül berücksichtigt, liegt ein **restringiertes Optimierungsproblem**, d.h. ein Problem der Optimierung von Dispositionsvariablen unter Berücksichtigung einer oder mehrerer Nebenbedingungen (Restriktionen), vor. Sei **z** eine Zielvariable (z.B. zu maximierender Gewinn, zu minimierende Kosten) sowie **x, y** Dispositionsvariablen und **b** das Volumen eines Engpassfaktors, so lautet das restringierte Optimierungsproblem in allgemeiner Form:

$$\mathbf{\min z} \text{ bzw. } \mathbf{\max z = f(x, y) \; u.d.N. \; g(x, y) = b}$$

863 Die Abkürzung **u.d.N.** bedeutet „unter der (den) Nebenbedingung(en)". Neben dem Verfahren der Variablensubstitution bietet sich die **Lagrange-Methode** zur Lösung an. Dazu bilden wir die Lagrange-Funktion, die sich additiv aus dem Zielfunktionsterm und der mit einer Variablen $\boldsymbol{\lambda}$ multiplizierten implizit formulierten Restriktion zusammensetzt. Sie lautet:

$$\mathbf{L(x, y, \lambda) = f(x, y) + \lambda(b - g(x, y))}$$

864 $\boldsymbol{\lambda}$ beschreibt den Lagrange-Multiplikator. Im nächsten Schritt werden die partiellen Ableitungen von **L** nach **x**, **y** und $\boldsymbol{\lambda}$ gebildet und gleich null gesetzt. Die Bedingungen lauten:

$$\mathbf{L'_x(x^*, y^*, \lambda) = f'_x(x^*, y^*) - \lambda g'_x(x^*, y^*) = 0}$$

$$\mathbf{L'_y(x^*, y^*, \lambda) = f'_y(x^*, y^*) - \lambda g'_y(x^*, y^*) = 0}$$

$$\mathbf{L'_\lambda(x^*, y^*, \lambda) = b - g(x^*, y^*) = 0}$$

865 Der stationäre Punkt lautet $(\mathbf{x^*, y^*})$. $\boldsymbol{\lambda}$ gibt in der Optimallösung die Zielfunktionswertänderung an, die eine Lockerung der Restriktion um eine infinitesimale Einheit auslöst. Dies wollen wir kurz zeigen. Aus schreibökonomischen Gründen wird auf die Mitführung der Argumente verzichtet. Aus den ersten beiden Gleichungen ergibt sich:

$$\boldsymbol{\lambda} = \frac{\mathbf{f'_x}}{\mathbf{g'_x}} = \frac{\mathbf{f'_y}}{\mathbf{g'_y}}$$

866 Äquivalenzumformungen ergeben:

$$\mathbf{f'_x = \lambda g'_x}$$

$$\mathbf{f'_y = \lambda g'_y}$$

867 Wir bilden das totale Differenzial der Zielfunktion gemäß:

$$\mathbf{dz = f'_x dx + f'_y dy}$$

868 Substitution ergibt:

$$\mathbf{dz = \lambda g'_x dx + \lambda g'_y dy = \lambda(g'_x dx + g'_y dy)}$$

869 Das totale Differenzial der Restriktion lautet:

$$\mathbf{db = g'_x dx + g'_y dy}$$

870 Wir substituieren den letzten Klammerausdruck durch **db** und erhalten:

$$\mathbf{dz = \lambda db} \leftrightarrow \boldsymbol{\lambda} = \frac{\mathbf{dz}}{\mathbf{db}}$$

871 Der im letzten Ausdruck ermittelte Differenzialquotient gibt exakt die Zielwertänderung bei infinitesimaler Erhöhung des Restriktionsparameters bzw. die näherungsweise Zielwertänderung bei Erhöhung des Restriktionsparameters um eine Einheit an.

Ein weiterer aus den Optimalitätsbedingungen ermittelbarer Zusammenhang unter Berücksichtigung der Regel impliziten Differenzierens lautet: 872

$$\frac{\mathbf{f'_x}}{\mathbf{f'_y}} = \frac{\mathbf{g'_x}}{\mathbf{g'_y}} = \frac{\mathbf{dy}}{\mathbf{dx}}$$

Die Überprüfung des stationären Punkts auf einen Extremwert erfolgt über die hinreichende Bedingung. Dafür ermitteln wir die Diskriminante gemäß: 873

$$\mathbf{D = L''_{xx}\left(g'_y\right)^2 - 2L''_{xy}g'_xg'_y + L''_{yy}(g'_x)^2}$$

Gilt $\mathbf{D < 0}$ liegt im stationären Punkt eine Maximumstelle, bei $\mathbf{D > 0}$ eine Minimumstelle vor. 874

Beispiel 6.2.3

Nach einem anstrengenden Arbeitstag will A einen entspannenden Abend in einer Kneipe verbringen. Sein Konsumbudget liege bei **20 GE**, das er für Zigarren (**x**) und Bier (**y**) ausgeben möchte. Der Preis für eine Zigarre betrage **1 GE**, der für ein Bier **2 GE**. Seine Nutzenfunktion laute: 875

$$\mathbf{u(x, y) = \sqrt{xy}}$$

Wir wollen den optimalen Konsumplan ermitteln. (Hinweis: Die hinreichende Bedingung ist erfüllt und wird nicht überprüft). Das Problem lautet: 876

$$\mathbf{\max u(x, y) = \sqrt{xy}} \quad \text{u. d. N.} \quad \mathbf{x + 2y = 20}$$

Wir formulieren die Lagrange-Funktion sowie die Optimalitätsbedingungen: 877

$$\mathbf{L(x, y, \lambda) = \sqrt{xy} + \lambda(20 - x - 2y)}$$

$$\mathbf{L'_x = 0,5x^{-0,5}y^{0,5} - \lambda = 0}$$

$$\mathbf{L'_y = 0,5x^{0,5}y^{-0,5} - 2\lambda = 0}$$

$$\mathbf{L'_\lambda = 20 - x - 2y = 0}$$

Die Lösung des Gleichungssystems führt zu dem stationären Punkt $\mathbf{\binom{x^*}{y^*} = \binom{10}{5}}$. 878

Der maximal erzielbare Nutzen beträgt: $\mathbf{u^* = u(x^*, y^*) = \sqrt{50}}$ 879

Beispiel 6.2.4

Betrachtet werde die Stone-Geary-Nutzenfunktion in der Form: 880

$$\mathbf{u(x_1, x_2) = \alpha \ln(x_1 - a) + \beta \ln(x_2 - b),\ \ \alpha, \beta > 0,\ \ \alpha + \beta = 1,\ \ x_1 > a,\ \ x_2 > b}$$

881 Bezüglich der Güterarten **1** und **2** sind die Mengen **a** und **b** die existenzminimalen Konsummengen. Seien $\mathbf{p_1, p_2}$ die Preise der Güterarten **1**, **2** sowie **y** das verfügbare Einkommen. Das restringierte Nutzenmaximierungsproblem lautet:

$$\max u = \alpha \ln(x_1 - a) + \beta \ln(x_2 - b)$$

$$\text{u. d. N.}$$

$$p_1 x_1 + p_2 x_2 = y$$

882 Wir formulieren die Lagrangefunktion und die Optimalitätsbedingungen gemäß:

$$L = \alpha \ln(x_1 - a) + \beta \ln(x_2 - b) + \lambda(y - p_1 x_1 - p_2 x_2)$$

$$L_1' = \frac{\alpha}{x_1 - a} - \lambda p_1 = 0$$
$$L_2' = \frac{\beta}{x_2 - b} - \lambda p_2 = 0$$

$$L_\lambda' = y - p_1 x_1 - p_2 x_2 = 0$$

883 Mittels Äquivalenzumformungen ergeben sich die allgemeinen Nachfragefunktionen:

$$x_1(y, p_1, p_2) = a + \frac{\alpha}{p_1}(y - p_1 a - p_2 b)$$

$$x_2(y, p_1, p_2) = b + \frac{\beta}{p_2}(y - p_1 a - p_2 b)$$

884 Multiplikation der allgemeinen Nachfragefunktionen mit den Güterpreisen führt zu den Ausgabenfunktionen:

$$A_1(y, p_1, p_2) = p_1 a + \alpha(y - p_1 a - p_2 b)$$

$$A_2(y, p_1, p_2) = p_2 b + \beta(y - p_1 a - p_2 b)$$

885 Es liegt ein lineares Ausgabensystem vor. Die Ausgaben für ein jedes Gut sind linear vom Einkommen und den Preisen der beiden Güter abhängig.

886 Wir betrachten den **n**-Güterfall. Die Stone-Geary – Nutzenfunktion lautet:

$$u(x_1, \dots, x_n) = \sum_{i=1}^{n} \alpha_i \ln(x_i - \beta_i), \quad \sum_{i=1}^{n} \alpha_i = 1, \;\; \alpha_i > 0, \;\; x_i > \beta_i, \;\; i = 1, \dots, n$$

Der Lagrangeansatz führt zu 887

$$\mathbf{L} = \sum_{i=1}^{n} \alpha_i \ln(x_i - \beta_i) + \lambda\left(y - \sum_{i=1}^{n} p_i x_i\right)$$

$$L_i' = \frac{\alpha_i}{x_i - \beta_i} - \lambda p_i = 0, \qquad i = 1, \dots, n$$

$$L_\lambda' = y - \sum_{i=1}^{n} p_i x_i = 0$$

Aus den Optimalitätsbedingungen ergeben sich die allgemeinen Nachfragefunktionen gemäß: 888

$$x_i(y, p_1, \dots, p_n) = \beta_i + \frac{\alpha_i}{p_i}\left(y - \sum_{j=1}^{n} p_j \beta_j\right), \qquad i = 1, \dots, n$$

Die Ausgabenfunktionen lauten nun: 889

$$A_i(y, p_1, \dots, p_n) = p_i \beta_i + \alpha_i \left(y - \sum_{j=1}^{n} p_j \beta_j\right), \qquad i = 1, \dots, n$$

Die Ausgabe bezüglich eines Gutes $\mathbf{i}$ kann offenbar in zwei Teile segregiert werden. Einmal in die Minimalausgabe $p_i \beta_i$ und zum anderen in den Teil der Ausgabe, der aus dem Residualeinkommen (Einkommen minus Mindesteinkommen) bestritten wird. Wegen $\partial A_i / \partial y = \alpha_i$ ist die marginale Ausgabenquote für jedes Gut $\mathbf{i}$ konstant und somit einkommensunabhängig. 890

Beispiel 6.2.5

Zum Zeitpunkt $t = 0$ existiere ein Ressourcenbestand einer knappen Ressource von $\mathbf{B}$. Die Nutzenziffern einer Ressourcennutzung von x_t in der Periode $t \in \{1, \dots, n\}$ betragen $u_t(x_t)$. Der Zinssatz werde mit $\mathbf{i}$ angenommen, der entsprechende Diskontierungsfaktor lautet dann $q = 1 + i$. Zielvariable sei der Nutzenbarwert U_0 zum Zeitpunkt $t = 0$. Das Optimierungsproblem lautet: 891

$$\max U_0(x_0, \dots, x_n) = \sum_{t=0}^{n} u_t(x_t) q^{-t}$$

$$\text{u. d. N.}$$

$$\sum_{t=0}^{n} x_t = B$$

892 Wir formulieren die Lagrangefunktion und die Optimalitätsbedingungen gemäß:

$$\mathbf{L = \sum\nolimits_{t=0}^{n} u_t(x_t)q^{-t} + \lambda\left(B - \sum\nolimits_{t=0}^{n} x_t\right)}$$

$$\mathbf{L'_{xt} = u'_t(x_t)q^{-t} - \lambda = 0, \qquad t = 0, \dots, n}$$

$$\mathbf{L'_\lambda = B - \sum\nolimits_{t=0}^{n} x_t = 0}$$

893 Auflösung der ersten $\mathbf{n}$ Bedingungen nach $\boldsymbol{\lambda}$ und anschließende Gleichsetzung ergibt den Ausdruck:

$$\mathbf{u'_0(x_0) = u'_1(x_1)q^{-1} = \cdots = u'_n(x_n)q^{-n} = \lambda}$$

894 Es handelt sich um die Hotellingregel. Auf der optimalen Ressourcenverwertungstrajektorie ist der auf den Zeitpunkt null diskontierte Grenznutzen der periodenspezifischen Ressourcenverwertungen in allen Perioden gleich.

Beispiel 6.2.6

895 Eine bestimmte Menge $\mathbf{x_0}$ einer Produktart sei bei gegebener Produktionsfunktion $\mathbf{x_0 = \sqrt{r_1 r_2}}$, sowie bekannten Faktorpreisen $\mathbf{q_1, q_2}$ kostenminimal zu produzieren. Wir formulieren das entsprechende restringierte Kostenminimierungsproblem:

$$\mathbf{\min K = q_1 r_1 + q_2 r_2}$$

$$\mathbf{u.\,d.\,N.}$$

$$\mathbf{x_0 = \sqrt{r_1 r_2}}$$

896 Lagrange-Funktion und Optimalitätsbedingungen lauten:

$$\mathbf{L = q_1 r_1 + q_2 r_2 + \lambda\left(x_0 - \sqrt{r_1 r_2}\right)}$$

$$\mathbf{L'_1 = q_1 - 0,5\lambda r_1^{-0,5} r_2^{0,5} = 0}$$

$$\mathbf{L'_2 = q_2 - 0,5\lambda r_1^{0,5} r_2^{-0,5} = 0}$$

$$\mathbf{L'_\lambda = x_0 - \sqrt{r_1 r_2} = 0}$$

897 Die Lösung des Gleichungssystems führt zu der **Minimalkostenkombination** $\mathbf{(r_1^*, r_2^*)}$. Bei variablem Output können aus den Optimalitätsbedingungen die kostenminimalen Faktorinputfunktionen ermittelt werden. Sie lauten:

$$\mathbf{r_1^* = \sqrt{\frac{q_2}{q_1}}x \quad bzw. \quad r_2^* = \sqrt{\frac{q_1}{q_2}}x}$$

Diese geben für jeden Output den kostenminimalen Input der jeweiligen Faktorart an. Einsetzen der letzten beiden Ausdrücke in die Kostenfunktion ergibt die **Kostenminimalwertfunktion**: 898

$$\mathbf{K^*(q_1, q_2, x) = 2\sqrt{q_1 q_2}x}$$

Diese gibt den Zusammenhang zwischen Output, Faktorpreisen aller eingesetzten Faktorarten und den jeweils minimal realisierbaren Kosten an. Faktorpreise sind häufig volatil. Reaktionssensitivitäten der Kosten auf Faktorpreisänderungen können wir über eine entsprechende Elastizität gemäß 899

$$\varepsilon_{K^*,q1} = \frac{K^{*\prime}_{q1} q_1}{K^*} = 0,5 \quad \text{bzw.} \quad \varepsilon_{K^*,q2} = \frac{K^{*\prime}_{q2} q_2}{K^*} = 0,5$$

berechnen. Eine einprozentige Faktorpreisänderung eines Faktors führt ceteris paribus zu einer gleichsinnigen Kostenänderung von **0,5%.** 900

Partielle Differenziation der Kostenminimalwertfunktion nach den Faktorpreisen ergibt: 901

$$K^{*\prime}_{q1} = \sqrt{\frac{q_2}{q_1}} x = r_1^* \text{ bzw. } K^{*\prime}_{q2} = \sqrt{\frac{q_1}{q_2}} x = r_2^*$$

Die faktorpreisspezifischen partiellen Grenzkosten auf Basis der Kostenminimalwertfunktion entsprechen dem jeweiligen kostenminimalen Faktorinput (Shephards Lemma). 902

Wir leiten das Lemma von Shephard allgemein her. Das allgemeine Kostenminimierungsproblem lautet: 903

$$\min K = \sum_{i=1}^{n} q_i r_i$$

$$\text{u. d. N.}$$

$$x_0 = x(r_1, \dots, r_n)$$

Lagrangefunktion und Optimalitätsbedingungen lauten: 904

$$L = \sum_{i=1}^{n} q_i r_i + \lambda\big(x_0 - x(r_1, \dots, r_n)\big)$$

$$L_i' = q_i - \lambda x_i' = 0, \qquad i = 1, \dots, n$$

$$L_\lambda' = x_0 - x(r_1, \dots, r_n) = 0$$

Aus dem Gleichungssystem lässt sich für jede Faktorart eine output- und faktorpreisabhängige kostenminimale Faktorinputfunktion gemäß 905

$$r_i^* = r_i^*(q_1, \dots, q_n, x)$$

906 ermitteln. Für die output- und faktorpreisabhängige Kostenfunktion ergibt sich:

$$\mathbf{K^* = \sum_{i=1}^{n} q_i r_i^*(q_1, \dots, q_n, x) = K^*(q_1, \dots, q_n, x)}$$

mit

$$\mathbf{K_{qi}^{*\prime} = r_i^*, \quad i = 1, \dots, n}$$

Beispiel 6.2.7

907 Wir betrachten bei gegebener Produktionsfunktion $\mathbf{x = x(r_1, \dots, r_n)}$, gegebenen Faktorpreisen $\mathbf{q_1, \dots, q_n}$ sowie gegebenem Absatzgüterpreis $\mathbf{p}$ das unrestringierte Gewinnmaximierungsproblem:

$$\mathbf{\max G = px(r_1, \dots, r_n) - \sum_{i=1}^{n} q_i r_i}$$

908 Der gewinnmaximierende Faktorinput einer jeden Faktorart $\mathbf{i} \in \{\mathbf{1}, \dots, \mathbf{n}\}$ ergibt sich aus den Bedingungen:

$$\mathbf{G_{ri}' = px_i' - q_i = 0, \quad i = 1, \dots, n}$$

909 Äquivalenzumformungen führen zu dem Gleichungssystem:

$$\mathbf{px_i' = q_{i,} \quad i = 1, \dots, n}$$

910 Offenbar wird die Einsatzmenge einer Faktorart **i** soweit erhöht, bis der Wert, der durch Einsatz der nächsten infinitesimalen Faktoreinheit zusätzlich generiert wird – es handelt sich um die **Wertgrenzproduktivität** – dem Preis dieser Faktorart entspricht.

911 Die Bedingungen definieren implizit die faktorpreis- und güterpreisabhängigen gewinnmaximalen Inputmengen gemäß:

$$\mathbf{r_i^* = r_i^*(q_1, \dots, q_n, p), \quad i = 1, \dots, n}$$

912 Der maximale Gewinn ist als Funktion von $\mathbf{p, q_1, \dots, q_n}$ darstellbar gemäß:

$$\mathbf{G^*(p, q_1, \dots, q_n) = px(r_1^*, \dots, r_n^*) - \sum_{i=1}^{n} q_i r_i^*(q_1, \dots, q_n, p)}$$

913 Es handelt sich dabei um die **Gewinnmaximalwertfunktion**. Wir differenzieren partiell nach $\mathbf{q_i}$, $\mathbf{i = 1, \dots, n}$ und erhalten:

$$\mathbf{G_{qi}^{*\prime} = p \sum_{j=1}^{n} \frac{\partial x}{\partial r_j^*} \frac{\partial r_j^*}{\partial q_i} - r_i^*(q_1, \dots, q_n, p) - \sum_{j=1}^{n} q_j \frac{\partial r_j^*}{\partial q_i}, \quad i = 1, \dots, n}$$

$$\leftrightarrow G^{*\prime}_{qi} = \sum_{j=1}^{n} \frac{\partial r_j^*}{\partial q_i}\left(p\frac{\partial x}{\partial r_j^*} - q_j\right) - r_i^*(q_1, \dots, q_n, p), \qquad i = 1, \dots, n$$

914 Der runde Klammerausdruck beinhaltet dic Optimalitätsbedingung gewinnmaximalen Faktorinputs und ist gleich Null. Somit verbleibt:

$$G^{*\prime}_{qi} = -r_i^*(q_1, \dots, q_n, p), \qquad i = 1, \dots, n$$

915 Der faktorpreisspezifische Grenzgewinn ist gleich dem negativen gewinnmaximalen Faktorinput der entsprechenden Faktorart (Hotellings Lemma).

916 Wir betrachten Hotellings Lemma bezüglich zweier Inputfaktoren der Art $\mathbf{j}, \mathbf{k} \in \{\mathbf{1}, \dots, \mathbf{n}\}$:

$$G^{*\prime}_{qj} = -r_j^*(q_1, \dots, q_n, p)$$

$$G^{*\prime}_{qk} = -r_k^*(q_1, \dots, q_n, p)$$

917 Wir bilden die Kreuzableitungen und erhalten:

$$G^{*\prime\prime}_{qjqk} = -\frac{\partial r_j^*}{\partial q_k}$$

$$G^{*\prime\prime}_{qkqj} = -\frac{\partial r_k^*}{\partial q_j}$$

918 Anwendung des Satzes von Schwarz ($G^{*\prime\prime}_{qjqk} = G^{*\prime\prime}_{qkqj}$) führt zu:

$$\frac{\partial r_j^*}{\partial q_k} = \frac{\partial r_k^*}{\partial q_j}$$

919 Es handelt sich um eine Reziprozitätsbedingung, die eine Symmetrie in den Kreuzpreiseffekten bezüglich der gewinnmaximalen Faktorinputmengen bei Preisvariationen anzeigt.

920 Die Reaktionssensitivität des Gewinns auf Faktorpreisänderungen ermitteln wir über die entsprechende Elastizität gemäß:

$$\varepsilon_{G^*,qi} = \frac{G^{*\prime}_{qi} q_i}{G^*} = \frac{-r_i^* q_i}{G^*}, \qquad i = 1, \dots, n$$

921 Offenbar ergibt sich diese aus dem Verhältnis der negativen Faktorkosten der betreffenden Faktorart $\mathbf{i}$ und dem Gewinn. Eine Äquivalenzumformung ergibt:

$$\varepsilon_{G^*qi} = \frac{1}{G^*/-r_i^* q_i}, \quad i = 1, \dots, n$$

Die faktorpreisspezifische Gewinnelastizität entspricht dem Reziprokwert der negativen Fak-
922 torkostenrentabilität bezüglich Faktorart **i**.

Beispiel 6.2.8

923 Wir betrachten bei gegebener Nutzenfunktion $\mathbf{u = u(x_1, \dots, x_n)}$, gegebenen Güterpreisen $\mathbf{p_1, \dots, p_n}$, sowie gegebenem Einkommen **y** das restringierte Nutzenmaximierungsproblem:

$$\max u = u(x_1, \dots, x_n)$$

$$\text{u. d. N.}$$

$$\sum_{i=1}^{n} p_i x_i = y$$

924 Lagrangefunktion und Optimalitätsbedingungen lauten:

$$L = u(x_1, \dots, x_n) + \lambda\left(y - \sum_{i=1}^{n} p_i x_i\right)$$

$$L'_i = u'_i - \lambda p_i = 0, \;\; i = 1, \dots, n$$

$$L'_\lambda = y - \sum_{i=1}^{n} p_i x_i = 0$$

925 Die Lösung des Gleichungssystems ergibt die preis- und einkommensabhängigen Nachfragefunktionen:

$$x_i^* = x_i^*(p_1, \dots, p_n, y)$$

926 Der maximal erzielbare Nutzen ergibt sich zu:

$$u^* = (x_1^*, \dots, x_n^*)$$

927 Wir formulieren die indirekte Nutzenmaximalwertfunktion gemäß:

$$u^* = u^*(p_1, \dots, p_n, y)$$

928 Implizite Differenziation führt zu:

$$\frac{u_{pi}^{*\prime}}{u_y^{*\prime}} = -x_i, \quad i = 1, \dots, n$$

929 Es handelt sich beim letzten Ausdruck um Roy’s Identität. Unter Rückgriff auf die Regel impliziter Differenziation erhalten wir den Ausdruck:

$$\frac{dy}{dp_i} = -\frac{u_{pi}^{*\prime}}{u_y^{*\prime}} = -x_i, \quad i = 1, \dots, n$$

930 Offensichtlich handelt es sich um eine marginale Substitutionsrate, die die Kaufkraftreduktion bei Erhöhung des Preises eines Gutes **i** beschreibt.

Beispiel 6.2.9

Betrachtet werde ein intertemporales Konsumentscheidungsproblem. Seien $\mathbf{c_0}, \mathbf{c_1}$ die Konsumausgaben in den Perioden **0** und **1**. **y** sei das verfügbare Einkommen, welches zeitlich auf die Perioden **0** und **1** zu allokieren ist. Die Ersparnis in der Periode **0** kann zum Marktzinssatz **i** angelegt werden. Die Problemformulierung lautet: 931

$$\max u = u(c_0, c_1)$$

$$\text{u. d. N.}$$

$$c_1 - (y - c_0)(1 + i) = 0$$

Wir formulieren Lagrangefunktion und Optimalitätsbedingungen: 932

$$L = u(c_0, c_1) + \lambda\big(c_1 - (y - c_0)(1 + i)\big)$$

$$L'_{c_0} = u'_{c_0} + \lambda(1 + i) = 0$$

$$L'_{c_1} = u'_{c_1} + \lambda = 0$$

$$L'_{\lambda} = c_1 - (y - c_0)(1 + i)$$

Aus den ersten beiden Bedingungen ergibt sich: 933

$$\frac{u'_{c_0}}{u'_{c_1}} = 1 + i \quad \leftrightarrow \quad \frac{u'_{c_0}}{u'_{c_1}} - 1 = i$$

Die linke Seite des letzten Ausdrucks ist die Zeitpräferenzrate $\boldsymbol{\zeta}$ .Diese beschreibt den relativen Mehrkonsum in der Periode **1**, den der Entscheider gemäß seiner Präferenzordnung als Kompensation für einen Minderkonsum in Periode **0** einfordert. Bei optimaler Allokation eines verfügbaren Einkommens auf zwei benachbarte Perioden ist die Zeitpräferenzrate gleich dem Zinssatz, konkret: 934

$$\zeta = i$$

6.3 Ausgewählte Fallgestaltungen

Fall 1

Wir wollen das Dorfman-Steiner-Theorem herleiten. Sei **p** die Preisforderung eines Angebotsmonopolisten bezüglich eines Absatzgutes, **x** die Absatzmenge desselben Gutes, **Q** der monetäre Werbeaufwand und **G** der Gewinn als Zielvariable. Aktionsparameter des Angebotsmonopolisten seien Preis und Werbeaufwand. Die Zielfunktion lautet: 935

$$\max G(x(p, Q), Q) = px(p, Q) - K(x(p, Q)) - Q$$

936 Die notwendigen Optimalitätsbedingungen für den optimalen Preis und den optimalen Werbeaufwand erhalten wir durch Nullsetzung der partiellen Differenziationen gemäß:

$$\mathbf{G'_p = px'_p + x - K'x'_p = 0}$$

$$\mathbf{G'_Q = px'_Q - K'x'_Q - 1 = 0}$$

937 Äquivalenzumformungen der letzten Gleichung führen zu:

$$\mathbf{K' = \frac{px'_Q - 1}{x'_Q}}$$

$$\mathbf{\leftrightarrow K' = p - \frac{1}{x'_Q}}$$

$$\mathbf{\leftrightarrow K' = p - \frac{Q}{x'_Q(Q/x)x}}$$

$$\mathbf{\leftrightarrow K' = p - \frac{Q}{\varepsilon_{x,Q} x}}$$

938 Unter Rückgriff auf die Amoroso-Robinson-Relation konkretisieren wir das Äquimarginalprinzip gemäß:

$$\mathbf{E' = K'}$$

$$\mathbf{\leftrightarrow p\left(1 + \frac{1}{\varepsilon_{x,p}}\right) = p - \frac{Q}{\varepsilon_{x,Q} x}}$$

$$\mathbf{\leftrightarrow \frac{p}{\varepsilon_{x,p}} = -\frac{Q}{\varepsilon_{x,Q} x}}$$

$$\mathbf{\left|\frac{\varepsilon_{x,Q}}{\varepsilon_{x,p}}\right| = \frac{Q}{px}}$$

939 Im Optimum entspricht das Verhältnis zwischen Werbe- und Preiselastizität der Nachfrage dem Verhältnis zwischen Werbeaufwand und Erlös. Dies ist das Dorfman-Steiner-Theorem.

Fall 2

Wir wollen Bedingungen für ein Marktgleichgewicht im Monopson herleiten. Unter einem Monopson wird ein Nachfrager verstanden, der einen nach Art und Qualität genau definierten Inputfaktor auf einem bestimmten Markt als Einziger nachfragt. Der Zusammenhang zwischen Stückpreis $\mathbf{q}$ und Abnahmemenge $\mathbf{r}$ wird durch eine Bezugsfunktion $\mathbf{q} = \mathbf{q}(\mathbf{r})$ beschrieben. Diese ist die Inverse der preisabhängigen Faktornachfragefunktion $\mathbf{r} = \mathbf{r}(\mathbf{q})$, wobei $\mathbf{r}$ die abhängige und $\mathbf{q}$ die unabhängige Variable darstellt. Die faktorinputabhängige Kostenfunktion lautet $\mathbf{K}(\mathbf{r}) = \mathbf{q}(\mathbf{r})\mathbf{r}$. Die Faktorgrenzkostenfunktion ergibt sich aus der ersten Differenziation der Kostenfunktion nach dem Faktorinput gemäß: 940

$$\mathbf{K}'(\mathbf{r}) = \mathbf{q}(\mathbf{r}) + \mathbf{q}'(\mathbf{r})\mathbf{r}$$

Die Faktorgrenzkosten sind die zusätzlich entstehenden Kosten bei infinitesimaler Erhöhung des Faktorinputs. 941

Die faktorinputabhängige Erlösfunktion lautet $\mathbf{E}(\mathbf{r}) = \mathbf{p}\mathbf{x}(\mathbf{r})$. Hierbei beschreibt $\mathbf{x} = \mathbf{x}(\mathbf{r})$ eine Produktionsfunktion. Mittels Differenziation erhalten wir die Funktion der Wertgrenzproduktivität gemäß: 942

$$\mathbf{E}'(\mathbf{r}) = \mathbf{p}\mathbf{x}'(\mathbf{r})$$

Die Wertgrenzproduktivität beschreibt den Erlöszuwachs, der durch Absatz des zusätzlich entstehenden Güteroutputs – der bei infinitesimaler Erhöhung des Faktorinputs entsteht – realisiert wird. 943

Die faktorinputabhängige Gewinnfunktion lautet: 944

$$\mathbf{G}(\mathbf{r}) = \mathbf{E}(\mathbf{r}) - \mathbf{K}(\mathbf{r})$$

Wir formulieren die notwendige Gewinnmaximumbedingung gemäß:

$$\mathbf{G}'(\mathbf{r}^*) = \mathbf{E}'(\mathbf{r}^*) - \mathbf{K}'(\mathbf{r}^*) = \mathbf{0}$$

$$\leftrightarrow \mathbf{E}'(\mathbf{r}^*) = \mathbf{K}'(\mathbf{r}^*)$$

$$\leftrightarrow \mathbf{p}\mathbf{x}'(\mathbf{r}^*) = \mathbf{q}(\mathbf{r}^*) + \mathbf{q}'(\mathbf{r}^*)\mathbf{r}^*$$

Offenbar sind bei der gewinnmaximalen Inputmenge Wertgrenzproduktivität und Faktorgrenzkosten identisch. Auf die Darstellung der hinreichenden Bedingung wird verzichtet. 945

Fall 3

946 Wir wollen Bedingungen für ein Marktgleichgewicht im Angebotsmonopol herleiten. Unter einem Angebotsmonopolisten wird ein Anbieter verstanden, der ein nach Art und Qualität genau definiertes Gut auf einem bestimmten Markt als Einziger anbietet. Er kalkuliert auf Basis einer konjekturalen Preisabsatzfunktion $\mathbf{p} = \mathbf{p}(\mathbf{x}(\mathbf{r}))$. Erlös- und Grenzerlösfunktion ergeben sich zu:

$$\mathbf{E}(\mathbf{r}) = \mathbf{x}(\mathbf{r})\mathbf{p}(\mathbf{x}(\mathbf{r}))$$

$$\mathbf{E}'(\mathbf{r}) = \mathbf{x}'(\mathbf{r})\mathbf{p}(\mathbf{x}(\mathbf{r})) + \mathbf{x}(\mathbf{r})\mathbf{p}'(\mathbf{x}(\mathbf{r}))\mathbf{x}'(\mathbf{r})$$

$$\leftrightarrow \mathbf{E}'(\mathbf{r}) = \mathbf{x}'(\mathbf{r})\left(\mathbf{p}(\mathbf{x}(\mathbf{r})) + \mathbf{x}(\mathbf{r})\mathbf{p}'(\mathbf{x}(\mathbf{r}))\right)$$

947 Auf der Beschaffungsseite wird von einem Nachfragepolypol ausgegangen, sodass für die Kostenfunktion $\mathbf{K} = \mathbf{qr}$ bzw. für die faktorspezifische Grenzkostenfunktion $\mathbf{K}' = \mathbf{q}$ gilt.

948 Eine Anwendung des Äquimarginalprinzips führt zu:

$$\mathbf{x}'(\mathbf{r}^*)\left(\mathbf{p}(\mathbf{x}(\mathbf{r}^*)) + \mathbf{x}(\mathbf{r}^*)\mathbf{p}'(\mathbf{x}(\mathbf{r}^*))\right) = \mathbf{q}$$

949 Offenbar wird der Faktorinput soweit erhöht, bis der Erlös, der durch Absatz des mit der nächsten infinitesimalen Inputeinheit produzierten Gütermenge erzielt wird, dem Faktorpreis entspricht.

Fall 4

950 Ziel sei die Ermittlung einer Marktgleichgewichtsbedingung im bilateralen Monopol. Eine Anwendung des Äquimarginalprinzips beim bilateralen Monopol ergibt:

$$\mathbf{E}'(\mathbf{r}^*) = \mathbf{K}'(\mathbf{r}^*)$$

$$\mathbf{x}'(\mathbf{r}^*)\left(\mathbf{p}(\mathbf{x}(\mathbf{r}^*)) + \mathbf{x}(\mathbf{r}^*)\mathbf{p}'(\mathbf{x}(\mathbf{r}^*))\right) = \mathbf{q}(\mathbf{r}^*) + \mathbf{q}'(\mathbf{r}^*)\mathbf{r}^*$$

$$\leftrightarrow \mathbf{x}'(\mathbf{r}^*)\left[\mathbf{p}(\mathbf{x}(\mathbf{r}^*))(\mathbf{1} + \mathbf{1}/\boldsymbol{\varepsilon}_{\mathbf{x,p}})\right] = \mathbf{q}(\mathbf{r}^*)\left(\mathbf{1} + \mathbf{1}/\boldsymbol{\varepsilon}_{\mathbf{r,q}}\right)$$

$$\leftrightarrow \mathbf{x}'(\mathbf{r}^*) = \frac{\mathbf{q}(\mathbf{r}^*)}{\mathbf{p}(\mathbf{x}(\mathbf{r}^*))} \cdot \frac{\mathbf{1} + \mathbf{1}/\boldsymbol{\varepsilon}_{\mathbf{r,q}}}{\mathbf{1} + \mathbf{1}/\boldsymbol{\varepsilon}_{\mathbf{x,p}}} = \frac{\mathbf{q}(\mathbf{r}^*)}{\mathbf{p}(\mathbf{x}(\mathbf{r}^*))} \cdot \frac{\boldsymbol{\varepsilon}_{\mathbf{K,r}}}{\boldsymbol{\varepsilon}_{\mathbf{E,x}}}$$

$$\leftrightarrow \mathbf{p}(\mathbf{x}(\mathbf{r}^*))\mathbf{x}'(\mathbf{r}^*) = \mathbf{q}(\mathbf{r}^*)\frac{\boldsymbol{\varepsilon}_{\mathbf{K,r}}}{\boldsymbol{\varepsilon}_{\mathbf{E,x}}}$$

951 Hierbei beschreibt $\boldsymbol{\varepsilon}_{\mathbf{K,r}}$ die Faktorinputelastizität der Kosten und $\boldsymbol{\varepsilon}_{\mathbf{E,x}}$ die Absatzmengenelastizität des Erlöses.

Fall 5

Wir wollen eine Optimalitätsbedingung bei monopolistischer Preisdifferenzierung herleiten. Monopolistische Preisdifferenzierung liegt vor, wenn ein monopolistischer Anbieter ein nach Art und Qualität genau definiertes Gut auf verschiedenen Teilmärkten zu jeweils verschiedenen Preisen anbietet. Kriterien zur Teilmarktsegmentierung können dabei räumlicher, persönlicher, zeitlicher und sachlicher Natur sein. Für zwei Teilmärkte mögen die Preisabsatzfunktionen 952

$$\mathbf{p_1 = p_1(x_1)} \text{ bzw. } \mathbf{p_2 = p_2(x_2)}$$

gelten. Hierbei beschreibt $\mathbf{p_i}$ den Preis auf Teilmarkt $\mathbf{i}$, $\mathbf{i = 1, 2}$ bzw. $\mathbf{x_i}$ die entsprechende Absatzmenge. Es gelte die Kostenfunktion $\mathbf{K = K(x)}$ mit $\mathbf{x = x_1 + x_2}$. Wir formulieren die Zielfunktion bezüglich des Zieles Gewinnmaximierung gemäß: 953

$$\mathbf{\max G(x_1, x_2) = p_1(x_1)x_1 + p_2(x_2)x_2 - K(x)}$$

Die notwendigen Bedingungen ergeben sich zu: 954

$$\mathbf{G_1' = p_1'x_1 + p_1 - K' = 0}$$

$$\mathbf{G_2' = p_2'x_2 + p_2 - K' = 0}$$

Unter Rückgriff auf die Amoroso-Robinson-Relation gilt: 955

$$\mathbf{G_1' = p_1\left(1 + \frac{1}{\varepsilon_{x1p1}}\right) - K' = 0}$$

$$\mathbf{G_2' = p_2\left(1 + \frac{1}{\varepsilon_{x2p2}}\right) - K' = 0}$$

Äquivalenzumformungen führen zu dem Ausdruck: 956

$$\mathbf{\frac{p_1}{p_2} = \frac{1 + \frac{1}{\varepsilon_{x2,p2}}}{1 + \frac{1}{\varepsilon_{x1,p1}}}}$$

Offensichtlich wird der Preis auf dem Teilmarkt niedriger angesetzt, wo nachfrageseitig eine höhere Preissensitivität existiert. 957

7 Grundzüge der Integralrechnung

7.1 Unbestimmtes Integral

958 Im Rahmen der Differenzialrechnung haben wir das Änderungsverhalten von Funktionen untersucht. Aber auch die inverse Fragestellung – Ermittlung einer „aufgeleiteten" oder integrierten Funktion einer ökonomischen Ausgangsfunktion – kann von Untersuchungsrelevanz sein.

Beispiel 7.1.1

959 Gegeben sei die Grenzkostenfunktion:

$$\mathbf{K'(x) = 0,3x^2 + 2}$$

960 Gesucht wird die entsprechende Gesamtkostenfunktion. Diese ergibt sich durch „Aufleiten" der einzelnen Terme, d.h., es sind die Terme zu bestimmen, deren Ableitung die Terme der Grenzkostenfunktion ergeben. Wir erhalten durch Probieren:

$$\mathbf{K(x) = 0,1x^3 + 2x + C}$$

961 Die Ableitung ergibt wieder die obige Grenzkostenfunktion. Zu beachten ist die Konstante $\mathbf{C}$ (Integrationskonstante), die beim Differenzieren wegfällt. $\mathbf{C}$ steht hier für die Fixkosten.

962 Die aufgeleitete Funktion $\mathbf{F(x)}$ mit

$$\mathbf{F'(x) = f(x)}$$

963 heißt Stammfunktion von $\mathbf{f(x)}$. Die Menge aller Stammfunktionen zu $\mathbf{f(x)}$ wird unbestimmtes Integral genannt und mit $\int \mathbf{f(x)dx}$ symbolisiert. $\mathbf{f(x)}$ heißt Integrand. Allgemein gilt:

$$\int \mathbf{f(x)dx = \{F|F'(x) = f(x)\}}$$

964 Alternativ kann auch

$$\int \mathbf{f(x)dx = F(x) + C}$$

965 geschrieben werden. Der letzten Schreibweise wollen wir uns im Folgenden anschließen.

Beispiel 7.1.2

966 Bezüglich des Absatzes eines Produkts sei die Grenzerlösfunktion bekannt. Diese laute:

$$\mathbf{E'(x) = 4 - 1,5x}$$

967 Wir bilden die Stammfunktion und erhalten:

$$\int \mathbf{E'(x)dx = F(x) + C = 4x - 0,75x^2 + C}$$

Damit lautet die Erlösfunktion: 968

$$\mathbf{E(x) = 4x - 0,75x^2 + C}$$

Dabei steht **C** für mögliche fixe Erlöse.

Nachfolgend werden Integrale elementarer Funktionstypen aufgeführt: 969

970

$$\int dx = x + C$$

$$\int (ax + b)dx = 0,5ax^2 + bx + C$$

$$\int x^n dx = \frac{x^{n+1}}{n+1} + C$$

$$\int \frac{1}{x} dx = \ln|x| + C \text{ für } x \neq 0$$

$$\int a^x dx = \frac{a^x}{\ln a} + C$$

$$\int e^x dx = e^x + C$$

$$\int \sin x dx = -\cos x + C$$

$$\int \cos x dx = \sin x + C$$

Elementare Integrationsregeln lauten: 971

972

$$\int af(x)dx = a \int f(x)dx; \quad a = \text{const.}$$

$$\int \sum_{i=1}^{n} a_i f_i(x)dx = \sum_{i=1}^{n} a_i \int f_i(x)dx$$

$$\int f(x)g'(x)dx = f(x)g(x) - \int f'(x)g(x)dx$$

$$\int f(g(x)) \cdot g'(x)dx = \int f(z)dz$$

7.2 Bestimmtes Integral

973 Wir betrachten eine über dem Intervall $[\mathbf{a}, \mathbf{b}]$ stetige und beschränkte Funktion $\mathbf{f(x)}$ sowie eine Zerlegung des Intervalls $[\mathbf{a}, \mathbf{b}]$ in Intervalle der Breite $\Delta x_i = x_i - x_{i-1}$, **i = 1, ..., n**. Ferner sei ξ_i ein beliebiger Funktionswert aus dem **i-ten** Intervall. Der Grenzwert

$$\lim_{\substack{n\to\infty \\ \Delta x_i \to 0 \forall i}} \sum_{i=1}^{n} f(\xi_i)\Delta x_i = \int_a^b f(x)dx$$

974 heißt bestimmtes Integral der Funktion $\mathbf{f(x)}$ über $[\mathbf{a}, \mathbf{b}]$. **a** und **b** heißen untere bzw. obere Integrationsgrenze, **x** heißt die Integrationsvariable und $\mathbf{f(x)}$ Integrand. Geometrisch beschreibt das bestimmte Integral die Fläche zwischen dem Funktionsgraphen im Intervall $[\mathbf{a}, \mathbf{b}]$ und der Abszisse auf dem gleichen Intervall.

975 Zur Berechnung des Wertes des Integrals ermitteln wir die Stammfunktion $\mathbf{F(x)}$. Der Wert ergibt sich aus der Differenz der Stammfunktionswerte an der oberen und der unteren Grenze.

$$\int_a^b f(x)dx = [F(x) + C]_a^b = F(b) + C - F(a) - C = F(b) - F(a)$$

976 Aus Vereinfachungsgründen kann auf die Mitführung der Integrationskonstante verzichtet werden und wir schreiben:

$$\int_a^b f(x)dx = [F(x)]_a^b = F(b) - F(a)$$

Beispiel 7.2.1

977 Sei $\mathbf{c(t) = 100}$ der Überschussstrom einer Investition. Die Zuflussgeschwindigkeit ist offensichtlich konstant. Die Laufzeit betrage **zehn** Jahre bei einer Verzinsungsintensität $\mathbf{j = 0,1}$. Den Barwert des Überschussstroms berechnen wir mittels des bestimmten Integrals:

$$V_0 = \int_0^n c(t)e^{-jt}dt = \int_0^{10} 100e^{-0,1t}dt = [-1000e^{-0,1t}]_0^{10} = 632,12$$

Beispiel 7.2.2

978 Wir formulieren die Liquiditätsbedingung (Zahlungsfähigkeitsbedingung) mithilfe eines Integrationsansatzes. Ein Betrieb ist liquide im Sinne von Zahlungsfähigkeit, wenn er jederzeit rechtzeitig die zwingend fälligen Zahlungsverpflichtungen bedienen kann. Sei $\mathbf{B_0}$ der Anfangsbestand an Zahlungsmitteln, $\mathbf{a(t)}$ die momentane Auszahlungsgeschwindigkeit und $\mathbf{e(t)}$ die momentane Einzahlungsgeschwindigkeit, so ist der Betrieb über den Zeitraum $[\mathbf{0}, \mathbf{n}]$ liquide, wenn die Bedingung

$$B_0 + \int_0^T e(t)dt - \int_0^T a(t)dt \geq 0 \ \forall T \in [0, n]$$

erfüllt ist. Eine kompaktere Formulierung lautet: 979

$$\mathbf{B_0 + \int_0^T (e(t) - a(t))dt \geq 0 \ \forall T \in [0, n]}$$

Im Folgenden werden wesentliche Eigenschaften und Rechenregeln bestimmtcr Integrale aufgeführt. 980

$$\int_a^a f(x)dx = 0$$ 981

$$\int_a^b f(x)dx = -\int_b^a f(x)dx$$

$$\int_{a_1}^{a_n} f(x)dx = \sum_{i=2}^{n} \int_{a_{k-1}}^{a_k} f(x)dx$$

$$\int_a^b cf(x)dx = c\int_a^b f(x)dx$$

$$\int_a^b \sum_{i=1}^{n} a_i f_i(x)dx = \sum_{i=1}^{n} a_i \int_a^b f_i(x)dx$$

$$\int_a^b f(x)g'(x)dx = f(b)g(b) - f(a)g(a) - \int_a^b f'(x)g(x)dx$$

$$\int_a^b f(z)dz = \int_\alpha^\beta f\big(g(x)\big)g'(x)dx$$

$$\text{mit } z = g(x), g(\alpha) = a, g(\beta) = b \ \text{ bzw. } x = g^{-1}(z),\ \alpha = g^{-1}(a),\ \beta = g^{-1}(b)$$

Bei bestimmten ökonomischen Problemstellungen ist die obere Integrationsgrenze eine Variable. Es liegt dann eine Integralfunktion vor. Sei **x** das Argument, dann lautet die Integralfunktion: 982

$$I(x) = \int_a^x f(t)dt = F(x) - F(a)$$

Nach dem Hauptsatz der Differenzial- und Integralrechnung gilt nun: 983

$$\frac{d}{dx}\int_a^x f(t)dt = \frac{d(F(x) + C)}{dx} = f(x)$$

Offensichtlich ist die erste Ableitung eines bestimmten Integrals mit variabler oberer Grenze und stetigem Integranden gleich dem Wert des Integranden an der oberen Grenze. 984

Beispiel 7.2.3

985 Der Kapitalwert $\mathbf{C_0}$ einer Investition bei gegebener Initialauszahlung $\mathbf{a_0}$, Zahlungsgeschwindigkeitsfunktion $\mathbf{c(t)}$, laufzeitabhängigem Liquidationserlös $\mathbf{L(n)}$, Verzinsungsintensität **j** und variabler Laufzeit **n** ergibt sich gemäß:

$$\mathbf{C_0 = -a_0 + \int_0^n c(t)e^{-jt}dt \; + \; L(n)e^{-jn}}$$

986 Die Wirkung einer Verlängerung der Nutzungsdauer um eine infinitesimale Zeiteinheit auf den Kapitalwert ergibt sich mittels Differenziation der Kapitalwertfunktion nach **n**:

$$\mathbf{C_0'(n) = c(n)e^{-jn} + L'(n)e^{-jn} - jL(n)e^{-jn}}$$

987 Der erste Summand ergibt sich aus dem Hauptsatz der Differenzial- und Integralrechnung, zweiter und dritter Summand folgen einer Anwendung der Produktregel. Die Bedingung für die optimale Nutzungsdauer ergibt sich durch Nullsetzung der ersten Ableitungsfunktion. Beidseitige Division durch $\mathbf{e^{-jn}}$ ergibt:

$$\mathbf{c(n^*) + L'(n^*) - jL(n^*) = 0}$$

$$\mathbf{\leftrightarrow c(n^*) = jL(n^*) - L'(n^*)}$$

988 Im Nutzungsdaueroptimum deckt der momentane Zahlungsüberschuss die momentane Liquidationswertminderung sowie die kalkulatorischen Zinsen bezüglich des momentanen Liquidationswertes.

Beispiel 7.2.4

989 Ein Angebotsmonopolist plane mit der konjekturalen Preisabsatzfunktion $\mathbf{p = p(x)}$ bei Gültigkeit der Kostenfunktion $\mathbf{K = K(x)}$. Ziel sei Gewinnmaximierung bei perfekter Preisdifferenzierung. Diese beinhaltet die zieladäquate Abschöpfung der maximalen Zahlungsbereitschaft. Wir formulieren die Zielfunktion:

$$\mathbf{\max G(x) = \int_0^x p(u)du \; - K(x)}$$

990 Erfüllt $\mathbf{x^*}$ die Bedingungen

$$\mathbf{G'(x^*) = p(x^*) - K'(x^*) = 0}$$

$$\mathbf{G''(x^*) = p'(x^*) - K''(x^*) < 0,}$$

991 so ermitteln wir die Optimalitätseigenschaft:

$$\mathbf{p(x^*) = K'(x^*)}$$

Offenbar senkt der perfekt preisdifferenzierende gewinnmaximierende Angebotsmonopolist ausgehend vom Prohibitivpreis kontinuierlich den Preis, bis dieser die Grenzkosten erreicht hat. Man spricht auch von einer **Skimmingstrategie**. 992

7.3 Integrale mit Parametern

Neben der Integrationsvariablen sind häufig noch Parameter von Bedeutung. Sei **t** ein Parameter, so lautet das Parameterintegral: 993

$$\mathbf{F(t) = \int_a^b f(x,t)dx}$$

Eine Differenziation nach dem Parameter **t** führt zu: 994

$$\mathbf{F'(t) = \frac{d}{dt}\int_a^b f(x,t)dx = \int_a^b f_t'(x,t)dx}$$

Beispiel 7.3.1

Die Laufzeit der Investition in Beispiel 7.2.3 sei auf $\mathbf{n^*}$ fixiert. Wir betrachten die Verzinsungsintensität **j** als Parameter. Die Kapitalwertänderung bei infinitesimaler Erhöhung der Verzinsungsintensität erhalten wir gemäß: 995

$$\mathbf{C_0'(j) = \int_0^{n^*} -tc(t)e^{-jt}dt - n^*L(n^*)e^{-jn^*}}$$

Im Rahmen einer Sensitivitätsanalyse des Kapitalwertes bezüglich Zinsänderungen berechnen wir unter Verwendung des letzten Ergebnisses eine entsprechende Elastizität gemäß: 996

$$\mathbf{\varepsilon_{C_0,j} = \frac{C_0'(j)j}{C_0(j)}}$$

Je größer diese ausfällt, desto sensitiver reagiert der Kapitalwert auf Zinsänderungen mit entsprechender Implikation für die Vorteilhaftigkeit der zugrunde liegenden Investition. 997

7.4 Differenzialgleichungen

7.4.1 Allgemeines

Ökonomische Modelle enthalten häufig Gleichungen, die neben der Beziehung zwischen Argument **x** und dem Funktionswert $\mathbf{y = f(x)}$ noch eine oder mehrere Ableitungen als Beziehungselemente enthalten. Eine derartige Gleichung heißt gewöhnliche Differentialgleichung (DGL) und lautet in impliziter Form: 998

$$\mathbf{F\left(x, y, y', y'', \dots, y^{(n)}\right) = 0}$$

999 Eine explizite Formulierung mit der höchsten vorkommenden Ableitung als Funktionswert lautet:

$$\mathbf{y^{(n)} = f(x, y, y', y'', \ldots, y^{(n-1)})}$$

1000 Es handelt sich um eine gewöhnliche, explizite DGL **n-ter** Ordnung. Das Attribut „gewöhnlich" bedeutet, dass **y** eine Funktion nur eines Arguments ist. Der Grad einer DGL wird durch

1001 den Exponenten der höchsten vorkommenden Ableitung bestimmt.

Beispiel 7.4.1.1

1002 Die Gleichung $\mathbf{y'(x) - x - 5 = 0}$ beschreibt eine DGL erster Ordnung und ersten Grades. Die Gleichung $\mathbf{(y''(x))^2 + y'(x)y(x) + x^2 - 2 = 0}$ beschreibt eine DGL zweiter Ordnung und zweiten Grades.

Beispiel 7.4.1.2

1003 Die Anzahl der zum Zeitpunkt **t** zugelassenen Pkws einer Stadt betrage $\mathbf{x(t)}$. Die zeitliche Änderungsgeschwindigkeit der zugelassenen Pkws werde durch die DGL

$$\mathbf{x'(t) = \alpha x(t)}$$

1004 beschrieben. Es liegt offensichtlich eine explizite DGL erster Ordnung und ersten Grades vor.

1005 Da aus infrastrukturellen und ökologischen Gründen ein ungebremstes Pkw-Wachstum nicht möglich ist, ergänzen wir die DGL um einen Bremsterm gemäß:

$$\mathbf{x'(t) = \alpha x(t) - \beta x(t)^2}$$

1006 Ordnung und Grad der DGL bleiben gleich.

Beispiel 7.4.1.3

1007 Sei $\mathbf{K(t)}$ der volkswirtschaftliche Kapitalstock zum Zeitpunkt **t**. Im Rahmen eines konjunktur- und wachstumstheoretischen Modells gilt:

$$\mathbf{K'(t) - cK''(t) = 0}$$

1008 Es handelt sich um eine implizite DGL zweiter Ordnung.

1009 Wir behandeln im Folgenden Differenzialgleichungen erster Ordnung und ersten Grades. Deren allgemeine Form lautet

$$\mathbf{y' = f(x, y)}$$

1010 oder

$$\mathbf{M(x, y)dy + N(x, y)dx = 0}\,,$$

wobei die Funktionen $\mathbf{f(x,y)}, \mathbf{M(x,y)}, \mathbf{N(x,y)}$ auf einem gewissen Gebiet **G** des $\mathbb{R}^2$ definiert sind. Aus schreibökonomischen Gründen verzichten wir auf die explizite Mitführung der Argumente **x, y** und verwenden die Schreibweise $\mathbf{Mdy + Ndx = 0}$. 1011

Eine DGL erster Ordnung und ersten Grades der Form 1012

$$\mathbf{Mdy + Ndx = 0}$$

heißt exakte DGL, wenn $\mathbf{Mdy + Ndx}$ das totale Differenzial einer in **G** definierten Funktion $\mathbf{F(y,x)}$ ist, d.h., wenn gilt: 1013

$$\mathbf{dF = F'_y dy + F'_x dx = Mdy + Ndx}$$

Im Allgemeinen ist eine DGL $\mathbf{Mdy + Ndx = 0}$ genau dann exakt, wenn es eine Funktion $\mathbf{F(y,x)}$ gibt, sodass 1014

$$\mathbf{M = F'_y} \quad \text{und} \quad \mathbf{N = F'_x}\,.$$

Mit dem Satz von Schwarz ($\mathbf{F''_{xy} = F''_{yx}}$) ist $\mathbf{Mdy + Ndx = 0}$ genau dann exakt, wenn 1015

$$\mathbf{M'_x = N'_y}\,.$$

Für eine exakte DGL gilt in kompakter Form: 1016

$$\mathbf{dF(y,x) = 0}$$

Beispiel 7.4.1.4

Sei $\mathbf{F(y,x) = y^2x + k}$. Dann gilt $\mathbf{dF = 2yxdy + y^2dx}$. Die DGL lautet: 1017

$$\mathbf{2yxdy + y^2dx = 0 \leftrightarrow \frac{dy}{dx} + \frac{y}{2x} = 0 \leftrightarrow y' + \frac{y}{2x} = 0}$$

Die DGL ist exakt, da $\mathbf{M'_x = 2y} \ \wedge \ \mathbf{N'_y = 2y}$, d.h., die Bedingung $\mathbf{M'_x = N'_y}$ ist erfüllt. 1018

Die Lösung einer DGL gestaltet sich häufig sehr komplex. Allgemeine Lösungsformeln existieren nicht, sodass auf fallbezogene analytische Lösungsmethoden zurückgegriffen werden muss. 1019

Sei $\mathbf{Mdy + Ndx = 0}$ eine exakte DGL. Die allgemeine Lösung lautet: 1020

$$\mathbf{F(y,x) = c}$$

Die Lösung der exakten DGL erfolgt in nachfolgenden Schritten: 1021

(1) **Vorläufiges Ergebnis** $F(y,x) = \int M dy + g(x)$

$$(2)\ F'_x = \frac{\partial}{\partial x}\int M dy + g'(x) = N \leftrightarrow g'(x) = N - \frac{\partial}{\partial x}\int M dy$$

$$(3)\ g(x) = \int N dx - \int \left(\frac{\partial}{\partial x}\int M dy\right) dx$$

$$(4)\ F(y,x) = \int M dy + \int N dx - \int \left(\frac{\partial}{\partial x}\int M dy\right) dx = c$$

Beispiel 7.4.1.5

1022 Die DGL laute $2yxdy + y^2dx = 0$. Dann gilt $M = 2yx$ und $N = y^2$. Die Lösungsschritte lauten:

$$(1)\ F(y,x) = \int 2yxdy + g(x) = y^2x + g(x)$$

$$(2)\ F'_x = y^2 + g'(x) = N \leftrightarrow g'(x) = N - y^2 = y^2 - y^2 = 0 \leftrightarrow g'(x) = 0$$

$$(3)\ g(x) = \int g'(x)dx = \int 0dx = k$$

$$(4)\ F(y,x) = y^2x + k$$

1023 Die allgemeine Lösung lautet: $F(y,x) = c$, k wird in c mit einbezogen. Dann folgt als Lösung $y^2x = c$, wobei c eine beliebige Konstante ist.

7.4.2 Lösung linearer DGL 1. Ordnung und 1. Grades

1024 Die allgemeine Form einer linearen DGL erster Ordnung und ersten Grades lautet

$$y'(x) + a(x) \cdot y(x) = b(x),$$

1025 wobei $y(x)$ differenzierbar ist und $a(x)$ bzw. $b(x)$ stetige Funktionen darstellen. Wir nehmen wiederum eine vereinfachte Schreibweise gemäß $y' + ay = b$ vor. Es handelt sich um die Standardform einer linearen DGL erster Ordnung. Diese ist inhomogen, falls $b \neq 0$ gilt, und homogen für den Fall $b = 0$. Wir bringen $y' + ay = b$ in das Format $Mdy + Ndx = 0$ und erhalten

$$dy + (ay - b)dx = 0\,,$$

1026 wobei offensichtlich

$$M = 1 \quad \text{und} \quad N = (ay - b)\,.$$

Wegen $\mathbf{M'_x \neq N'_y}$, konkret $\mathbf{0 \neq a}$ ist für $\mathbf{a > 0}$ die Exaktheitsbedingung nicht erfüllt. Durch Multiplikation mit einem **integrierenden Faktor** (synonym **Eulerscher Multiplikator**) **h** lässt sich eine nicht exakte DGL in eine exakte DGL transformieren. Wir formulieren: 1027

$$\mathbf{hdy + h(ay - b)dx = 0}$$

Offensichtlich ist $\mathbf{M = h}$. Wenn **h** nur eine Funktion von **x** ist $\mathbf{(h(x))}$, gilt zwingend $\mathbf{M'_x = h'}$. Dann gilt: 1028

$$\mathbf{M'_x = N'_y \leftrightarrow h' = ha \leftrightarrow \frac{h'}{h} = a}$$

Offenbar handelt es sich bei **a** um eine Änderungsrate der Eulerschen Multiplikatorfunktion $\mathbf{h(x)}$. Mittels nachfolgender Äquivalenzumformungen erhalten wir die Eulersche Multiplikatorfunktion: 1029

$$\mathbf{\frac{h'}{h} = a}$$

$$\mathbf{\leftrightarrow (\ln h)' = a}$$

$$\mathbf{\leftrightarrow h = e^{\int a\,dx}}$$

Einsetzen ergibt 1030

$$\mathbf{e^{\int a\,dx}dy + e^{\int a\,dx}(ay - b)dx = 0}$$

mit 1031

$$\mathbf{e^{\int a\,dx} = M\,; \quad e^{\int a\,dx}(ay - b) = N\,.}$$

Eine Prüfung der Exaktheit ergibt: 1032

$$\mathbf{M'_x = N'_y \quad \leftrightarrow \quad ae^{\int a\,dx} = ae^{\int a\,dx}}$$

Eine Lösung mit den bekannten vier Schritten ergibt: 1033

$$\mathbf{F(y, x) = \int e^{\int a\,dx}dy + g(x) = ye^{\int a\,dx} + g(x)}$$

$$\mathbf{F'_x = yae^{\int a\,dx} + g'(x)}$$

$$\mathbf{F'_x = N \leftrightarrow yae^{\int a\,dx} + g'(x) = e^{\int a\,dx}(ay - b) \leftrightarrow g'(x) = -be^{\int a\,dx}}$$

$$\mathbf{g(x) = -\int be^{\int a\,dx}dx}$$

1034 Einsetzen in die Ausgangsfunktion ergibt nun

$$\mathbf{F(y,x) = ye^{\int a\,dx} - \int be^{\int a\,dx}dx}$$

1035 und führt zu der Lösung

$$\mathbf{ye^{\int a\,dx} - \int be^{\int a\,dx}dx = c}$$

1036 bzw. in expliziter Form

$$\mathbf{y(x) = e^{-\int a\,dx}\left(c + \int be^{\int a\,dx}dx\right)}.$$

1037 Die Lösung der homogenen linearen DGL erster Ordnung

$$\mathbf{y' - ay = 0}$$

1038 erhalten wir über folgende Schritte:

$$\mathbf{\frac{y'}{y} = a}$$

$$\mathbf{\leftrightarrow \int \frac{y'}{y}dx = \int (\ln y)' = \ln y = \int adx}$$

$$\mathbf{y(x) = e^{\int a\,dx}}$$

Beispiel 7.4.2.1

1039 Die Einwohnerzahl **x** einer Großstadt entwickele sich zeitabhängig gemäß folgender DGL:

$$\mathbf{x'(t) - 0,02x(t) = 0}$$

1040 Entsprechend der hergeleiteten Lösungsformel ergibt sich:

$$\mathbf{x(t) = e^{0,02t+c} = e^c e^{0,02t} = Ae^{0,02t}}$$

1041 Letztere Lösung ist die allgemeine Lösung. Für die Ermittlung einer speziellen Lösung bedarf es eines Anfangswertes, der zu einer Spezifizierung von A führt.

Beispiel 7.4.2.2

1042 In Beispiel 7.4.2.1 werde als Anfangswert $\mathbf{x_0 = 1.000.000}$ angenommen. Wir setzen

$$\mathbf{x_0 = x(0) = A = 1.000.000}$$

1043 und erhalten als spezielle Lösung:

$$\mathbf{x(t) = 1.000.000e^{0,02t}}$$

Bei inhomogenen linearen DGL der Form $\mathbf{y}' - \mathbf{ay} = \mathbf{b}$ können wir einige Spezialfälle unterscheiden. Ist **a** konstant, liegt eine inhomogene lineare DGL mit konstantem Koeffizienten vor. Im Falle einer Konstanz von **b** sprechen wir von konstanter Inhomogenität. 1044
Die Lösung der DGL 1045

$$\mathbf{y}' - \mathbf{ay} = \mathbf{b}$$

setzt sich aus der komplementären Funktion $\mathbf{y_C}$ und einer beliebigen partikulären Lösung $\mathbf{y_P}$ zusammen. Die komplementäre Funktion ist die allgemeine Lösung der reduzierten Gleichung 1046

$$\mathbf{y}' - \mathbf{ay} = \mathbf{0}$$

gemäß 1047

$$\mathbf{y(x)} = \mathbf{e^{ax}}\,.$$

Hinweis: Da a = const kann die allgemeine Lösung $\mathbf{y(x)} = \mathbf{e^{\int a\,dx}}$ nun gemäß $\mathbf{y(x)} = \mathbf{e^{ax}}$ spezifiziert werden. 1048

Für die partikuläre Lösung kann jede beliebige Lösung der inhomogenen DGL angenommen werden. Bei Annahme von $\mathbf{y}' = \mathbf{0}$ ergibt sich dann: 1049

$$\mathbf{y_P} = \frac{\mathbf{b}}{\mathbf{a}}$$

Beispiel 7.4.2.3

Betrachtet werde ein polypolistisches Marktmodell gemäß: 1050

$$\mathbf{x_N(t)} = \boldsymbol{\alpha} - \boldsymbol{\beta}\mathbf{p(t)} + \mathbf{vp'(t)}$$

$$\mathbf{x_A(t)} = -\boldsymbol{\gamma} + \boldsymbol{\delta}\mathbf{p(t)}$$

Zu ermitteln ist die Preistrajektorie bei Gültigkeit folgender Preisreaktionsfunktion auf Marktungleichgewichte: 1051

$$\mathbf{p'(t)} = \mathbf{j(x_N(t) - x_A(t))}$$

Alle Parameter sind größer null. Aus schreibökonomischen Gründen verzichten wir fortan auf die Explizierung von **t** als Argument: 1052

$$\mathbf{p}' = \mathbf{j}(\boldsymbol{\alpha} - \boldsymbol{\beta}\mathbf{p} + \mathbf{vp}' + \boldsymbol{\gamma} - \boldsymbol{\delta}\mathbf{p}) = \mathbf{j}\big((\boldsymbol{\alpha} + \boldsymbol{\gamma}) - (\boldsymbol{\beta} + \boldsymbol{\delta})\mathbf{p} + \mathbf{vp}'\big)$$

Mittels Äquivalenzumformungen erhalten wir die Form: 1053

$$\mathbf{p}' + \frac{\mathbf{j}(\boldsymbol{\beta} + \boldsymbol{\delta})}{\mathbf{1 - jv}} \cdot \mathbf{p} = \frac{\mathbf{j}(\boldsymbol{\alpha} + \boldsymbol{\gamma})}{\mathbf{1 - jv}}$$

1054 Für die komplementäre Lösung ergibt sich nun (wir schreiben aus Gründen der Übersichtlichkeit statt $\mathbf{e^{f(x)}} = \mathbf{exp\{f(x)\}}$):

$$\mathbf{p_c = C\exp\left\{-\frac{j(\beta+\delta)}{1-jv}t\right\}}$$

1055 Als partikuläre Lösung verwenden wir den Gleichgewichtspreis. Dieser berechnet sich gemäß:

$$\mathbf{x_N = x_A}$$

$$\leftrightarrow \boldsymbol{\alpha - \beta p = -\gamma + \delta p}$$

$$\mathbf{p^* = \frac{\alpha+\gamma}{\beta+\delta}}$$

1056 Bei gegebenem Anfangspreis $\mathbf{p_0 = p(0)}$ lautet die allgemeine Lösung und damit die Funktionsgleichung der Preistrajektorie:

$$\mathbf{p = (p_0 - p^*)\exp\left\{-\frac{j(\beta+\delta)}{1-jv}t\right\} + p^*}$$

1057 Von wichtiger Bedeutung in der Ökonomie sind **logistische Differenzialgleichungen**. Deren Struktur lautet:

$$\mathbf{x'(t) = rx(t)\left(1 - \frac{x(t)}{K}\right)}$$

1058 Hierbei beschreibt **r** eine intrinsische Wachstumsrate. Offensichtlich ist das tatsächliche Wachstum

$$\mathbf{\hat{x}(t) = \frac{x'(t)}{x(t)} = r\left(1 - \frac{x(t)}{K}\right)}$$

1059 dabei umso kleiner, je näher die Wachstumsgröße an der Bestandsobergrenze **K** liegt. Wir lösen die DG, wobei aus schreibökonomischen Gründen auf die Mitführung der Zeitvariablen **t** verzichtet wird. Wir setzen $\mathbf{u := -1 + K/x}$. Es folgt:

$$\mathbf{u' = \frac{-Kx'}{x^2} = -\frac{Kx'}{x}\cdot\frac{1}{x} = -Kr\left(1 - \frac{x}{K}\right)\frac{1}{x} = \frac{-Kr}{x} + r = -r\left(-1 + \frac{K}{x}\right) = -ru}$$

1060 Die Lösung der DG $\mathbf{u' = -ru}$ lautet:

$$\mathbf{u = Ae^{-rt}}$$

1061 Resubstitution von **u** und anschließende Äquivalenzumformung führen zu:

$$\mathbf{-1 + \frac{K}{x} = Ae^{-rt}}$$

$$\leftrightarrow \mathbf{x(t)} = \frac{\mathbf{K}}{\mathbf{1 + Ae^{-rt}}}$$

Sei der Initialwert $\mathbf{x(0) = x_0}$ so folgt: 1062

$$\mathbf{x_0} = \frac{\mathbf{K}}{\mathbf{1+A}} \leftrightarrow \mathbf{A} = \frac{\mathbf{K - x_0}}{\mathbf{x_0}}$$

Die finale Lösung in Abhängigkeit vom Initialwert lautet: 1063

$$\mathbf{x(t)} = \frac{\mathbf{K}}{\mathbf{1 + \frac{K - x_0}{x_0} e^{-rt}}}$$

7.5 Ausgewählte Fallgestaltungen

Fall 1

Wir wollen ein einfaches Modell einer theoretisch exakten Abschreibungsberechnung (ökonomische Abschreibung) betrachten. 1064

Investitionen werden in der Investitionstheorie häufig durch entsprechende diskrete Zahlungsfolgen modelliert, d.h., es wird unterstellt, dass Zahlungen zu bestimmten Zeitpunkten anfallen. Alternativ können wir Zahlungen auch in Form eines stetigen Zahlungsstroms (prinzipiell vergleichbar eines fließenden Gewässers) modellieren. Dabei beschreibt $\mathbf{c(t), t \in [0, n]}$, die **momentane Zahlungsgeschwindigkeit** im Zeitpunkt **t** gemessen in Geldeinheiten pro Zeiteinheit (vergleichbar dem Strömungsvolumen eines fließenden Gewässers pro Zeiteinheit). Wir gehen von folgender Kapitalwertformel aus: 1065

$$\mathbf{C_{0j} = -a_0 + \int_0^n c(t)e^{-it}dt}$$

Dabei beschreibt 1066

$$\mathbf{\Gamma(0, n) = \int_0^n c(t)dt}$$

das gesamte Zahlungsvolumen im Zeitraum $\mathbf{[0, n]}$. 1067

Der Ertragswert zum Zeitpunkt **T** ergibt sich gemäß: 1068

$$\mathbf{E(T) = \int_T^n c(t)e^{-i(t-T)}dt}$$

Wir gehen nun von einer über dem Zeitintervall $\mathbf{[0, n]}$ konstanten Zahlungsgeschwindigkeit **c** aus. Der Ertragswert zum Zeitpunkt **T** ergibt sich dann gemäß: 1069

$$\mathbf{E(T) = \int_T^n ce^{-i(t-T)}dt}$$

1070 Die Lösung des Integrals lautet:

$$\mathbf{E(T) = c\frac{1 - e^{-i(n-T)}}{i}}$$

1071 Die **ökonomische Abschreibung** zum Zeitpunkt **T** ergibt sich durch Differenziation des entsprechenden Ertragswertes nach **T** gemäß:

$$\mathbf{E'(T) = -ce^{-i(n-T)}}$$

1072 Die ökonomische Abschreibung im Zeitpunkt **T** ist die momentane Ertragswertminderungsgeschwindigkeit im Zeitpunkt **T**.

1073 Offenbar liegt eine progressive Abschreibung vor wegen:

$$\mathbf{E''(T) = -cie^{-i(n-T)} < 0}$$

1074 Wir wollen eine Bedingung lokalisieren, unter der die undiskontierten, kumulierten Ertragswertabschreibungen betraglich genau der Initialauszahlung entsprechen. Wir erhalten:

$$\mathbf{\int_0^n -ce^{-i(n-t)}dt = c\frac{1 - e^{-in}}{i} = a_0 \leftrightarrow C_0 = 0}$$

1075 Offenbar ist letzteres der Fall, wenn der Kapitalwert der Investition null ist.

Fall 2

1076 Wir wollen mithilfe der Integralrechnung eine Formel zur Berechnung des realen Einkommensverlustes entwickeln, der bei inflationsadaptierender Einkommenserhöhung durch „kalte Progression“ entsteht!

1077 Wir gehen von einem steuerpflichtigen Einkommen eines Steuerpflichtigen in Höhe von $\mathbf{y_0}$ aus. Zwecks Konservierung des realen Einkommens (kaufkrafterhaltendes Einkommen) erfolge eine inflationskompensierende Einkommenserhöhung bei gegebener Inflationsrate $\mathbf{\hat{p}}$ gemäß:

$$\mathbf{y_1 = y_0(1 + \hat{p})}$$

1078 Die Höhe der nominalen Einkommensteuerpflicht, die das neue Einkommen impliziert, ergibt sich gemäß:

$$\mathbf{T(y_1) = \int_0^{y_1} T'(y)dy}$$

1079 Das reale Nettoeinkommen $\mathbf{y^*_{R1}}$ ergibt sich durch Deflationierung des nominalen Nettoeinkommens gemäß:

$$\mathbf{y^*_{R1} = \big(y_1 - T(y_1)\big)(1 + \hat{p})^{-1}}$$

Eine kalte Progression wird dann vermieden, wenn die realen Nettoeinkommensbeträge in Periode **0** und Periode **1** identisch sind. Wir betrachten die Periode **0** als Basisjahr und formulieren die entsprechende Bedingung gemäß: 1080

$$\mathbf{y_0^* = y_{R0}^* = y_{R1}^*}$$

Die Kaufkraft bleibt in diesem Fall nach einer preissteigerungskompensierenden Einkommenserhöhung nach Abzug der Steuern erhalten. Voraussetzung dafür ist, dass das zusätzliche Einkommen mit dem bei einem Einkommen $\mathbf{y_0}$ gültigen Durchschnittssteuertarif gemäß

$$\mathbf{\overline{T}(y_0) = \frac{1}{y_0}\int_0^{y_0} T'(y)dy}$$

besteuert wird. Dann ergibt sich die nominale Einkommensteuerschuld beim neuen Einkommen gemäß 1081

$$\mathbf{T(y_1) = \overline{T}(y_0)y_1}$$

sowie das Realeinkommen nach Steuern gemäß 1082

$$\mathbf{y_{R1}^* = (y_1 - \overline{T}(y_0)y_1)(1 + \widehat{p})^{-1}}.$$

Der Betrag der nominalen Einkommenserhöhung $\mathbf{\Delta y = y_1 - y_0}$ unterliegt jedoch auch einer progressiven Besteuerung gemäß der Grenzsteuertariffunktion $\mathbf{T'(y)}$, sodass wir für die nominale Steuerschuld des zusätzlichen Einkommens 1083

$$\mathbf{\Delta T = \int_{y_0}^{y_1} T'(y)dy}$$

erhalten. Wegen des Progressionstarifs gilt: 1084

$$\mathbf{\int_{y_0}^{y_1} T'(y)dy > \overline{T}(y_0)\Delta y}$$

Die „kalte Progression" bezüglich einer preissteigerungskompensierenden Einkommenserhöhung beschreibt einen realen Einkommensverlust in Höhe von: 1085

$$\mathbf{\Delta y_R^* = \left(\int_{y_0}^{y_1} T'(y)dy - \overline{T}(y_0)\Delta y\right)(1 + \widehat{p})^{-1}}$$

Fall 3

Wir wollen die Hotelling-Regel mithilfe des Maximumprinzips von Pontrjagin herleiten. 1086

Sei $\mathbf{x(t)}$ der Ressourcenbestand einer Ressource zum Zeitpunkt $\mathbf{t}$ sowie $\mathbf{u(t)}$ die Extraktionsrate. Für den Ressourcenanfangsbestand gelte $\mathbf{x(0) = x_0}$. Die Extraktionsmöglichkeiten ergeben sich aus einer vorhandenen Technologie gemäß $\mathbf{u(t) \in U}$. Der Überschuss, der zum Zeitpunkt $\mathbf{t}$ durch Verkauf einer Einheit der Ressource erzielbar ist, betrage $\mathbf{c(t)}$. 1087

Als Zielvariable werde der Barwert $\mathbf{V_0}$ der künftigen Überschüsse fixiert, wobei eine Verzinsungsintensität $\mathbf{j}$ angenommen werde. Das Optimierungsproblem lautet:

$$\max \mathbf{V_0} = \int_0^{\infty} \mathbf{c(t)u(t)e^{-jt}dt}$$

u. d. N.

$$\mathbf{x'(t) = -u(t)}$$

$$\int_0^{\infty} \mathbf{u(t)dt \leq x_0}$$

$$\mathbf{x(0) = x_0}$$

$$\mathbf{u(t) \in U}$$

1088 Wir formulieren die Hamilton-Funktion

$$\mathbf{H = c(t)u(t)e^{-jt} + \lambda(t)\big(-u(t)\big)}$$

1089 und die entsprechenden Optimalitätsbedingungen gemäß:

$$\mathbf{H'_u = c(t)e^{-jt} - \lambda(t) = 0}$$

$$\mathbf{H'_x = -\lambda'(t)}$$

$$\mathbf{H'_\lambda = -u(t) = x'(t)}$$

1090 Wegen $\mathbf{H'_x = 0}$ folgt aus der vorletzten Bedingung $\mathbf{\lambda(t) = C}$. Einsetzen in die erste Bedingung ergibt:

$$\mathbf{H'_u = c(t)e^{-it} - C = 0}$$

1091 Auflösung nach $\mathbf{c(t)}$ und anschließende Differenziation ergibt:

$$\mathbf{c(t) = Ce^{it}} \quad \text{bzw.} \quad \mathbf{c'(t) = iCe^{it}}$$

1092 Wir dividieren beide Seiten durch $\mathbf{c(t)}$ und erhalten die Hotelling-Regel gemäß:

$$\mathbf{\frac{c'(t)}{c(t)} = i \;\; bzw. \;\; \hat{c}(t) = i}$$

1093 Entspricht zu jedem Zeitpunkt die Änderungsintensität des Überschusses einer Ressourcenverwertung $\mathbf{\hat{c}(t)}$ der Zinsrate $\mathbf{i}$, so besteht zu jedem Zeitpunkt Angebotsbereitschaft.

8 Lineare Gleichungen

Beispiel 8.1

Der Einkaufswert von **10 ME** einer Materialart **A** und **5 ME** einer Materialart **B** liege zusam- 1094
men bei **100 GE**, während dieser bei Beschaffung von **8 ME** der Materialart **A** und **8 ME** der Materialart **B 120 GE** (bei unveränderten Einzelpreisen) ausmache.

Für die Bestimmung der Preise beider Materialarten formulieren wir ein lineares Gleichungs- 1095
system (im Folgenden mit LGS bezeichnet). Sei $\mathbf{q_A}$ der Preis pro **ME** der Materialart **A** und $\mathbf{q_B}$ der Preis pro **ME** der Materialart **B**, so folgt:

$$\mathbf{10q_A + 5q_B = 100}$$

$$\mathbf{8q_A + 8q_B = 120}$$

Die Lösung erfolgt über Variablensubstitution. Auflösung der oberen Gleichung nach $\mathbf{q_A}$ ergibt 1096
$\mathbf{q_A = 10 - 0,5q_B}$. Einsetzen in die untere Gleichung ergibt:

$$\mathbf{8(10 - 0,5q_B) + 8q_B = 120 \leftrightarrow q_B = 10}$$

Daraus folgt $\mathbf{q_A = 5}$. 1097

Ein weiteres ökonomisches Anwendungsfeld für LGS ist die innerbetriebliche Leistungs-ver- 1098
rechnung von im gegenseitigen Leistungsaustausch befindlichen Kostenstellen. Dabei sind jeder Kostenstelle sogenannte **primäre Stellenkosten** im Rahmen der Primärkostenverteilung bereits zugerechnet und die Leistungsbeziehungen zwischen den einzelnen Kostenstellen quantitativ fixiert worden. Formulierung und Lösung eines entsprechenden LGS stellen sicher, dass exakte Verrechnungspreise zum Zweck einer möglichst genauen Betriebsabrechnung und Kalkulation ermittelt werden.

Beispiel 8.2

Im Bereich der städtischen Müllentsorgung liege folgende Kostenstellenorganisation vor (Be- 1099
träge in Geldeinheiten, Leistungsmengen in Mengeneinheiten):

1100

	Vorkostenstelle Allgemeine Verwaltung V1	Vorkosten-stelle Fahrzeuge V2	Endkosten-stelle Hausmüll E3	Endkostenstelle Sondermüll E4
Primäre Stellenkosten	**2.500**	**2.000**	**5.000**	**3.500**
Leistungsabgabe von V1 zu anderen Kostenstellen		**200**	**300**	**200**
Leistungsabgabe von V2 zu anderen Kostenstellen	**100**		**400**	**500**

1101 Sei $\mathbf{PSK_j}$ der Betrag der primären Stellenkosten der Kostenstelle **j**, $\mathbf{q_j}$ der Preis pro Leistungseinheit der Kostenstelle **j** und $\mathbf{x_{ij}}$ die Leistungsmenge, die von Kostenstelle **i** zu Kostenstelle **j** fließt. Für die exakte Berechnung innerbetrieblicher Verrechnungspreise ist bei Existenz von **n** Kostenstellen folgendes Gleichungssystem zu lösen:

$$\mathbf{PSK_j + \sum_{i=1}^{n} x_{ij} q_i = \left(\sum_{i=1}^{n} x_{ji}\right) q_j, \quad j = 1, \dots, n}$$

1102 Auf der linken Seite steht die Summe aus primären und sekundären Stellenkosten. Letztere ergeben sich aus der Summe der von anderen Kostenstellen empfangenen Leistungswerte. Auf der rechten Seite der Gleichung steht die Summe der an andere Kostenstellen abgegebenen Leistungswerte.

1103 Bei Existenz von zwei im gegenseitigen Leistungsaustausch stehenden Vorkostenstellen und weiteren zwei Endkostenstellen lautet das LGS:

$$\mathbf{PSK_1 + x_{11}q_1 + x_{21}q_2 = (x_{11} + x_{12} + x_{13} + x_{14})q_1}$$

$$\mathbf{PSK_2 + x_{12}q_1 + x_{22}q_2 = (x_{21} + x_{22} + x_{23} + x_{24})q_2}$$

1104 Eigenverbräuche $\mathbf{x_{ii}}$ einer Kostenstelle **i** bleiben im Folgenden außer Ansatz, da sie sich gegenseitig aufheben. Letztere lassen sich einerseits interpretieren als Leistungsabgabe einer Kostenstelle an sich selbst. Dann erscheinen sie auf der rechten Seite der Gleichung. Andererseits sind sie als Leistungsempfang einer Kostenstelle von sich selbst interpretierbar. In diesem Fall erscheinen sie auf der linken Seite der Gleichung.

1105 Einsetzen obiger Werte führt zu:

$$\mathbf{2.500 + 100q_2 = \quad 700q_1}$$

$$\mathbf{2.000 + 200q_1 = 1.000q_2}$$

1106 Variablensubstitution und weitere Berechnungen ergeben: $\mathbf{q_1 = 3,97;\ q_2 = 2,79}$

1107 Für den Fall, dass das Gleichungssystem mehr als **zwei** Gleichungen und **zwei** Variablen enthält, gestaltet sich dessen Lösung etwas aufwändiger. Ein LGS mit **n** Variablen und **m** Gleichungen lautet in allgemeiner Form:

$$\mathbf{a_{11}x_1 + a_{12}x_2 + \cdots a_{1n}x_n = b_1}$$

$$\mathbf{a_{21}x_1 + a_{22}x_2 + \cdots a_{2n}x_n = b_2}$$

$$\vdots$$

$$\mathbf{a_{m1}x_1 + a_{m2}x_2 + \cdots a_{mn}x_n = b_m}$$

$\mathbf{a_{11}}, \dots, \mathbf{a_{mn}}$ heißen die **Koeffizienten** des Systems, und $\mathbf{b_1}, \dots, \mathbf{b_m}$ sind Parameter. $\mathbf{a_{ij}}$ ist der 1108
Koeffizient der **j-ten** Variablen in der **i-ten** Gleichung. Weist das LGS mindestens eine Lösung auf, heißt es **konsistent**, andernfalls **inkonsistent**.

Die anwendungsmathematische Handhabung derartiger Gleichungssysteme ist recht aufwän- 1109
dig. Wir werden daher eine andere Form der Darstellung wählen und führen den Begriff der Matrix ein. Eine Matrix ist eine rechteckige Anordnung von Elementen, die durch Leerzeichen getrennt sind. Wir ordnen die Koeffizienten des obigen Gleichungssystems als Matrix an:

$$\mathbf{A} = \begin{pmatrix} \mathbf{a_{11}} & \cdots & \mathbf{a_{1n}} \\ \vdots & \ddots & \vdots \\ \mathbf{a_{m1}} & \cdots & \mathbf{a_{mn}} \end{pmatrix}$$

Es handelt sich bei $\mathbf{A} = \left(\mathbf{a_{ij}}\right)_{\mathbf{m \times n}}$ um eine $\mathbf{m} \times \mathbf{n}$-Matrix (Matrix der Ordnung $\mathbf{m} \times \mathbf{n}$) mit $\mathbf{m}$ 1110
Zeilen und $\mathbf{n}$ Spalten und $\mathbf{m} \cdot \mathbf{n}$ Elementen. Eine Matrix mit nur einer Zeile ist ein Zeilenvektor, eine Matrix mit nur einer Spalte ist ein Spaltenvektor. Ein Zeilenvektor mit $\mathbf{n}$ Komponenten lautet:

$$\vec{\mathbf{a}} = (\mathbf{a_1}, \dots, \mathbf{a_n})$$

Durch Transposition des Zeilenvektors ergibt sich der entsprechende Spaltenvektor gemäß: 1111

$$\vec{\mathbf{a}}^{\mathrm{T}} = \begin{pmatrix} \mathbf{a_1} \\ \vdots \\ \mathbf{a_n} \end{pmatrix}$$

Beispiel 8.3

Im Stadtbad wurden in der vergangenen Periode folgende Besuchszahlen in Zusatzeinrichtun- 1112
gen registriert: Saunabereich $\mathbf{x_1} = \mathbf{800}$, Solariumsbereich $\mathbf{x_2} = \mathbf{1.000}$, Fitnessbereich $\mathbf{x_3} = \mathbf{900}$, Wellnessbereich $\mathbf{x_4} = \mathbf{1.100}$. Die Benutzungspreise belaufen sich jeweils auf $\mathbf{p_1} = \mathbf{2}$; $\mathbf{p_2} = \mathbf{2,50}$; $\mathbf{p_3} = \mathbf{1,50}$; $\mathbf{p_4} = \mathbf{3}$. Eine vektorielle Datenverdichtung ergibt:

$$\vec{\mathbf{x}} = (\mathbf{800} \quad \mathbf{1.000} \quad \mathbf{900} \quad \mathbf{1.100}) \text{ und } \vec{\mathbf{p}} = (\mathbf{2} \quad \mathbf{2,50} \quad \mathbf{1,50} \quad \mathbf{3})$$

Wir betrachten zwei Vektoren: 1113

$$\vec{\mathbf{a}} = (\mathbf{a_1}, \dots, \mathbf{a_n}); \ \vec{\mathbf{b}} = (\mathbf{b_1}, \dots, \mathbf{b_n})$$

Zwei Vektoren sind multiplizierbar, wenn deren Komponentenzahl identisch ist. Die Multipli- 1114
kation eines Vektors $\vec{\mathbf{a}}$ mit dem transponierten Vektor $\vec{\mathbf{b}}^{\mathrm{T}}$ ergibt das **Skalarprodukt**:

$$\mathbf{c} = \overrightarrow{\mathbf{a} \cdot} \vec{\mathbf{b}}^{\mathrm{T}}$$

Ein Skalar ist eine Zahl. Wir erhalten: 1115

$$\mathbf{c} = \mathbf{a_1 b_1} + \mathbf{a_2 b_2} + \cdots + \mathbf{a_n b_n}$$

Beispiel 8.4

1116 Das Skalarprodukt aus den Daten des Beispiels 8.3 ergibt die Einnahmenerlöse **E**. Es folgt:

$$\mathbf{E} = \vec{\mathbf{x}} \cdot \vec{\mathbf{p}}^{\mathrm{T}} = \mathbf{800 \cdot 2 + 1.000 \cdot 2,50 + 900 \cdot 1,50 + 1.100 \cdot 3 = 8.750}$$

1117 Ein Produkt zweier Matrizen $\mathbf{A} = (\mathbf{a_{ij}})_{\mathbf{m \times n}}$, $\mathbf{B} = (\mathbf{b_{ij}})_{\mathbf{p \times q}}$ existiert nur dann, wenn die Spaltenanzahl der Matrix **A** mit der Zeilenanzahl der Matrix **B** identisch ist, d.h., wenn **n** = **p** gilt. Die Produktmatrix $\mathbf{C} = (\mathbf{c_{ij}})_{\mathbf{m \times q}}$ weist dann so viele Zeilen wie Matrix **A** und so viele Spalten wie Matrix **B** auf. Bei Multiplikation der Matrix **A** mit Matrix **B** ergibt sich das Element $\mathbf{c_{kl}}$, $\mathbf{k} = \mathbf{1, \dots, m}$; $\mathbf{l} = \mathbf{1, \dots, q}$ aus dem Skalarprodukt der **k-ten** Zeile der Matrix **A** mit der **l-ten** Spalte der Matrix **B**.

Beispiel 8.5

Sei $\mathbf{A} = \begin{pmatrix} \mathbf{a_{11}} & \mathbf{a_{12}} & \mathbf{a_{13}} \\ \mathbf{a_{21}} & \mathbf{a_{22}} & \mathbf{a_{23}} \end{pmatrix}$ und $\mathbf{B} = \begin{pmatrix} \mathbf{b_{11}} & \mathbf{b_{12}} \\ \mathbf{b_{21}} & \mathbf{b_{22}} \\ \mathbf{b_{31}} & \mathbf{b_{32}} \end{pmatrix}$. Dann gilt für das Produkt: **C =AB**

$$\mathbf{C} = \begin{pmatrix} \mathbf{a_{11} \cdot b_{11} + a_{12} \cdot b_{21} + a_{13} \cdot b_{31}} & \mathbf{a_{11} \cdot b_{12} + a_{12} \cdot b_{22} + a_{13} \cdot b_{32}} \\ \mathbf{a_{21} \cdot b_{11} + a_{22} \cdot b_{21} + a_{23} \cdot b_{31}} & \mathbf{a_{21} \cdot b_{12} + a_{22} \cdot b_{22} + a_{23} \cdot b_{32}} \end{pmatrix}.$$

1118 Wählen wir $\mathbf{A} = \begin{pmatrix} \mathbf{2} & \mathbf{5} & \mathbf{3} \\ \mathbf{4} & \mathbf{7} & \mathbf{8} \end{pmatrix}$ und $\mathbf{B} = \begin{pmatrix} \mathbf{3} & \mathbf{2} \\ \mathbf{4} & \mathbf{5} \\ \mathbf{9} & \mathbf{7} \end{pmatrix}$, so folgt:

$$\mathbf{C} = \begin{pmatrix} \mathbf{2 \cdot 3 + 5 \cdot 4 + 3 \cdot 9} & \mathbf{2 \cdot 2 + 5 \cdot 5 + 3 \cdot 7} \\ \mathbf{4 \cdot 3 + 7 \cdot 4 + 8 \cdot 9} & \mathbf{4 \cdot 2 + 7 \cdot 5 + 8 \cdot 7} \end{pmatrix} = \begin{pmatrix} \mathbf{53} & \mathbf{50} \\ \mathbf{112} & \mathbf{99} \end{pmatrix}$$

1119 Das allgemeine LGS können wir nun kompakter formulieren gemäß:

$$\mathbf{A}\vec{\mathbf{x}} = \vec{\mathbf{b}}$$

1120 Die Lösung dieses Gleichungssystems erfolgt über eine Äquivalenzumformung:

$$\vec{\mathbf{x}} = \mathbf{A}^{-1}\vec{\mathbf{b}}$$

1121 $\mathbf{A}^{-1}$ beschreibt die **Inverse** der Matrix **A**. Das Produkt einer Matrix **A** mit ihrer Inversen $\mathbf{A}^{-1}$ ergibt die **Einheitsmatrix E**. Die Einheitsmatrix weist auf ihrer Hauptdiagonalen **1**-Elemente, ansonsten nur **0**-Elemente auf. Sei $\mathbf{A} = (\mathbf{a_{ij}})_{\mathbf{3 \times 3}}$ eine **3** × **3**-Matrix, so gilt:

$$\mathbf{AA^{-1}} = \mathbf{A^{-1}A} = \begin{pmatrix} \mathbf{1} & \mathbf{0} & \mathbf{0} \\ \mathbf{0} & \mathbf{1} & \mathbf{0} \\ \mathbf{0} & \mathbf{0} & \mathbf{1} \end{pmatrix}$$

Die Berechnung von Matrixinversen ist rechenintensiv. Wir betrachten im Folgenden die Inversion einer $\mathbf{2} \times \mathbf{2}$-Matrix: 1122

$$\mathbf{A} = \left(\mathbf{a_{ij}}\right)_{2\times 2} = \begin{pmatrix} \mathbf{a} & \mathbf{b} \\ \mathbf{c} & \mathbf{d} \end{pmatrix}$$

In einem ersten Schritt wird die **Determinante** berechnet. Diese ergibt sich gemäß: 1123

$$\mathbf{det(A) = |A| = ad - bc}$$

In einem zweiten Schritt modifizieren wir die Matrix **A** dahingehend, dass die Elemente der Hauptdiagonalen positionsmäßig vertauscht und bei den Elementen der Nebendiagonalen die Vorzeichen vertauscht werden. Die inverse Matrix ergibt sich durch Multiplikation des Kehrwertes der Determinante mit der modifizierten Matrix gemäß: 1124

$$\mathbf{A^{-1}} = \frac{\mathbf{1}}{|\mathbf{A}|}\begin{pmatrix} \mathbf{d} & \mathbf{-b} \\ \mathbf{-c} & \mathbf{a} \end{pmatrix}$$

Beispiel 8.6

Wir betrachten das Gleichungssystem aus der Betriebsabrechnung: 1125

$$\mathbf{2.500 + 100q_2 = \ \ 700q_1}$$

$$\mathbf{2.000 + 200q_1 = 1.000q_2}$$

Eine Formulierung in Matrixform ergibt: 1126

$$\begin{pmatrix} \mathbf{-700} & \mathbf{100} \\ \mathbf{200} & \mathbf{-1.000} \end{pmatrix}\begin{pmatrix} \mathbf{q_1} \\ \mathbf{q_2} \end{pmatrix} = \begin{pmatrix} \mathbf{-2.500} \\ \mathbf{-2.000} \end{pmatrix}$$

Die Matrixinverse ergibt sich zu: 1127

$$\mathbf{A^{-1}} = \frac{\mathbf{1}}{\mathbf{-700 \cdot (-1000) - 100 \cdot 200}}\begin{pmatrix} \mathbf{-1000} & \mathbf{-100} \\ \mathbf{-200} & \mathbf{-700} \end{pmatrix} = \begin{pmatrix} \mathbf{-0,001471} & \mathbf{-0,000147} \\ \mathbf{-0,000294} & \mathbf{-0,001029} \end{pmatrix}$$

Der Lösungsvektor ergibt sich nun zu: 1128

$$\begin{pmatrix} \mathbf{q_1} \\ \mathbf{q_2} \end{pmatrix} = \begin{pmatrix} \mathbf{-0,001471} & \mathbf{-0,000147} \\ \mathbf{-0,000294} & \mathbf{-0,001029} \end{pmatrix}\begin{pmatrix} \mathbf{-2500} \\ \mathbf{-2000} \end{pmatrix} = \begin{pmatrix} \mathbf{3,97} \\ \mathbf{2,79} \end{pmatrix}$$

9 Grundlagen der Finanzmathematik

1129 Gegenstand der Finanzmathematik ist die mathematische Analyse intertemporaler monetärer Zahlungsansprüche sowie Zahlungsoptionen. Eine Zahlung stellt dabei die Transaktion eines Geldbetrags von einem Wirtschaftssubjekt auf ein anderes dar. Von wesentlicher Bedeutung ist bei Zahlungen der Zins als monetärer Ausgleich für zeitliche Zahlungsverschiebung. Folglich ist die Zinseszinsrechnung ein wesentlicher Bestandteil der Finanzmathematik. Die Zinseszinsrechnung berechnet auf Basis bestimmter Zinsraten Ausgleichsprämien, die der Zahlungsempfangsberechtigte (Kreditor) vom Zahlungspflichtigen (Debitor) für einen zeitraumfixierten Geldverwendungsverzicht erhält. Eine Zahlung ist durch nachfolgende Merkmale gekennzeichnet:

- Zahlungsvolumen (Zahlungshöhe, Zahlungsbetrag)
- Flussrichtung (Ein- oder Auszahlung aus Sicht eines Wirtschaftssubjekts)
- zeitlicher Bezug (Realisationszeitpunkt des Zahlungsvorganges)
- Grad der Gewissheit

1130 In der Finanzmathematik wird häufig auf die Begriffe „Vermögen" und „Kapital" Bezug genommen. Vermögen kann als Wert künftiger Zahlungsansprüche des Vermögensbesitzers verstanden werden. Kapital kann dagegen als Wert künftiger Zahlungsverpflichtungen gegenüber den Kapitalgebern interpretiert werden. Hinter den Zahlungsansprüchen bzw. Zahlungsverpflichtungen stehen häufig komplexe rechtliche und optionale Beziehungen.

9.1 Grundlagen der Zinseszinsrechnung

1131 Es gelte folgende Symbolik:

K_n	**Endkapital am Ende des n-ten Jahres**
V_n	**Endvermögen am Ende des n-ten Jahres**
K_0	**Anfangskapital am Ende des 0-ten Jahres**
V_0	**Anfangsvermögen am Ende des 0-ten Jahres**
i	**Jahreszinsrate**
n	**Laufzeit in Jahren**
$q = 1 + i$	**Zinsfaktor**

1132 Je nach Fragestellung erfolgen finanzmathematische Anwendungen auf Kapital- oder Vermögensbasis. Rein rechentechnisch ergeben sich dabei keine Unterschiede. Für das Endvermögen gilt nach einem Jahr bei gegebener Zinsrate $\mathbf{i}$ und gegebenem Anfangsvermögen$\mathbf{V_0}$:

$$\mathbf{V_1 = V_0 + V_0 i = V_0(1 + i) = V_0 q}$$

1133 Neben dem Anfangsvermögen verzinsen sich nach dem Zeitpunkt der ersten Zinsgutschrift auch die gutgeschriebenen Zinsen. Diese Tatsache bezeichnet den **Zinseszinseffekt**. Für das Endvermögen nach zwei Jahren ergibt sich:

$$\mathbf{V_2 = V_1 + V_1 i = V_1(1 + i) = V_0(1 + i)(1 + i) = V_0(1 + i)^2 = V_0 q^2}$$

Gleiches gilt für die zweite Zinsgutschrift bis zur $(\mathbf{n}-\mathbf{1})$-ten Zinsgutschrift. Entsprechend erhalten wir für das Endvermögen am Ende der **n**-ten Periode: 1134

$$\mathbf{V_n = V_0(1+i)^n = V_0 q^n}$$

Es handelt sich bei der letzten Formel um die **Zinseszinsformel bei exponentieller oder geometrischer Verzinsung**. Diese modelliert einen Wachstumsprozess, wobei hier das Vermögen die Wachstumsgröße ist und die Wachstumsrate durch die Zinsrate konkretisiert wird. Finanzmathematisch spricht man von einer **Aufzinsung** (Askontierung) des Anfangsvermögens. Funktionstypisch handelt es sich um eine Exponentialfunktion mit **vier** Variablen. Eine jede Variable ist bei numerischer Spezifikation der jeweils drei anderen eindeutig bestimmt. Wir erhalten nach entsprechenden Äquivalenzumformungen: 1135

$$\mathbf{V_0 = V_n q^{-n}}$$

$$\mathbf{i = \left(\frac{V_n}{V_0}\right)^{1/n} - 1}$$

$$\mathbf{n = \frac{\ln\left(\frac{V_n}{V_0}\right)}{\ln q} = \frac{\ln V_n - \ln V_0}{\ln q}}$$

Bei der ersten Formel erfolgt eine **Abzinsung** (Diskontierung) des Endvermögens, bei der zweiten wird die durchschnittliche jährliche (annualisierte) Zinsrate berechnet, bei der letzten die notwendige Laufzeit zur Erreichung eines Endvermögens aus einem Anfangsvermögen bei gegebener Zinsrate. 1136

Die Grundidee der Zinseszinsrechnung liegt in der Möglichkeit der zeitlichen Verschiebung von Zahlungen. Dies wollen wir anhand des Beispiels 9.1.1 illustrieren. Aus schreibökonomischen Gründen wird im Folgenden bei Zwischen- und Endergebnissen auf die Mitführung eines Währungssymbols verzichtet. 1137

Beispiel 9.1.1

„Glückspilz" erhält die sichere Zusage eines Geldgeschenks von **10 Mio. €**, allerdings erst in **zehn** Jahren. Muss er nun zehn Jahre warten, bis er einkaufen kann, oder kann er sofort Geld ausgeben? Als Jahreszinssatz werde **i = 0,07** angenommen. 1138

Wir berechnen den Gegenwartswert des Zahlungsversprechens. Dieser ergibt sich nach der Diskontierungsformel zu: 1139

$$\mathbf{V_0 = 10.000.000(1+0{,}07)^{-10} = 5.083.492{,}92}$$

Nimmt „Glückspilz" in dieser Höhe einen Kredit auf und vereinbart gesamtfällige Tilgung mit Zinsansammlung nach **zehn** Jahren, so kann er sofort Geld ausgeben. Zum Fälligkeitstermin erhält er das Geldgeschenk zur Bedienung der Zahlungsforderung von dann **10 Mio. €**, die zur vollständigen Tilgung des Kredits führt. 1140

Der Zinszuschlag muss nicht zwingend jährlich, sondern kann auch mehrmals innerhalb des Jahres erfolgen. In diesem Fall liegt **unterjährige Verzinsung** vor. Beispiel 9.1.2 möge dies verdeutlichen. 1141

Beispiel 9.1.2

1142 Ein Anleger beabsichtigt **100.000 €** für ein Jahr als Festgeld anzulegen. Der Jahreszinssatz belaufe sich auf **6 %**. Wie hoch ist jeweils das Endvermögen, wenn die Zinsen **a)** nach einem Jahr, **b)** anteilig nach **sechs** Monaten, **c)** anteilig nach **drei** Monaten gutgeschrieben werden?

1143 **a)** Das Vermögen beträgt nach einem Jahr

$$\mathbf{V_1 = 100.000(1 + 0,06) = 106.000}$$

1144 **b)** Der relative **Sechs**monatszins beläuft sich auf **3 %**. Das Vermögen beträgt nach **sechs** Monaten (0,5 Jahren):

$$\mathbf{V_{0,5} = 100.000(1 + 0,03) = 103.000}$$

1145 Dieser Betrag verzinst sich für die nächsten **sechs** Monate wieder zu **3 %**. Es folgt:

$$\mathbf{V_1 = 103.000(1 + 0,03) = 106.090}$$

1146 Die nach **sechs** Monaten gutgeschriebenen Zinsen von **3.000** verzinsen sich für die nächsten **sechs** Monate mit und führen zu einem Zinseszinseffekt von **90**. Das Endvermögen ist bei halbjähriger Verzinsung um **90** höher als bei ganzjähriger Verzinsung.

1147 **c)** Der relative **Drei**monatszins beläuft sich auf **1,5 %**. Es ergibt sich:

$$\mathbf{V_{0,25} = 100.000(1 + 0,015) = 101.500}$$

$$\mathbf{V_{0,5} = 101.500(1 + 0,015) = 103.022,50}$$

$$\mathbf{V_{0,75} = 103.022,50(1 + 0,015) = 104.567,84}$$

$$\mathbf{V_1 = 104.567,84(1 + 0,015) = 106.136,36}$$

1148 Wir wollen die Zusammenhänge allgemeiner darstellen. Erfolgt der Zinszuschlag nicht jährlich, sondern **m-mal** innerhalb eines Jahres (**m** = Anzahl der Zinsgutschriften innerhalb eines Jahres bzw. Anzahl der Subperioden, **m > 1**), so liegt **unterjährige Verzinsung** vor. Der Quotient $\mathbf{i/m}$ beschreibt den **unterjährigen relativen Zinssatz**, welcher sich auf $\mathbf{(1/m)}$**-tel** Jahr bezieht. Das Endvermögen ergibt sich in diesem Fall gemäß:

$$\mathbf{V_n = V_0\left(1 + \frac{i}{m}\right)^{mn}}$$

1149 Bei unterjähriger Verzinsung verstärkt sich der Zinseszinseffekt, da anteilige Zinsen zu einem früheren Zeitpunkt zugeschlagen werden und sich der Verzinsungszeitraum damit verlängert. Dies wollen wir durch folgendes Beispiel illustrieren.

Beispiel 9.1.3

Gegeben sei ein Anfangsvermögen $\mathbf{V_0 = 10.000}$ € bei einer Laufzeit **n = 8** sowie einem Jahreszinssatz **i = 0,07**. Wie hoch ist das Endvermögen bei **a)** jährlichem, **b)** halbjährlichem, **c)** monatlichem, **d)** täglichem (360 Tage) Zinszuschlag? 1150

a) $\mathbf{V_8 = 10.000(1 + 0,07)^8 = 17.181,86}$

b) $\mathbf{V_8 = 10.000(1 + 0,07/2)^{2\cdot 8} = 17.339,86}$

c) $\mathbf{V_8 = 10.000(1 + 0,07/12)^{12\cdot 8} = 17.478,26}$

d) $\mathbf{V_8 = 10.000(1 + 0,07/360)^{360\cdot 8} = 17.505,77}$

Mittels Differenzbildungen lassen sich Zinseszinseffekte durch unterjährige Verzinsung verdeutlichen. So beschreibt die Differenz $\mathbf{17.339,86 - 17.181,86 = 158,00}$ den Zinseszinseffekt von halbjährlichem gegenüber jährlichem Zinszuschlag, die Differenz $\mathbf{17.478,26 - 17.181,86 = 296,40}$ den entsprechenden Zinseszinseffekt bei monatlichem Zinszuschlag. 1151

Nun lassen wir die Anzahl der Subperioden gegen unendlich wachsen. Hierbei wird die Eulersche Zahl eine Rolle spielen. Wir wiederholen kurz: 1152

$$\lim_{m\to\infty}\left(1+\frac{1}{m}\right)^m = e = 2,71828\ \ldots$$

Für den Fall, dass die Anzahl der Subperioden gegen unendlich läuft, folgt: 1153

$$V_n = V_0\left\{\lim_{m\to\infty}\left(1+\frac{i}{m}\right)^{mn}\right\} = V_0e^{in}$$

Es handelt sich um die Formel für **stetige** oder **kontinuierliche Verzinsung**. Merkmale der stetigen Verzinsung sind: 1154

- Jeder Zeitpunkt $\mathbf{t} \in\ ]\mathbf{0}, \mathbf{n}[$ ist Zinszuschlagstermin.
- Die Verzinsungsperioden sind infinitesimal kurz.
- Bei stetiger Verzinsung wird ein maximaler Zinseszinseffekt erzielt.
- Stetige Verzinsung erfüllt im Gegensatz zur diskreten Verzinsung die Symmetrie- und Additivitätseigenschaft.

Beispiel 9.1.4

Das Endvermögen ergibt sich bezüglich der Daten des Beispiels 9.1.2 bei stetiger Verzinsung zu: 1155

$$\mathbf{V_8 = 10.000e^{0,07\cdot 8} = 17.506,73}$$

Beispiel 9.1.5

1156 Ein Vermögen von **100 GE** verzinse sich bei stetiger Verzinsung für die kommenden **sechs** Monate zu insgesamt **3 %** (Halbjahreszinssatz) für die darauffolgenden **sechs** Monate zu insgesamt **2,5 %** (Halbjahreszinssatz). Wie hoch ist der Jahreszinssatz?

$$\mathbf{V_{0,5} = 100e^{0,03} = 103,05;\ V_1 = 103,05e^{0,025} = 105,66}$$

1157 Der Jahreszinssatz ergibt sich zu

$$\mathbf{i = \ln\left(\frac{105,66}{100}\right) = \ln 105,66 - \ln 100 = 0,055},$$

1158 was der Summe der beiden Zinssätze entspricht. Dies beschreibt die **Additivitätseigenschaft der stetigen Verzinsung**.

Beispiel 9.1.6

1159 Ein Vermögen von **250 GE** rentiere sich im ersten Jahr zu **5 %**, im zweiten Jahr zu – **5 %**. Wie hoch ist das Endvermögen am Ende des zweiten Jahres bei **a)** diskreter Verzinsung und bei **b)** stetiger Verzinsung?

a) $\mathbf{V_1 = 250(1 + 0,05) = 262,50;\quad V_2 = 262,50(1 - 0,05) = 249,38}$

b) $\mathbf{V_1 = 250e^{0,05} = 262,82;\ V_2 = 262,82e^{-0,05} = 250}$

1160 Bei der stetigen Verzinsung wird der Ausgangswert wieder erreicht, was der **Symmetrieeigenschaft der stetigen Verzinsung** entspricht. Bei diskreter Verzinsung wird der Ausgangswert nicht wieder erreicht.

1161 **Exkurs:** Exponentielle versus hyperbolische Diskontierung

1162 Ist ein Vermögen bezogen auf den Zeitpunkt **t** ($\mathbf{V_t}$) auf den Zeitpunkt **0** zu diskontieren, können wir allgemein eine Diskontfunktion $\boldsymbol{\beta}(\mathbf{t})$ verwenden. Der Barwert ergibt sich dann zu:

$$\mathbf{V_0 = V_t}\boldsymbol{\beta}(\mathbf{t})$$

1163 Bei stetiger exponentieller Diskontierung spezifizieren wir $\boldsymbol{\beta}(\mathbf{t}) = \mathbf{e^{-jt}}$ und erhalten den bekannten Ausdruck:

$$\mathbf{V_0 = V_t e^{-jt}}$$

1164 Die Diskontierungsrate erhalten wir gemäß:

$$-\widehat{\boldsymbol{\beta}}(\mathbf{t}) = -\frac{\boldsymbol{\beta}'(\mathbf{t})}{\boldsymbol{\beta}(\mathbf{t})} = \mathbf{j}$$

1165 Die Diskontierungsrate ist konstant, was **zeitkonsistentes Verhalten** impliziert. Dieses ist dadurch gekennzeichnet, dass sich eine Entscheidung zwischen zwei zeitlich verschiedenen Optionen nicht ändert, wenn beide Optionen um den gleichen Zeitraum verschoben werden.

Ein Wirtschaftssubjekt, das ein Geldgeschenk von **1.100 €** in **25** Monaten gegenüber einem Geldgeschenk von **1.050 €** in **24** Monaten bevorzugt, verhält sich zeitkonsistent, wenn es ebenso ein Geldgeschenk von **1.100 €** in einem Monat gegenüber einem sofortigen Geldgeschenk von **1.050 €** bevorzugt. 1166

Bei hyperbolischer Diskontierung lautet eine mögliche Diskontfunktion: 1167

$$\boldsymbol{\beta(t) = (1 + at)^{-1/a}, a > 0}$$

Die Berechnung der zeitabhängigen Diskontierungsrate ergibt: 1168

$$-\hat{\beta}(t) = -\frac{\beta'(t)}{\beta(t)} = \frac{1}{1 + at}$$

Offensichtlich ist die Diskontierungsrate fallend in **t**. Es liegt **zeitinkonsistentes Verhalten** vor. Ein Wirtschaftssubjekt verhält sich z.B. zeitinkonsistent, wenn es **1.000 €** heute gegenüber **1.050 €** in einem Monat vorzieht, dagegen aber **1.050 €** in **25** Monaten bevorzugt gegenüber **1.000 €** in **24** Monaten. 1169

Beispiel 9.1.7

Ein Betrag von **1.000 €** soll über die Laufzeiten $\mathbf{t = 1, 2, 3, 4}$ hyperbolisch diskontiert werden. Wir fixieren den Parameter auf $\mathbf{a = 2}$ und erhalten: 1170

$$V_0 = 1.000\beta(1) = 1.000(1 + 2 \cdot 1)^{-1/2} = 577,35$$

$$V_0 = 1.000\beta(2) = 1.000(1 + 2 \cdot 2)^{-1/2} = 447,21$$

$$V_0 = 1.000\beta(3) = 1.000(1 + 2 \cdot 3)^{-1/2} = 377,96$$

$$V_0 = 1.000\beta(4) = 1.000(1 + 2 \cdot 4)^{-1/2} = 333,33$$

Diese Ergebnisse können auch mittels der Diskontierungsrate ermittelt werden. Wir setzen an: 1171
(Hinweis: Aus Gründen besserer Lesbarkeit verwenden wir statt $\mathbf{e^{f(x)}}$ das Symbol $\mathbf{exp\{f(x)\}}$

$$V_0 = V_t \exp\left\{\int_0^t -\hat{\beta}(u)du\right\} = V_t \exp\left\{-\int_0^t \frac{1}{1 + au}du\right\} = V_t \exp\left\{-\frac{\ln(1 + at)}{a}\right\}$$

Einsetzen der Werte führt zu identischen Ergebnissen (Nachrechnung empfohlen!) 1172

Ende Exkurs

1173 Die Verzinsungsarten werden nachfolgend kurz zusammengefasst.

Stetig	$V_n = V_0 e^{in}$
Ganzjährig diskret	$V_n = V_0 q^n$
Unterjährig diskret	$V_n = V_0 (1 + i/m)^{mn}$

1174 Im Folgenden werden Vermögensvervielfachungen betrachtet. Die Bestimmung der Laufzeit, nach welcher eine Vermögensvervielfachung um den Faktor **k** stattgefunden hat, erfolgt bei diskreter Verzinsung gemäß

$$kV_0 = V_0 q^n \leftrightarrow k = q^n \leftrightarrow n = \frac{\ln k}{\ln q}$$

1175 und bei stetiger Verzinsung gemäß

$$kV_0 = V_0 e^{in} \leftrightarrow k = e^{in} \leftrightarrow n = \frac{\ln k}{i}.$$

Beispiel 9.1.8

1176 Ein Vermögen V_0 verfünffacht sich bei einem Zinssatz von **7,5 %** bei diskreter jährlicher Verzinsung nach $n = \ln 5/\ln 1{,}075 = 22{,}25$ Jahren.

1177 Bei stetiger Verzinsung und identischem Zinssatz verfünffacht sich das Vermögen nach $n = \ln 5/0{,}075 = 21{,}46$ Jahren.

9.2 Allgemeine Zahlungsfolgen

1178 Eine Zahlungsfolge liegt vor, wenn sich Zahlungen c_t bestimmten Volumens, bestimmter Flussrichtung (Ein- oder Auszahlung), bestimmten Gewissheitsgrades zu bestimmten Zeitpunkten innerhalb eines Zeitintervalls $[0, n]$ ereignen. Bei Annahme gleich langer Zeiträume zwischen den einzelnen Zahlungszeitpunkten liegt eine **äquidistante Zahlungsfolge** vor. Folgende Darstellung möge dies verdeutlichen.

1179

Periode	**0**	**1**	**2**	**…**	**n**
Zahlung		c_1	c_2		c_n

1180 Wir nehmen im Folgenden an, dass Zahlungen immer am Ende der betrachteten Periode anfallen. Alternativ ist auch eine Darstellung auf einem Zeitstrahl möglich bzw. eine kompakte Schreibweise gemäß

$$Z = \{c_1, c_2, \dots, c_n\} \quad ,$$

wobei der zeitliche Bezug (Ende der jeweils nummerierten Periode) im Subskript steht. 1181

Beispiel 9.2.1

Sie sind glücklicher Gewinner in einer Lotterie und können zwischen folgenden **zwei** Auszah- 1182
lungsoptionen auswählen.

Option I: Sofortauszahlung von **1.000.000 €**. 1183

Option II: Dreijährige Gewinnrente in Höhe von **375.000 €** jährlich, wobei die erste Rate in 1184
einem Jahr gezahlt wird (nachschüssige Rente).

Wir nehmen einen Jahreszinssatz von **i = 0,06** an. Um zu beurteilen, welche Option die bessere 1185
ist, scheidet ein direkter Vergleich aus. Bei allen Zahlungsvergleichen müssen wir zwingend beachten, dass Zahlungen grundsätzlich nur vergleichbar sind, wenn sie sich auf ein und denselben Zeitpunkt beziehen!

Zahlungen sind mittels Verzinsung zeitlich verschiebbar. Die Zahlungen der Gewinnrente wol- 1186
len wir auf den Zeitpunkt der Sofortauszahlung (definitionsgemäß Zeitpunkt **0**) diskontieren. Die Gewinnrente wird dadurch in einen **finanzmathematisch äquivalenten** Barwert transformiert. Der Barwert ist der **Äquivalenzwert** der gesamten Gewinnrente zum Zeitpunkt **0**, d.h., Barwert und Gewinnrente besitzen identischen Wert. Wir führen den konkreten Kalkül durch und erhalten für den finanzmathematisch äquivalenten Barwert der Gewinnrente:

$$\mathbf{V_0^G = 375.000 \cdot 1{,}06^{-1} + 375.000 \cdot 1{,}06^{-2} + 375.000 \cdot 1{,}06^{-3} = 1.002.379{,}48}$$

Der Wert von **1.002.379,48** zum Zeitpunkt **0** ist der gesamten Gewinnrente **finanzmathema-** 1187
tisch äquivalent. Wir verwenden folgende Schreibweise:

$$\{\mathbf{1.002.379{,}48_0}\} \sim \{\mathbf{375.000_1},\ \mathbf{375.000_2},\ \mathbf{375.000_3}\}$$

Option **I** und Option **II** werden nun durch jeweils einen Wert repräsentiert, der sich auf ein und 1188
denselben Zeitpunkt bezieht. Durch einen Vergleich der entsprechenden Werte kann die vorteilhafte Option ermittelt werden, die Option **2** erscheint vorteilhaft.

Zwecks Interpretation der bisherigen Überlegungen betrachten wir **zwei** Szenarien. 1189

Szenario 1: Sie verfügen über **1.002.379,48 €** und wollen deren Verwendung bei **i = 0,06** auf 1190
drei Jahre zeitlich strecken. Dann legen Sie das Geld entsprechend verzinslich an und entnehmen über drei Jahre jährlich **375.000 €**. Folgender Kontenplan demonstriert die Zusammenhänge:

1191

Periode	Guthaben	Zinsen	Entnahme
0	**1.002.379,48**		
1	**687.522,25**	**60.142,77**	**375.000**
2	**353.773,59**	**41.251,34**	**375.000**
3	**0**	**21.226,42**	**375.000**

Die Zinsen einer Periode werden jeweils auf Basis des Guthabens der Vorperiode berechnet. 1192

1193 **Szenario 2:** Sie verfügen über das Versprechen, am Ende der nächsten drei Jahre jeweils **375.000 €** zu erhalten, benötigen aber bereits sofort Geld in Höhe von **1.002.379,48 €**. Dann nehmen Sie in besagter Höhe einen Kredit bei annahmegemäß **6 %** Verzinsung auf und tilgen den Kredit mit den künftigen Zahlungseingängen.

1194

Periode	Restschuld	Zinsen	Tilgung
0	1.002.379,48		
1	687.522,25	60.142,77	375.000
2	353.773,59	41.251,34	375.000
3	0	21.226,42	375.000

1195 Die Zinsen einer Periode werden analog auf Basis der Restschuld der Vorperiode berechnet. Wir wollen nun eine allgemeine Barwertformel darstellen. Unter der Annahme, dass die Zahlungen $\mathbf{c_t}$, **t = 1, …, n** jeweils am Periodenende anfallen und der diskrete Jahreszinssatz **i** gilt, ergibt sich der finanzmathematisch äquivalente Barwert gemäß:

$$\mathbf{V_0 = c_1q^{-1} + c_2q^{-2} + \cdots + c_nq^{-n} = \sum_{t=1}^{n} c_tq^{-t}}$$

1196 Werden die Zahlungen nicht auf den Zeitpunkt **0**, sondern auf den Laufzeitendpunkt **n** bezogen, ergibt sich der **finanzmathematisch äquivalente Finalwert** der Zahlungsfolge. Wir askontieren (aufzinsen) alle Zahlungen auf den Zeitpunkt **n** und erhalten die Formel:

$$\mathbf{V_n = c_1q^{n-1} + c_2q^{n-2} + \cdots + c_n = \sum_{t=1}^{n} c_tq^{n-t}}$$

1197 Barwert, Zahlungsfolge und Finalwert sind finanzmathematisch äquivalent gemäß der Notation:

$$\mathbf{V_0 \sim \{c_1, \dots, c_n\} \sim V_n}$$

Beispiel 9.2.2

1198 Wir betrachten wieder die Gewinnrente aus Beispiel 9.2.1. Der Finalwert ergibt sich gemäß:

$$\mathbf{V_3^G = 375.000 \cdot 1{,}06^2 + 375.000 \cdot 1{,}06 + 375.000 = 1.193.850}$$

1199 Barwert, Rente und Finalwert sind finanzmathematisch äquivalent. Das verdeutlicht die Notation:

$$\mathbf{\{1.002.379{,}48_0\} \sim \{375.000_1,\ 375.000_2,\ 375.000_3\} \sim \{1.193.850_3\}}$$

1200 Sind entweder der Barwert oder der Endwert einer Zahlungsfolge bereits bekannt, kann mittels der Zinseszinsformel ein Wert aus einem jeweils anderen Wert bestimmt werden (bitte ausprobieren!) Wiederholungshalber sei angemerkt:

$$\mathbf{V_n = V_0q^n \leftrightarrow V_0 = V_nq^{-n}}$$

1201 Die Zahlungen einer Zahlungsfolge können nicht nur auf deren Beginn- und Finalzeitpunkt bezogen werden, sondern auf jeden beliebigen Zeitpunkt **T** innerhalb des Zeitintervalls$[\mathbf{0}, \mathbf{n}]$.

Es handelt sich dann um einen **finanzmathematisch äquivalenten Zeitwert V_T**. Zeitwerte jeweils am Periodenende innerhalb der Laufzeit berechnen sich gemäß: 1202

$$V_T = \sum_{t=1}^{n} c_t q^{T-t}$$

Beispiel 9.2.3

Wir betrachten wiederum die Gewinnrente aus Beispiel 9.2.1. Der äquivalente Zeitwert zum Zeitpunkt **2** ergibt sich gemäß: 1203

$$V_2 = 375.000 \cdot 1,06 + 375.000 + 375.000 \cdot 1,06^{-1} = 1.126.273,59$$

Es gilt die finanzmathematische Äquivalenz 1204

$$\{1.126.273,59_2\} \sim \{375.000_1,\ 375.000_2,\ 375.000_3\}.$$

Aus Barwert bzw. Endwert lässt sich jeder beliebige Zeitwert berechnen. Aus einem beliebigen Zeitwert bezüglich $t_1 \in \{1, \ldots, n\}$ ergibt sich der Zeitwert bezüglich $t_2 \in \{1, \ldots, n\}$ gemäß: 1205

$$V_{t2} = V_{t1} q^{t2-t1}$$

Wir kommen nun auf die stetige Verzinsung zurück. Die Formel für stetige Verzinsung lautet: 1206

$$V_n = V_0 e^{in}$$

Finanzmathematische Operationen gestalten sich mit dieser Formel häufig einfacher. Daher gilt es zu überlegen, bei welchem Zinssatz **j** bei stetiger Verzinsung (Verzinsungsintensität **j**) sich identische Zeitwerte wie bei diskreter Verzinsung mit dem Zinssatz **i** ergeben. Folgender Ansatz führt zur Lösung: 1207

$$V_0 q^n = V_0 e^{jn} \leftrightarrow q^n = e^{jn} \leftrightarrow q = e^j \leftrightarrow j = \ln q$$

Es handelt sich bei **j** um den zu **i** konformen stetigen Zinssatz bei stetiger Verzinsung bzw. um die zu **i konforme Verzinsungsintensität**. Die konforme Verzinsungsintensität **j** ergibt sich aus dem natürlichen Logarithmus des bei diskreter Verzinsung gültigen Zinsfaktors. Ein Beispiel möge diesen Zusammenhang verdeutlichen. 1208

Beispiel 9.2.4

Betrachtet werden Barwert und Finalwert der Gewinnzahlungsfolge aus Beispiel 9.2.1. Bekannt ist, dass 1209

$$V_n = V_0 q^n \text{ und konkret } 1.193.850 = 1.002.379,48 \cdot 1,06^3$$

gilt. Die konforme Verzinsungsintensität zu dem diskreten Zinssatz von **i = 0,06** ergibt sich gemäß: 1210

$$j = \ln 1,06 = 0,0582689$$

1211 Einsetzen in $\mathbf{V_n = V_0 e^{jn}}$ ergibt: $\mathbf{1.002.379,48e^{0,0582689 \cdot 3} = 1.193.849,97}$

Die Differenz ist auf Rundungsungenauigkeiten zurückzuführen.

1212 Aus diesen Überlegungen können wir folgern, dass sich jeder Zeitwert auch gemäß

$$\mathbf{V_T = \sum_{t=1}^{n} c_t e^{j(T-t)}}$$

1213 berechnen lässt. Dies verdeutlicht das folgende Beispiel.

Beispiel 9.2.5

1214 Betrachtet werde die Zahlungsfolge:

$$\mathbf{Z = \{60_1, 50_2, 55_3\}}$$

1215 Der diskrete Zinssatz liege bei **i = 0,07**. Wie hoch sind Vermögensbarwert, Vermögensfinalwert und der Vermögenszeitwert bezogen auf das Ende der zweiten Periode?

$\mathbf{V_0 = 60 \cdot 1,07^{-1} + 50 \cdot 1,07^{-2} + 55 \cdot 1,07^{-3} = 144,64}$

$\mathbf{V_3 = 60 \cdot 1,07^2 + 50 \cdot 1,07 + 55 = 177,19}$ oder $\mathbf{V_3 = 144,64 \cdot 1,07^3 = 177,19}$

$\mathbf{V_2 = 60 \cdot 1,07 + 50 + 55 \cdot 1,07^{-1} = 165,60}$ oder $\mathbf{V_2 = V_0 q^2 = V_3 q^{-1} = 165,60}$

1216 Ein Barwertkalkül mit der konformen Verzinsungsintensität $\mathbf{j = ln1,07 = 0,0677}$ ergibt:

$$\mathbf{V_0 = 60e^{-0,0677} + 50e^{-2 \cdot 0,0677} + 55e^{-3 \cdot 0,0677} = 144,64}$$

1217 Analog ergeben sich bei Anwendung der konformen Verzinsungsintensität die anderen Ergebnisse (Nachrechnung empfohlen!).

1218 Der Barwert einer Zahlungsfolge kann allgemein als multivariate Funktion der Zahlungen, der jeweiligen Zahlungszeitpunkte sowie des Zinssatzes dargestellt werden. Wir formulieren:

$$\mathbf{V_0 = V_0(c_1, c_2, \ldots, c_n, i)}$$

1219 Bei exklusiver Betrachtung des Zinssatzes als Variable ergibt sich die zinsabhängige Barwertfunktion:

$$\mathbf{V_0(i) = \sum_{t=1}^{n} c_t (1+i)^{-t}}$$

Der Zinssatz ist für die Höhe des Barwertes von entscheidender Bedeutung. Barwert und Zinssatz stehen in einem negativen streng konvexen Zusammenhang wegen: 1220

$$V_0'(i) = \sum_{t=1}^{n} -tc_t(1+i)^{-t-1} < 0$$

$$V_0''(i) = \sum_{t=1}^{n} (t^2+t)(1+i)^{-t-2} > 0$$

Barwertkalküle bei Variation der Zinssätze gestalten sich i.d.R. rechenintensiv. Recht genaue Approximationslösungen lassen sich über eine Taylor-Approximation erzielen. Eine Taylor-Reihe einer Funktion $f(x)$ um einen Entwicklungspunkt x_0, der um den Wert ε geändert werden soll, ist wie folgt definiert: 1221

$$f(x_0+\varepsilon) = \sum_{i=0}^{\infty} \frac{f^{(i)}(x_0)}{i!}\varepsilon^i$$

Sie erlaubt gegenüber der ersten Ableitung eine präzisere Beschreibung des Änderungsverhaltens einer Funktion, da weitere Funktionseigenschaften mit einbezogen werden. Eine hinreichende Approximation wird i.d.R. durch Berücksichtigung der ersten drei Reihenglieder erzielt. Konkret erhalten wir auf Basis der Barwertfunktion: 1222

$$V_0(i+\varepsilon) = V_0(i) + V_0'(i)\varepsilon + \frac{V_0''(i)}{2!}\varepsilon^2$$

Für die Vermögensänderung ergibt sich: 1223

$$\Delta V_0 = V_0(i+\varepsilon) - V_0(i) = V_0'(i)\varepsilon + \frac{V_0''(i)}{2!}\varepsilon^2$$

Beispiel 9.2.6

Wir betrachten die Zahlungsfolge: 1224

$$Z = \{40_1, 50_2, 60_3\}$$

Der Zinssatz betrage $i = 0{,}1$. Es ist mit Hilfe einer Taylorreihenentwicklung die Barwertänderung abzuschätzen, wenn der Zinssatz um einen Prozentpunkt bzw. zwei Prozentpunkte zunimmt. Barwert-, erste und zweite Ableitungsfunktion lauten: 1225

$$V_0(i) = 40(1+i)^{-1} + 50(1+i)^{-2} + 60(1+i)^{-3}$$

$$V_0'(i) = -40(1+i)^{-2} - 100(1+i)^{-3} - 180(1+i)^{-4}$$

$$V_0''(i) = 80(1+i)^{-3} + 300(1+i)^{-4} + 720(1+i)^{-5}$$

1226 Einsetzen ergibt:

$$V_0(0,1) = 40 \cdot 1,1^{-1} + 50 \cdot 1,1^{-2} + 60 \cdot 1,1^{-3} = 122,76$$

$$V_0'(0,1) = -40 \cdot 1,1^{-2} - 100 \cdot 1,1^{-3} - 180 \cdot 1,1^{-4} = -231,13$$

$$V_0''(0,1) = 80 \cdot 1,1^{-3} + 300 \cdot 1,1^{-4} + 720 \cdot 1,1^{-5} = 712,07$$

1227 Für $\Delta i = 0,01$ folgt:

$$\Delta V_0 = 0,01(-231,13) + 0,0001 \cdot \frac{712,07}{2} = -2,2757$$

1228 Die exakte Differenz beträgt $\Delta V_0 = -2,2714$. Für $\Delta i = 0,02$ ergibt sich:

$$\Delta V_0 = 0,02(-231,13) + 0,0004 \cdot \frac{712,07}{2} = -4,4802$$

1229 Die exakte Vermögensänderung beträgt im letzten Fall $\Delta V_0 = -4,4792$.

1230 Wir modifizieren die zinsabhängige Barwertfunktion und betrachten statt des Zinssatzes den Zinsfaktor $q := 1 + i$ als Argument. Konkret lautet die Barwertfunktion:

$$V_0(q) = \sum_{t=1}^{n} c_t q^{-t}$$

1231 Wir differenzieren nach dem Zinsfaktor und erhalten:

$$V_0'(q) = \sum_{t=1}^{n} -tc_t q^{-t-1}$$

1232 Als Maß für die Reaktionssensitivität des Barwertes auf Zinssatzänderungen findet die **Zinsfaktorelastizität** Verwendung. Entsprechend den Überlegungen in Kapitel 5.6 ergibt sich:

$$\varepsilon_{V_0,q} = \frac{V_0'(q)q}{V_0(q)} = \frac{1}{V_0(q)} \sum_{t=1}^{n} -tc_t q^{-t}$$

1233 Die negative Zinsfaktorelastizität wird auch als „Duration" bezeichnet und ist im Bondmanagement zur Immunisierung gegen Zinsrisiken von Bedeutung (s. Kapitel 10.1)

Beispiel 9.2.7

1234 Wir berechnen die Zinsfaktorelastizität des Barwertes auf Basis des Beispiels 9.2.6 und erhalten konkret:

$$\varepsilon_{V_0,q} = \frac{-40q^{-1} - 100q^{-2} - 180q^{-3}}{40q^{-1} + 50q^{-2} + 60q^{-3}}$$

1235 Für $q = 1,1$ ergibt sich $\varepsilon_{V_0,q} = -2,0711$. Eine annahmegemäße Änderung des Zinsfaktors um **1%** führt näherungsweise zu einer gegensinnigen Barwertänderung von **2,0711 %.**

Ein Maß für die durchschnittliche zeitliche Distanz der Zahlungsmassen von der Duration stellt die **Varianz** $\mathbf{v^2}$ der entsprechenden Zahlungsfolge dar. Je höher $\mathbf{v^2}$ ist, desto stärker sind die Zahlungen „zeitlich auseinander gezogen". Dabei fallen höhere Zahlungsvolumina explizit ins Gewicht. Wir betrachten die Definition: 1236

$$\mathbf{v^2 = \frac{1}{V_0}\left(\sum_{t=1}^{n} t^2 c_t q^{-t}\right) - \bar{t}^2}$$

Da weiter in der Zukunft liegende Zahlungen naturgemäß mit höherer Unsicherheit behaftet sind, kann die Zahlungsfolgenvarianz als Risikomaß interpretiert werden. 1237

Beispiel 9.2.8

Die Varianz bezogen auf die Zahlungsfolge des Beispiels 9.2.6 ergibt sich zu 1238

$$\mathbf{v^2 = \frac{1}{122,76}(1^2 \cdot 40 \cdot 1,1^{-1} + 2^2 \cdot 50 \cdot 1,1^{-2} + 3^2 \cdot 60 \cdot 1,1^{-3}) - 2,0711^2 = 0,6581}$$

Das **Zeitzentrum** $\mathbf{z}$ (mittlerer Zahlungstermin) einer Zahlungsfolge $\mathbf{Z = \{c_1, c_2, \dots, c_n\}}$ beschreibt den Zeitpunkt, bei dem der Zeitwert einer Zahlungsfolge der Summe aller Zahlungen entspricht. Wir formalisieren: 1239

$$\mathbf{\sum_{t=1}^{n} c_t q^{z-t} = \sum_{t=1}^{n} c_t}$$

Eine Äquivalenzumformung ergibt: 1240

$$\mathbf{q^z = \sum_{t=1}^{n} c_t \Big/ \sum_{t=1}^{n} c_t q^{-t}}$$

Mittels logarithmieren erhalten wir für das Zeitzentrum: 1241

$$\mathbf{z = \frac{1}{\ln q}\left(\ln\left(\sum_{t=1}^{n} c_t\right) - \ln\left(\sum_{t=1}^{n} c_t q^{-t}\right)\right)}$$

Beispiel 9.2.9

Bezüglich der Zahlungsfolge aus Beispiel 9.2.6 ergibt sich für das Zeitzentrum: 1242

$$\mathbf{z = \frac{1}{\ln 1,1} \cdot (\ln 150 - \ln 122,76) = 2,1027}$$

Eine Ergebnisüberprüfung ergibt: 1243

$$\mathbf{40 \cdot 1,1^{1,1027} + 50 \cdot 1,1^{0,1027} + 60 \cdot 1,1^{-0,8973} = 150}$$

9.3 Besondere Zahlungsfolgen

1244 Zahlungsfolgen, die sowohl durch identische Zahlungsvolumina als auch durch regelmäßige zeitliche Wiederkehr (Periodizität) gekennzeichnet sind, werden als **Rente** bezeichnet. Zum Beispiel ist von einem Zahlungspflichtigen über einen bestimmten Zeitraum monatlich ein konstanter Betrag zu zahlen. Eine Rente ist folglich eine **uniforme äquidistante Zahlungsfolge**. Wir betrachten eine Rente mit Zahlungsvolumen **c** sowie einer Laufzeit über **n** Jahre gemäß:

$$\mathbf{R} = \{c_1, c_2, \dots, c_n\} \quad \text{mit} \quad c_1 = c_2 = \cdots = c_n =: c$$

1245 Der Finalwert dieser Rente ergibt sich durch Askontierung der Rentenzahlungen gemäß:

$$V_n = c + cq + cq^2 + \cdots + cq^{n-1}$$

1246 Mathematisch handelt es sich um eine geometrische Reihe. Wir leiten eine Summenformel her.

1247 Multiplikation beider Seiten mit **q** führt zu:

$$qV_n = cq + cq^2 + \cdots + cq^{n-1} + cq^n$$

1248 Differenzbildung zwischen dem letzten und vorletzten Ausdruck und anschließende Äquivalenzumformungen ergeben:

$$qV_n - V_n = cq^n - c$$

$$\leftrightarrow V_n(q-1) = c(q^n - 1)$$

$$\leftrightarrow V_n = c \cdot \frac{q^n - 1}{q - 1} = c \cdot \frac{q^n - 1}{i}$$

1249 Der Rentenendwert (Rentenfinalwert) ergibt sich durch Multiplikation des Rentenbetrags mit dem **Rentenendwertfaktor** oder **Rentenfinalwertfaktor**. Dieser ist durch die zwei exogenen Variablen Zinssatz und Laufzeit eindeutig determiniert und lautet:

$$F(i, n) = \frac{q^n - 1}{i}$$

1250 Mittels der Beziehung $V_0 = V_n q^{-n}$ berechnen wir den Barwert einer Rente gemäß:

$$V_0 = c \cdot \frac{q^n - 1}{i} q^{-n} = c \cdot \frac{1 - q^{-n}}{i}$$

1251 Offensichtlich ergibt sich der Rentenbarwert durch Multiplikation des Rentenbetrags mit dem Rentenbarwertfaktor:

$$Q(i, n) = \frac{1 - q^{-n}}{i}$$

Beispiel 9.3.1

Wir reflektieren erneut auf die Gewinnrente des Beispiels 9.2.1. Die Berechnung des Finalwer- 1252
tes kann jetzt einfacher mithilfe des Rentenendwertfaktors gemäß

$$V_3 = 375.000 \cdot \frac{1,06^3 - 1}{0,06} = 1.193.850,00$$

erfolgen. Der Barwert ergibt sich mithilfe des Rentenbarwertfaktors gemäß: 1253

$$V_0 = 375.00 \cdot \frac{1 - 1,06^{-3}}{0,06} = 1.002.379,48$$

Bei Rentenfinalwert- und Rentenbarwertberechnungen kann auch die kompakte Schreibweise 1254
$\mathbf{V_n = cF(i,n)}$ bzw. $\mathbf{V_0 = cQ(i,n)}$ Verwendung finden. Unentbehrlich sind dabei die konkreten Angaben der exogenen Variablen Zinssatz und Laufzeit. Konkret erhalten wir:

$$V_3 = 375.000 \cdot F(0,06; 3) = 1.193.850,00$$

$$V_0 = 375.000 \cdot Q(0,06; 3) = 1.002.379,48$$

Bei einer gegebenen Rente 1255

$$R = \{c_1, c_2, \dots, c_n\} \quad \text{mit} \quad c_1 = c_2 = \dots = c_n =: c$$

sind der Rentenbarwert $\mathbf{V_0}$ und der Rentenfinalwert $\mathbf{V_n}$ finanzmathematisch äquivalente Werte. 1256
Wir formalisieren:

$$V_0 \sim \{c_1, c_2, \dots, c_n\} \sim V_n$$

Häufig sind Gegenwartswerte in eine äquivalente zukünftige Rente bzw. Zukunftswerte (z.B. 1257
Sparziele) in eine äquivalente vorgelagerte Rente zu transformieren. Im ersten Fall gehen wir von der Rentenbarwertformel

$$V_0 = cQ(i,n) = c \cdot \frac{1 - q^{-n}}{i}$$

aus. Auflösung nach dem Rentenbetrag **c** ergibt: 1258

$$c = V_0 Q^{-1}(i,n) = V_0 \cdot \frac{i}{1 - q^{-n}}$$

Es handelt sich bei $\mathbf{Q^{-1}(i,n)}$ um den Annuitätenfaktor. Für den zweiten Fall betrachten wir die 1259
Rentenendwertformel:

$$V_n = cF(i,n) = c \cdot \frac{q^n - 1}{i}$$

1260 Eine Auflösung nach **c** führt zu:

$$c = V_n F^{-1}(i, n) = V_n \cdot \frac{i}{q^n - 1}$$

1261 $F^{-1}(i, n)$ beschreibt den Rückwärtsverteilungsfaktor.

Beispiel 9.3.2

1262 „Glückspilz“ möchte einen Lotteriegewinn von **5 Mio €** auf **20** Jahre verteilen. Welchen Betrag **c** kann er bei einem Jahreszinssatz von **i = 0,06** jährlich entnehmen?

$$c = 5Mio \cdot Q^{-1}(0,06; 20) = 5Mio \cdot \frac{0,06}{1 - 1,06^{-20}} = 435.922,78$$

Beispiel 9.3.3

1263 „Sparfix“ möchte durch jährliches Sparen nach **30** Jahren ein Sparziel von **500.000 €** erreichen. Welche jährliche Sparrate **s** ist bei einem Zinssatz von **i = 0,06** notwendig?

$$s = 500.000 \cdot F^{-1}(0,06; 30) = 500.000 \cdot \frac{0,06}{1,06^{30} - 1} = 6324,46$$

1264 Rentenzahlungen erfolgen nicht nur jährlich, sondern auch unterjährig (quartalsweise, monatlich etc.). Damit liegt wieder ein Fall unterjähriger Verzinsung vor. Gehen wir von einem auf das Jahr bezogenen Zahlungsvolumen **c** sowie einer Anzahl von **m** Rentenzahlungen innerhalb eines Jahres aus, dann ergibt sich pro Rentenperiode (z.B. Monat, Quartal etc.) eine Rentenzahlung von c/m bei Gültigkeit eines relativen Periodenzinssatzes von i/m. Bei einem Rentenzeitraum von **n** Jahren beträgt die Anzahl der Rentenperioden dann **nm**.

1265 Der Rentenbarwert bei **nm** unterjährigen Zahlungen über eine Laufzeit von **n** Jahren ergibt sich dann gemäß

$$V_0 = \frac{c}{m} \cdot \frac{1 - (1 + i/m)^{-mn}}{i/m}$$

1266 mit **m** = Anzahl der Subperioden innerhalb eines Jahres.

1267 Der Rentenbarwertfaktor bei unterjähriger Verzinsung ist nun durch drei exogene Variablen **i**, **n**, **m** bestimmt gemäß:

$$Q(i, n, m) = \frac{1 - (1 + i/m)^{-mn}}{i/m}$$

1268 Analog gilt für den Rentenendwert bei **nm** unterjährigen Zahlungen über eine Laufzeit von **n** Jahren:

$$V_n = \frac{c}{m} \cdot \frac{(1 + i/m)^{mn} - 1}{i/m}$$

Setzen wir $\mathbf{c_{(m)}} := \mathbf{c/m}$ für den unterjährigen Rentenbetrag, so ergeben sich Rentenbarwert bzw. Rentenfinalwert bei unterjähriger Rente in kompakter Form gemäß: 1269

$$\mathbf{V_0 = c_{(m)}Q(i, n, m)} \quad \text{bzw.} \quad \mathbf{V_n = c_{(m)}F(i, n, m)}$$

Beispiel 9.3.4

„Glückspilz" hat in einer Lotterie gewonnen. Der Lotteriegewinn besteht in einer über **20** Jahre laufenden Gewinnrente von monatlich nachschüssig **2.500 €**. Was ist sein Lotteriegewinn heute wert, d.h., wie hoch ist sein **finanzmathematisch äquivalentes Gegenwartsvermögen**, wenn wir mit einem Jahreszinssatz von **5 %** kalkulieren? 1270

$$\mathbf{V_0 = 2.500 \cdot \frac{1-(1+0,05/12)^{-12\cdot 20}}{0,05/12} = 378.813,28}$$

Der finanzmathematisch äquivalente Betrag bei einer Sofortauszahlung liegt folglich bei **378.813,28**. Diesen Betrag könnte er heute als Kredit aufnehmen und den Kredit mit den laufenden Rentenzahlungen verzinsen und tilgen. 1271

Beispiel 9.3.5

Eine Person im Alter von **20** Jahren beschließt, **40** Jahre lang auf Lottospielen zu verzichten und den potenziellen wöchentlichen Spieleinsatz von **10 €** konsequent in einem Aktienfonds zu sparen. Die jährliche Verzinsung (Aktienrendite) liege bei **6 %**. Welches Vermögen hat sich nach **40** Jahren angesammelt? 1272

$$\mathbf{V_{40} = 10F(0,06;\ 40; 52) = 10 \cdot \frac{(1+0,06/52)^{40\cdot 52}-1}{0,06/52} = 86.735,44}$$

Beispiel 9.3.6

„Rauchfix" gibt täglich **5 €** für Tabakkonsum aus. Er beschließt fortan, auf jeglichen Tabakkonsum zu verzichten und **5 €** bei einem Jahreszins von **i = 6%** zu sparen. Über welches Vermögen verfügt er nach **40** Jahren bei annahmegemäß täglicher Besparung und unterjähriger Verzinsung? 1273

$$\mathbf{V_{40} = 5F(0,06; 40, 365) = 5 \cdot \frac{(1+0,06/365)^{365\cdot 40}-1}{0,06/365} = 304.805,49}$$

Gegenwartswerte können auch in äquivalente unterjährige Renten bzw. Zukunftswerte in zeitlich vorgelagerte unterjährige Renten transformiert werden. Eine Umstellung der Barwertformel einer unterjährigen Rente ergibt: 1274

$$\mathbf{c_{(m)} = V_0Q^{-1}(i, n, m) = V_0 \cdot \frac{i/m}{1-(1+i/m)^{-mn}}}$$

Beispiel 9.3.7

1275 „Glückspilz" will einen Lottogewinn von **5 Mio €** über **30** Jahre in eine Monatsrente transformieren. Der Jahreszinssatz betrage **i = 0,06**.

$$\mathbf{c_{(12)} = 5Mio \cdot Q^{-1}(0,06;30;12) = 5Mio \cdot \frac{0,06/12}{1-(1+0,06/12)^{-12\cdot 30}} = 29.977,53}$$

1276 Wir lösen nun die Endwertformel einer unterjährigen Rente nach dem Rentenbetrag auf und erhalten:

$$\mathbf{c_{(m)} = V_n F^{-1}(i,n,m) = V_n \cdot \frac{i/m}{(1+i/m)^{mn}-1}}$$

Beispiel 9.3.8

1277 Sparfix strebt in **40** Jahren ein Vermögen von **1 Mio €** an. Welchen Betrag muß er bei einem Jahreszins von **6%** monatlich sparen?

$$\mathbf{c_{(12)} = 1Mio \cdot F^{-1}(0,06;40;12) = 1Mio \cdot \frac{0,06/12}{(1+0,06/12)^{12\cdot 40}-1} = 502,14}$$

1278 Wir betrachten im Folgenden einen Altersvorsorgesparer, der eine monatliche Sparrate in Höhe von **s** erbringen möge. Sein Ziel sei die Verfügbarkeit einer monatlichen Konsumrate **c** in der Ruhestandsphase. Aus schreibökonomischen Gründen wird jetzt eine kompaktere Schreibweise gewählt. Sei **N** der Ansparzeitraum in Monaten, **M** der Konsumzeitraum in Monaten, $\boldsymbol{\beta} = \mathbf{(1+i/m)}$ der Zinsfaktor bei einem relativen Monatszinssatz $\mathbf{i/m}$ (**m=12**). Der Endwert der Ansparphase bei annahmegemäß konstantem Jahreszinssatz **i** ergibt sich durch Multiplikation der Sparrate mit dem unterjährigen Finalwertfaktor zu:

$$\mathbf{V_N = sF(i,N) = s \cdot \frac{\beta^N - 1}{i/m}}$$

1279 Die monatliche Konsumrate berechnet sich durch Multiplikation des Ansparvolumens mit dem unterjährigen Annuitätenfaktor gemäß:

$$\mathbf{c = V_N Q^{-1}(i,M) = V_N \cdot \frac{i/m}{1-\beta^{-M}}}$$

1280 Durch Verknüpfung beider Ausdrücke ergibt sich ein direkter Zusammenhang zwischen Konsumrate, Sparrate, Anspar- und Konsumlaufzeiten sowie Zinssatz gemäß:

$$\mathbf{c = sF(i,N)Q^{-1}(i,M) = s \cdot \frac{\beta^N - 1}{1-\beta^{-M}}}$$

1281 Wir definieren einen Transformationsfaktor

$$\mathbf{\Omega(i,M,N) := \frac{\beta^N - 1}{1-\beta^{-M}}},$$

der jede monatliche Sparrate **s** bei gegebener Ansparzeit **N** in eine finanzmathematisch äquivalente monatliche Konsumrate **c** bei fixiertem Entnahmezeitraum **M** transformiert. In kompakter Form lautet der entsprechende Ausdruck: 1282

$$\mathbf{c = s\Omega(i, M, N)}$$

Dabei gilt $\mathbf{c'_s = \Omega(i, M, N) > 0;\ c'_i = s\Omega'_i > 0;\ c'_M = s\Omega'_M < 0;\ c'_N = s\Omega'_N > 0}$. Der monatliche Konsumbetrag in der Entsparphase steigt ceteris paribus mit der Sparrate, dem Zinssatz sowie der Länge der Ansparphase und sinkt mit der Länge der Entsparphase.

Beispiel 9.3.9

Eine junge Erwerbsperson möchte ein privates Vorsorgesparen praktizieren. Diese betreibe über eine Ansparphase von **40** Jahren ein Aktiensparen von **100 €** monatlich. Wir legen die langjährige durchschnittliche Aktienrendite von $\mathbf{r = 0,07}$ zugrunde. Wie hoch ist bei einem Entnahmezeitraum von **20** Jahren die monatliche Rente? 1283

$$\mathbf{c = 100\Omega(0,07; 240; 480) = 100 \cdot \frac{(1 + 0,07/12)^{480} - 1}{1 - (1 + 0,07/12)^{-240}} = 2.035,02}$$

Bei einem Renditeansatz von $\mathbf{r = 0,06}$ und einem Entnahmezeitraum von **30** Jahren ergibt sich: 1284

$$\mathbf{c = 100\Omega(0,06; 240; 480) = 100 \cdot \frac{(1 + 0,06/12)^{480} - 1}{1 - (1 + 0,06/12)^{-360}} = 1.194,00}$$

Sofern ein monatliches Entnahmeziel **c** für einen bestimmten Entnahmezeitraum **M** fixiert ist, kann der entsprechend notwendige monatliche Sparbetrag **s** berechnet werden. Dieser ergibt sich durch Umstellung der entsprechenden Gleichung gemäß: 1285

$$\mathbf{s = c\Omega^{-1}(i, M, N) = c \cdot \frac{1 - \beta^{-M}}{\beta^{N} - 1}}$$

Beispiel 9.3.10

Eine Erwerbsperson verfolge ein monatliches Entnahmeziel von **1.200 €** über einen Zeitraum von **25** Jahren. Wie hoch ist die monatlich notwendige Sparrate bei einem Ansparzeitraum von **42** Jahren und **6,5 %** Jahreszins? 1286

$$\mathbf{s = 1200\Omega^{-1}(0,065; 300; 504) = 1200 \cdot \frac{1 - (1 + 0,065/12)^{-300}}{(1 + 0,065/12)^{504} - 1} = 67,70}$$

Nun lassen wir die Rentenperioden immer kleiner werden: Wochen (**m = 52**), Zinstage (**m = 360**), Stunden (**m = 8640**), Minuten (**m = 518400**) etc. Der Annahme, dass die Anzahl der Rentenperioden gegen unendlich geht (**m → ∞**), entspricht ein gleichmäßiger kontinuierlicher Zufluss des Rentenvolumens über den Zeitraum $\mathbf{[0, n]}$ (prinzipiell vergleichbar der Wassermenge, die ein Fluss bei konstanter momentaner Strömungsgeschwindigkeit über diesen Zeitraum einem See zuführt). Wir sprechen in diesem Fall von einer konstanten Zahlungsgeschwindigkeit (Zahlungstempo). Der Barwert ergibt sich dann gemäß 1287

$$V_0 = c \cdot \frac{1 - e^{-in}}{i},$$

1288 wobei sich das Rentenzahlungsvolumen **c** auf den Zeitraum eines Jahres bezieht.

Beispiel 9.3.11

1289 Über einen Zeitraum von **zehn** Jahren möge kontinuierlich Geld zufließen. Pro Jahr beträgt der kumulierte Geldzufluss **3.000 €**. Wie hoch ist der äquivalente Barwert bei einem Jahreszinssatz von **i = 0,05**?

$$V_0 = 3.000 \cdot \frac{1 - e^{-0,05 \cdot 10}}{0,05} = 23.608,16$$

1290 Wir gehen jetzt wieder von jährlichen Rentenzahlungen aus und wollen überlegen, welche Auswirkung eine unendlich lange Ausdehnung der Rentenlaufzeit hat. Es handelt sich dann um eine **ewige Rente**. Spontan drängt sich vielleicht der Gedanke auf, dass sich ein Barwert von unendlich einstellt. Wir ermitteln den Rentenbarwertfaktor bei unendlich langer Laufzeit über einen Grenzwertkalkül des Rentenbarwertfaktors gemäß:

$$\lim_{n \to \infty} Q(i,n) = \lim_{n \to \infty} \frac{1 - q^{-n}}{i} = \frac{1}{i}$$

1291 (Hinweis: Zu beachten ist, dass **q > 1** und $q^{-n} = 1/q^n$. Wird **n** immer größer, wird wegen **q > 1** der Nenner immer größer, und der Wert des Bruchs $1/q^n$ geht gegen **0**.)

1292 Es handelt sich bei dem Rentenbarwertfaktor einer ewigen Rente um den reziproken Zinssatz. Der Rentenbarwert einer ewigen Rente ergibt sich konkret gemäß:

$$V_0 = c \cdot \frac{1}{i}$$

Beispiel 9.3.12

1293 Es liege folgende Zahlungsfolge vor:

$$Z = \{25_1, \ldots, 25_8\}$$

1294 Der Zinssatz betrage **i = 0,07**.

1295 Rentenbarwert und Rentenendwert ergeben sich zu:

$$V_0 = 25 \cdot \frac{1 - 1,07^{-8}}{0,07} = 149,28; \quad V_8 = 25 \cdot \frac{1,07^8 - 1}{0,07} = 256,50$$

1296 Der Rentenbarwert obiger Rente bei Laufzeitverlängerung auf unendlich beträgt:

$$V_0 = 25 \cdot \frac{1}{0,07} = 357,14$$

Analog ergibt sich der Annuitätenfaktor bezüglich einer ewigen Rente gemäß: 1297

$$\lim_{n\to\infty} Q^{-1}(i,n) = \lim_{n\to\infty} \frac{i}{1-q^{-n}} = i$$

Der Annuitätenfaktor einer ewigen Rente entspricht dem Zinssatz. 1298

Beispiel 9.3.13

„Zockerfix“ will sich nach einer erfolgreichen Glücksspielkarriere mit einem Vermögen von nunmehr **5 Mio €** zur Ruhe setzen. Über welchen Betrag kann er bei Gültigkeit eines Zinssates **i = 0,06** jährlich verfügen, wenn er sein Vermögen in eine äquivalente ewige Rente transformiert? 1299

$$c = 5\text{Mio} \cdot 0{,}06 = 300.000$$

Die Konvention des „von den Vermögenszinsen leben“ bedeutet finanzmathematisch, besagtes Vermögen in eine äquivalente ewige Rente zu transformieren. Das Vermögen – als Quelle der laufenden Renten – bleibt dabei in seiner Substanz in voller Höhe erhalten. 1300

Abschließend werden die bisher behandelten Rentenfaktoren zusammenfassend dargestellt. 1301

1302

Rentenbarwertfaktor	$Q(i,n) = \frac{1-q^{-n}}{i}$
Rentenfinalwertfaktor	$F(i,n) = \frac{q^n-1}{i}$
Annuitätenfaktor	$Q^{-1}(i,n) = \frac{i}{1-q^{-n}}$
Rückwärtsverteilungsfaktor	$F^{-1}(i,n) = \frac{i}{q^n-1}$
Rentenbarwertfaktor unterjährig	$Q(i,n,m) = \frac{1-(1+i/m)^{-mn}}{i/m}$
Rentenfinalwertfaktor unterjährig	$F(i,n,m) = \frac{(1+i/m)^{mn}-1}{i/m}$
Annuitätenfaktor unterjährig	$Q^{-1}(i,n,m) = \frac{i/m}{1-(1+i/m)^{-mn}}$
Rückwärtsverteilungsfaktor unterjährig	$F^{-1}(i,n,m) = \frac{i/m}{(1+i/m)^{mn}-1}$
Rentenbarwertfaktor einer ewigen Rente	$Q(i,n=\infty) = \frac{1}{i}$
Annuitätenfaktor einer ewigen Rente	$Q^{-1}(i,n=\infty) = i$

Häufig wachsen Renten periodisch mit einer konstanten Wachstumsrate $\boldsymbol{\rho}$. Wir definieren einen Wachstumsfaktor $\mathbf{g} := 1+\rho$ und betrachten die Zahlungsfolge einer progressiven (dynamischen) Rente mit Basiszahlung **c** gemäß: 1303

$$R = \{c_1, cg_2, cg_3^2, \dots, cg_n^{n-1}\}$$

1304 Der Finalwert ergibt sich gemäß:

$$\mathbf{V_n = cg^{n-1} + cqg^{n-2} + \cdots + cq^{n-1}}$$

1305 Multiplikation beider Seiten mit $\mathbf{qg^{-1}}$ ergibt:

$$\mathbf{qg^{-1}V_n = cqg^{n-2} + cq^2g^{n-3} + \cdots + cq^ng^{-1}}$$

1306 Differenzbildung zwischen dem letzten und vorletzten Ausdruck sowie anschließende Äquivalenzumformungen ergeben den Ausdruck:

$$\mathbf{V_n = c \cdot \frac{q^n - g^n}{q - g} = c \cdot \frac{q^n - g^n}{i - \rho}}$$

1307 Der letzte Faktor beschreibt den progressiven oder dynamischen Rentenfinalwertfaktor gemäß:

$$\mathbf{\tilde{F}(i, \rho, n) := \frac{q^n - g^n}{i - \rho}}$$

Beispiel 9.3.14

1308 Betrachtet werde ein Rentensparplan mit einer Basisrente von **c = 1.000 €** bei jährlichem Wachstum von **5%**. Wie hoch ist der Finalwert nach **20** Jahren bei einem Jahreszinssatz **i** von **6 %**?

$$\mathbf{V_{20} = 1.000\tilde{F}(0,06; 0,05; 20) = 1.000 \cdot \frac{1,06^{20} - 1,05^{20}}{0,06 - 0,05} = 55.383,78}$$

1309 Mittels Diskontierung des Finalwertes erhalten wir den Rentenbarwert und entsprechend den progressiven oder dynamischen Rentenbarwertfaktor. Wir setzen an:

$$\mathbf{V_0 = V_nq^{-n} = c \cdot \frac{q^n - g^n}{i - \rho} q^{-n} = c \cdot \frac{1 - g^nq^{-n}}{i - \rho}}$$

1310 Wir isolieren den progressiven oder dynamischen Rentenbarwertfaktor gemäß:

$$\mathbf{\tilde{Q}(i, \rho, n) := \frac{1 - g^nq^{-n}}{i - \rho}}$$

Beispiel 9.3.15

1311 Ein Lotteriegewinn bestehe aus einer progressiven Rente bei **25**-jähriger Laufzeit. Der Basisbetrag belaufe sich auf **10.000 €,** die jährliche Wachstumsrate bei **4%** bei einem Jahreszinssatz von **6%**. Der Barwert beträgt:

$$\mathbf{V_0 = 10.000\tilde{Q}(0,06; 0,04; 25) = 10.000 \cdot \frac{1 - 1,04^{25} \cdot 1,06^{-25}}{0,06 - 0,04} = 189.431,89}$$

9.4 Berücksichtigung der Inflation in der Zinseszinsrechnung

Inflation liegt in einer Volkswirtschaft vor, wenn das Geld- und Kreditvolumen stärker wächst als das reale Volumen an Gütern und Dienstleistungen. Die Folge der Inflation sind Preissteigerungen. Das Ausmaß der Preissteigerungen wollen wir durch die jährliche durchschnittliche Preisniveau-Steigerungsrate $\widehat{\mathbf{p}}$ – häufig auch als Inflationsrate bezeichnet – symbolisieren. Wir schließen uns dieser synonymen Verwendung an. Wir betrachten einleitend ein klassisches Inflationsmodell. Basis ist die Quantitätsgleichung: 1312

$$\mathbf{MU = Yp}$$

Hierbei beschreiben **M** die Geldmenge, **U** die Geldumlaufgeschwindigkeit, **Y** das reale Inlandsprodukt einer Volkswirtschaft und **p** das Preisniveau. Wir setzen $\mathbf{U = 1}$ und betrachten den logarithmierten Ausdruck: 1313

$$\mathbf{\ln M = \ln Y + \ln p}$$

Auflösung nach $\mathbf{\ln p}$ und Differenziation führt zur Gleichung der Preissteigerungsrate gemäß: 1314

$$\mathbf{(\ln p)' = (\ln M)' - (\ln Y)'}$$

$$\leftrightarrow \mathbf{\widehat{p} = \widehat{M} - \widehat{Y}}$$

Die Preissteigerungsrate (Inflationsrate) ergibt sich aus der Differenz der Geldmengenwachstumsrate und der Wachstumsrate des realen Inlandsprodukts. 1315

Um die Auswirkung der Inflation auf die Kaufkraft - diese wird durch die Höhe des Realvermögens beziffert - deutlich zu machen, wird ein simples Beispiel angeführt. 1316

Beispiel 9.4.1

Ein Grundschulkind erhalte **2 €** Taschengeld. Der Preis einer Eiskugel betrage **1 €**. Die reale Kaufkraft beträgt somit **zwei** Eiskugeln. Nun möge sich das Taschengeld verdoppeln. Das Kind rennt in Vorfreude auf **vier** Eiskugeln zur Eisdiele und stellt entsetzt fest, dass sich der Eispreis vervierfacht hat. Was ist passiert? Das Nominalvermögen hat sich verdoppelt (Anstieg um **100 %**, welches in Dezimalschreibweise einem Zinssatz von **i = 1,00** entspricht), der Eispreis hat sich vervierfacht (Anstieg um **300 %** entspricht analog einer Inflationsrate in Dezimalschreibweise von $\mathbf{\widehat{p} = 3{,}00}$). Die reale Kaufkraft (und nur die zählt!) hat sich halbiert. Die Änderung der realen Kaufkraft wird durch die **reale Zinsrate $\mathbf{i_R}$** ausgedrückt. Diese ergibt sich in diesem Fall zu: 1317

$$\mathbf{i_R = \frac{1+i}{1+\widehat{p}} - 1 = \frac{1+1}{1+3} - 1 = -0{,}50}$$

Das **Nominalvermögen** des Grundschulkindes hat sich verdoppelt, das **Realvermögen** halbiert. 1318

Bei Berücksichtigung der Preisniveausteigerung wollen wir zwischen Nominalvermögen und Realvermögen unterscheiden. Nominalvermögen ist die reine Bezifferung des jeweiligen monetären Guthabens (**1923** gab es sehr viele Billionäre in Deutschland), Realvermögen bildet dagegen die reale Kaufkraft ab (**1923** waren in Deutschland aber sehr viele Personen real arm). 1319

Das Nominalvermögen des Grundschulkindes beträgt **4 €**, das Realvermögen dagegen das Äquivalent von einer Kugel Eis. Die Berechnungsformel des zukünftigen Nominalvermögens entspricht der bekannten Zinseszinsformel bei Verwendung des Nominalzinssatzes gemäß:

$$\mathbf{V_n = V_0 q^n}$$

1320 Für das Realvermögen bei gegebener Preisniveau-Steigerungsrate oder Inflationsrate $\hat{\mathbf{p}}$ gilt:

$$\mathbf{V_n^R = V_0 \cdot \frac{q^n}{(1+\hat{p})^n} = V_0 q^n (1+\hat{p})^{-n}}$$

1321 Um das Realvermögen zu berechnen, ist das nominale Endvermögen über die Laufzeit **n** zu deflationieren, d.h., es wird um den Preisniveauanstieg bereinigt. Alternativ können wir das reale Endvermögen über den Realzins

$$\mathbf{i_R = \frac{q}{1+\hat{p}} - 1}$$

gemäß

$$\mathbf{V_n^R = V_0 (1+i_R)^n}$$

berechnen.

Beispiel 9.4.2

1322 „Glückspilz" hat den Lottojackpot geknackt und ist um **10 Mio. €** reicher. Er beschließt diesen Betrag zwecks Altersvorsorge **30** Jahre zu sparen. Der aktuelle Anlagezinssatz liege bei **0,5 %**, die Inflationsrate bei **2 %**. Das Nominalvermögen von Glückspilz (der Betrag, der nach **30** Jahren auf dem Kontoauszug steht) beträgt:

$$\mathbf{V_{30} = 10.000.000(1+0,005)^{30} = 11.614.000,83}$$

1323 Das Realvermögen liegt bei:

$$\mathbf{V_{30}^R = 10.000.000(1+0,005)^{30} \cdot (1+0,02)^{-30} = 6.411.751,76}$$

1324 Sein Realvermögen hat sich in den **30** Jahren um gerundet **35,88 %** verringert, d.h., er kann sich nach **30** Jahren **35,88 %** weniger Güter kaufen als zum Zeitpunkt des Lottogewinns. Der Realzins beläuft sich auf

$$\mathbf{i_R = \frac{1+0,005}{1+0,02} - 1 = -0,0147}$$

.

1325 Das Realvermögen von Glückspilz schrumpft folglich jährlich um **1,47 %.**

1326 Bei Inflationsberücksichtigung wird die Periode **0** als **Basisperiode** angenommen, d.h., wir setzen für das Basisjahr: **eine Geldeinheit (GE) = eine Kaufkrafteinheit (KE)** und berechnen das reale Endvermögen in Kaufkrafteinheiten. Kostet z.B. im Basisjahr eine Eiskugel eine **GE** und **zehn** Jahre später zwei **GE,** so entspricht nach **zehn** Jahren eine **GE** nur noch einer halben **KE**, da eine **GE** rechnerisch nur noch für eine halbe Eiskugel reicht. Wir legen fest, dass im Basisjahr eine Kaufkrafteinheit einem Euro entspricht. Für den Fall, dass $\hat{\mathbf{p}} > \mathbf{i}$ gilt, stellt sich ein realer Vermögensverlust ein, d.h., zum Zeitpunkt **n** können $(\mathbf{1} - (\mathbf{1} + \mathbf{i})^{\mathbf{n}}/(\mathbf{1} + \hat{\mathbf{p}})^{\mathbf{n}})\ \mathbf{100}$ % weniger Realgüter gekauft werden als zum Zeitpunkt **0**. Umgekehrtes gilt im Fall $\hat{\mathbf{p}} < \mathbf{i}$. Dann können $((\mathbf{1} + \mathbf{i})^{\mathbf{n}}/(\mathbf{1} + \hat{\mathbf{p}})^{\mathbf{n}} - \mathbf{1})\ \mathbf{100}$ % mehr Realgüter gekauft werden. Betrachten wir nochmals Beispiel 9.4.1. Ein Euro reicht für eine Kugel Eis. Das nominale Taschengcld verdoppelt sich auf **2 €**. Wegen einer Vervierfachung des Preises für eine Kugel Eis deflationieren wir die **2 €** mit **300 %** $(\hat{\mathbf{p}} = \mathbf{3})$ und erhalten $\mathbf{2}/(\mathbf{1} + \mathbf{3})$ **€**. Das Realvermögen des Grundschulkindes hat sich halbiert. Vor Taschengeld- und Preisänderung betrug seine reale Kaufkraft „zwei Eiskugeln", nach Taschengeld- und Preisänderung ist diese auf „eine Eiskugel" geschrumpft.

9.5 Kontinuierliche Zahlungsströme

Für den Fall, dass zukünftige Zahlungen nicht durch eine diskrete Zahlungsfolge, sondern durch eine stetige zeitabhängige Funktion 1327

$$\mathbf{c} = \mathbf{c}(\mathbf{t}), \quad \mathbf{t} \in [\mathbf{0}, \mathbf{n}],$$

wobei $\mathbf{c}(\mathbf{t})$ die momentane Zahlungsgeschwindigkeit im Zeitpunkt **t** symbolisiert, modelliert werden, ergibt sich das gesamte Zahlungsvolumen $\boldsymbol{\Gamma}(\mathbf{0}, \mathbf{n})$ im Zeitraum $[\mathbf{0}, \mathbf{n}]$ gemäß: 1328

$$\boldsymbol{\Gamma}(\mathbf{0}, \mathbf{n}) = \int_0^n \mathbf{c}(\mathbf{t})\mathbf{dt}$$

Bei gegebener Verzinsungsintensität in Höhe von **j** berechnet sich der **Barwert** über den Diskontierungskalkül 1329

$$\mathbf{V_0} = \int_0^n \mathbf{c}(\mathbf{t})\mathbf{e}^{-\mathbf{jt}}\mathbf{dt}$$

bzw. der **Endwert** über den Askontierungskalkül 1330

$$\mathbf{V_n} = \int_0^n \mathbf{c}(\mathbf{t})\mathbf{e}^{\mathbf{j}(\mathbf{n}-\mathbf{t})}\mathbf{dt}.$$

Der Zeitwert bezüglich eines beliebigen Zeitpunkts $\mathbf{T} \in [\mathbf{0}, \mathbf{n}]$ berechnet sich gemäß: 1331

$$\mathbf{V_T} = \int_0^n \mathbf{c}(\mathbf{t})\mathbf{e}^{\mathbf{j}(\mathbf{T}-\mathbf{t})}\mathbf{dt}$$

Beispiel 9.5.1

Die zeitstetige Zahlungsgeschwindigkeitsfunktion laute $\mathbf{c}(\mathbf{t}) = \mathbf{25}$. Wie hoch sind Barwert, Endwert und der Zeitwert bezogen auf den Zeitpunkt **T = 5**, wenn von einer Verzinsungsintensität in Höhe von **j = 0,07** ausgegangen wird? 1332

$$\mathbf{V_0} = \int_0^{10} \mathbf{25e^{-0,07t}dt} = \left[-\frac{\mathbf{25}}{\mathbf{0,07}}\mathbf{e^{-0,07t}}\right]_0^{10} = \mathbf{179,79}$$

$$V_{10} = \int_0^{10} 25e^{0,07(10-t)}dt = \left[-\frac{25}{0,07}e^{0,07(10-t)}\right]_0^{10} = 362,05$$

$$V_5 = \int_0^{10} 25e^{0,07(5-t)}dt = \left[-\frac{25}{0,07}e^{0,07(5-t)}\right]_0^{10} = 255,14$$

1333 Das Zeitzentrum bezüglich einer Zahlungsgeschwindigkeitsfunktion $\mathbf{c(t)}$ bei Gültigkeit der Verzinsungsintensität **j** erfüllt die Gleichung:

$$\int_0^n c(t)e^{j(z-t))}\,dt = \int_0^n c(t)dt$$

1334 Äquivalenzumformungen führen zum Zeitzentrum gemäß:

$$e^{jz}\int_0^n c(t)e^{-jt}\,dt = \int_0^n c(t)dt$$

$$\leftrightarrow jz = \ln\left(\int_0^n c(t)dt\right) - \ln\left(\int_0^n c(t)e^{-jt}\,dt\right)$$

$$\leftrightarrow z = \frac{1}{j}\left(\ln\left(\int_0^n c(t)dt\right) - \ln\left(\int_0^n c(t)e^{-jt}\,dt\right)\right) = \frac{1}{j}(\ln\Gamma(0,n) - \ln V_0)$$

9.6 Grundzüge der Tilgungsrechnung

1335 Jede Kreditgewährung ist eine monetäre Vorleistung des Kreditors, die monetäre Nachleistungsverpflichtungen des Debitors (Schuldners) an den Kreditor impliziert. Die zeitliche Struktur der Nachleistungen wird durch einen Tilgungsplan beschrieben. Wir betrachten folgende Tilgungsformen:

- Ratentilgung
- Annuitätentilgung
- gesamtfällige Tilgung ohne Zinsansammlung
- gesamtfällige Tilgung mit Zinsansammlung

1336 Bei der **Ratentilgung** sind die Tilgungsraten $\mathbf{T_t}$ für jede Tilgungsperiode über die Kreditlaufzeit $[\mathbf{0}, \mathbf{n}]$ konstant. Sei $\mathbf{D_0}$ die Kreditsumme, so ergibt sich die Tilgungsrate gemäß:

$$T_t = \frac{D_0}{n}, \qquad t = 1, \dots, n$$

1337 Die Zinsen $\mathbf{Z_t}$ für die Periode **t** ergeben sich aus dem Produkt der Restschuld der Vorperiode mit dem Zinssatz gemäß:

$$Z_t = iD_{t-1}, \qquad t = 1, \dots, n$$

Die Summe aus Zinsen und Tilgung in der Periode **t** heißt **Annuität**: 1338

$$\mathbf{A_t = Z_t + T_t, \qquad t = 1, \dots, n}$$

Diese beschreibt die vom Debitor effektiv zu leistende Zahlung in der Periode **t**. 1339

Beispiel 9.6.1

Ein Kredit von **50.000 €** soll bei einem jährlichen Kreditzinssatz von **i = 8 %** in **fünf** Jahren per Ratentilgung zurückgezahlt werden. Die jährlich konstante Tilgungsrate ergibt sich zu: 1340

$$\mathbf{T_t = \frac{50.000}{5} = 10.000}$$

Der Tilgungsplan lautet wie folgt: 1341

1342

Periode	Restschuld	Zinsen	Tilgung	Annuität
0	**50.000,00**			
1	**40.000,00**	**4.000,00**	**10.000,00**	**14.000,00**
2	**30.000,00**	**3.200,00**	**10.000,00**	**13.200,00**
3	**20.000,00**	**2.400,00**	**10.000,00**	**12.400,00**
4	**10.000,00**	**1.600,00**	**10.000,00**	**11.600,00**
5	**0,00**	**800,00**	**10.000,00**	**10.800,00**

Es fällt auf, dass die Annuität infolge sinkender Zinsen mit fortschreitender Tilgung immer kleiner wird. 1343

Das Wesen der Annuitätentilgung besteht in der Konstanz der Annuität über alle Rückzahlungsperioden. Dabei wird der von Periode zu Periode kleiner werdende Zinsanteil durch einen steigenden Tilgungsanteil kompensiert. Wir berechnen die Annuität durch Multiplikation der Kreditsumme mit dem Annuitätenfaktor (reziproker Rentenbarwertfaktor) gemäß: 1344

$$\mathbf{A = D_0 Q^{-1}(i, n) = D_0 \cdot \frac{i}{1 - q^{-n}}}$$

Beispiel 9.6.2

Der Kredit aus Beispiel 9.6.1 soll per Annuitätentilgung zurückgezahlt werden. Die in diesem Fall konstante Annuität beträgt: 1345

$$\mathbf{A = 50.000 \cdot \frac{0,08}{1 - 1,08^{-5}} = 12.522,82}$$

1346

Periode	Restschuld	Zinsen	Tilgung	Annuität
0	**50.000,00**			
1	**41.477,18**	**4.000,00**	**8.522,82**	**12.522,82**
2	**32.272,53**	**3.318,17**	**9.204,65**	**12.522,82**
3	**22.331,51**	**2.581,80**	**9.941,02**	**12.522,82**
4	**11.595,21**	**1.786,52**	**10.736,30**	**12.522,82**
5	**0,01 (RD)**	**927,62**	**11.595,20**	**12.522,82**

1347 Die Zinsen bezüglich einer Periode **t** werden aus der jeweiligen Restschuld der Vorperiode berechnet gemäß:

$$\mathbf{Z_t = iD_{t-1}}, \qquad \mathbf{t = 1, \ldots, n}$$

1348 Die Tilgung ergibt sich aus der Differenz von der bekannten Annuität und den Zinsen, die aktuelle Restschuld aus der Differenz zwischen Restschuld der Vorperiode und der Tilgung:

$$\mathbf{T_t = A - Z_t}, \qquad \mathbf{t = 1, \ldots, n}$$

1349 bzw.

$$\mathbf{D_t = D_{t-1} - T_t}, \qquad \mathbf{t = 1, \ldots, n}$$

9.7 Rentabilitätsanalyse

1350 Eine Rentabilität ist eine relative Erfolgskennzahl. Allgemein ergibt sie sich aus dem Verhältnis zwischen einer Erfolgsgröße und einer Bezugsgröße. Als Erfolgsgröße können z.B. Gewinn, Cash Flow etc. spezifiziert werden, als Bezugsgröße Umsatz, Kapitaleinsatz, spezielle Aufwendungen etc. Eine Rentabilität gibt den Erfolg an, der im Durchschnitt pro Einheit Bezugsgröße erzielt wird.

1351 Wir spezifizieren als Erfolgsgrößen Gewinn und Nettogewinn und als Bezugsgrößen Gesamtkapital und Eigenkapital. Es gelte folgende Notation:

1352

$\mathbf{EK}$	Eigenkapital
$\mathbf{FK}$	Fremdkapital
$\mathbf{K = EK + FK}$	Gesamtkapital
$\mathbf{L = FK/EK}$	Verschuldungskoeffizient
$\mathbf{r_E}$	Eigenkapitalrentabilität
$\mathbf{r}$	Gesamtkapitalrentabilität
$\mathbf{R_E}$	Stochastische Variable Eigenkapitalrentabilität
$\mathbf{R}$	Stochastische Variable Gesamtkapitalrentabilität
$\mathbf{i}$	Effektiver Fremdkapitalzinssatz
$\mathbf{G}$	Gewinn
$\mathbf{G_N = G - Z}$	Nettogewinn
$\mathbf{Z = iFK}$	Fremdkapitalzinsen

1353 Die Gesamtkapitalrentabilität ist definiert gemäß:

$$\mathbf{r = \frac{G}{K}}$$

1354 Diese beschreibt die Gewinnerzielungskraft des eingesetzten Kapitals und ist von der Kapitalstruktur, d.h. von der Zusammensetzung des Kapitals aus Eigen- und Fremdkapital unabhängig. Eine wichtige Formalzielvariable in der Betriebswirtschaftslehre ist die Eigenkapitalrentabilität. Für sie gilt:

$$\mathbf{r_E = \frac{G_N}{EK}}$$

Die Eigenkapitalrentabilität kann nun unter bestimmten Bedingungen mit zunehmender Verschuldung gesteigert werden. Es handelt sich um den Leverage-Effekt. Wir leiten die Leverage-Formel her: 1355

$$\mathbf{r_E = \frac{G_N}{EK} = \frac{G - Z}{EK} = \frac{rK - iFK}{EK} = \frac{r(EK + FK) - iFK}{EK} = r + (r - i)L}$$

Die Eigenkapitalrentabilität ist als Funktion von drei Variablen gemäß 1356

$$\mathbf{r_E(r, i, L) = r + (r - i)L}$$

darstellbar. Die Eigenkapitalrentabilität kann offenbar mit zunehmender Verschuldung erhöht werden, wenn die Gesamtkapitalrentabilität größer ist als der effektive Fremdkapitalzinssatz. In diesem Fall gilt: 1357

$$\mathbf{\frac{\partial r_E}{\partial L} = r - i > 0 \leftrightarrow r > i}$$

Im Folgenden untersuchen wir den Zusammenhang zwischen Eigenkapitalrentabilität und Gesamtkapitalrentabilität bei gegebener Verschuldung **L**. Eine Äquivalenzumformung der Leverage-Formel führt zu dem Ausdruck: 1358

$$\mathbf{r_E = -iL + (1 + L)r}$$

Die Gesamtkapitalrentabilität sei eine stetige stochastische Variable **R** bei gegebener Dichte $\mathbf{f(r)}$. Das allgemeine Geschäftsrisiko kann durch die Varianz der Gesamtkapitalrentabilität gemäß 1359

$$\boldsymbol{\sigma_R^2 = \int_{-\infty}^{\infty} (r - \mu_R)^2 f(r) dr}$$

abgebildet werden. Für das Eigenkapitalrentabilitätsrisiko modellieren wir entsprechend: 1360

$$\boldsymbol{\sigma_{R_E}^2 = \int_{-\infty}^{\infty} \left(r_E - \mu_{R_E}\right)^2 f(r_E) dr_E}$$

Eine Variablensubstitution unter Rückgriff auf die Leverage-Formel führt zu: 1361

$$\boldsymbol{\sigma_{R_E}^2 = \int_{-\infty}^{\infty} \big(-iL + (1 + L)r - (-iL + (1 + L)\mu_R)\big)^2 f(r) dr}$$

$$\boldsymbol{\leftrightarrow \sigma_{R_E}^2 = \int_{-\infty}^{\infty} \big((1 + L)(r - \mu_R)\big)^2 f(r) dr}$$

$$\boldsymbol{\leftrightarrow \sigma_{R_E}^2 = (1 + L)^2 \int_{-\infty}^{\infty} (r - \mu_R)^2 f(r) dr}$$

$$\boldsymbol{\leftrightarrow \sigma_{R_E}^2 = (1 + L)^2 \sigma_R^2}$$

$$\boldsymbol{\leftrightarrow \sigma_{R_E} = (1 + L)\sigma_R}$$

1362 Zwischen Eigenkapitalrentabilitätsrisiko und Gesamtkapitalrentabilitätsrisiko – abgebildet durch die Standardabweichungen der jeweiligen Zufallsvariablen – besteht offenbar ein linearer Zusammenhang. Das Gesamtkapitalrentabilitätsrisiko schlägt desto stärker auf das Eigenkapitalrentabilitätsrisiko durch, je höher die Verschuldung ist. Ausmultiplikation ergibt:

$$\sigma_{R_E} = \sigma_R + L\sigma_R$$

1363 Das Eigenkapitalrentabilitätsrisiko setzt sich additiv aus dem allgemeinen Geschäftsrisiko – modelliert durch die Standardabweichung der Gesamtkapitalrentabilität – und dem Kapitalstrukturrisiko zusammen, wobei letzteres mit zunehmender Verschuldung steigt.

1364 Die letzten beiden Zusammenhänge lassen sich auch bei Annahme einer diskreten Zufallsvariablen „Gesamtkapitalrentabilität" herleiten. Wir gehen von einer Wahrscheinlichkeitsverteilung der Zufallsvariablen Gesamtkapitalrentabilität

$$P(R) = \{p_1(r_1), p_2(r_2), \ldots, p_n(r_n)\}$$

1365 aus. Erwartungswert und Varianz ergeben sich gemäß:

$$\mu_R = \sum_{i=1}^{n} p_i r_i$$

$$\sigma_R^2 = \sum_{i=1}^{n} p_i r_i^2 - \mu_R^2$$

1366 Für die Varianz der Zufallsvariable Eigenkapitalrentabilität R_E ergibt sich nach dem Linearitätssatz unter Berücksichtigung der Beziehung $r_E = -kL + (1 + L)r_K$

$$\sigma_{R_E}^2 = (1 + L)^2 \sigma_R^2$$

1367 bzw.

$$\sigma_{R_E} = (1 + L)\sigma_R \leftrightarrow \sigma_{R_E} = \sigma_R + L\sigma_R$$

10 Erweiterungen der Finanzmathematik

10.1 Finanzmathematische Analyse von Zinstiteln

Zinstitel (Obligationen, festverzinsliche Wertpapiere, Anleihen, Schuldverschreibungen, 1368
Bonds) sind auf der Zahlungsebene durch künftige Zins- und Tilgungszahlungen des Emittenten an den Gläubiger gekennzeichnet. Der Gläubiger erwirbt unter der Prämisse, dass die letzte Kuponzahlung gerade stattgefunden hat, folgenden Finanztitel:

$$\mathbf{Z = \{c_1, c_2, \dots, c_n + R_n\}}$$

mit 1369

$\mathbf{c_t}$ = Kuponzahlung am Ende der Periode **t**
$\mathbf{R_n}$ = gesamtfällige Tilgungszahlung

Unter einem Finanztitel ist dabei eine Folge zukünftiger zeitspezifizierter Zahlungen zu verste- 1370
hen, zu deren Leistung der Finanztitelverkäufer verpflichtet bzw. zu deren Einforderung der Finanztitelkäufer berechtigt ist.

Bei einer Umlaufrendite **i** (Durchschnittsrendite inländischer im Umlauf befindlicher Anleihen) 1371
ergibt sich der faire Gegenwartswert $\mathbf{V_0}$ über einen Diskontierungskalkül gemäß:

$$\mathbf{V_0 = \sum_{t=1}^{n} c_t(1+i)^{-t} + R_n(1+i)^{-n}}$$

Der Finalwert $\mathbf{V_n}$ bei annahmegemäßer Reinvestition der Kuponzahlungen zur Umlaufrendite 1372
berechnet sich zu:

$$\mathbf{V_n = \sum_{t=1}^{n} c_t(1+i)^{n-t} + R_n}$$

Umlaufrenditen sind über den Zeitlauf nicht konstant, sondern unterliegen Schwankungen, die 1373
allerdings eher gering sind. Wir sprechen von geringer Volatilität. Zwecks Analyse der Wirkungen von Umlaufrenditeänderungen auf Bar- und Finalwert differenzieren wir Barwert- und Finalwertfunktion nach dem Zinssatz und erhalten:

$$\mathbf{V_0'(i) = \sum_{t=1}^{n} -tc_t(1+i)^{-t-1} - nR_n(1+i)^{-n-1} < 0}$$

sowie 1374

$$\mathbf{V_n'(i) = \sum_{t=1}^{n} (n-t)c_t(1+i)^{n-t-1} > 0}$$

$\mathbf{V_0'(i) < 0}$ beschreibt das **Marktwertrisiko**, d.h., eine Erhöhung der Umlaufrendite führt zu 1375
einem niedrigeren Barwert und impliziert einen kurzfristigen Vermögensverlust für den Obligationär. Im Fall einer Umlaufrenditesenkung entsteht dagegen ein kurzfristiger Vermögensgewinn. $\mathbf{V_n'(i) > 0}$ drückt das **Finalwertrisiko** aus. Im Fall eines Umlaufrenditeanstiegs verfügt der Anleiheinvestor infolge verbesserter Reinvestitionsmöglichkeiten der Kuponzahlungen am Laufzeitende über ein höheres Endvermögen, im Fall eines Renditerückgangs dagegen über ein niedrigeres Endvermögen. Offensichtlich divergieren Barwert- und Finalwertef-

fekt. Der Zeitpunkt, zu dem sich Barwert- und Finalwerteffekt bei Umlaufrenditeänderungen neutralisieren, ist die **Duration** (mittlere Laufzeit, Zeitzentrum) $\bar{t}$.

1376 Sie ergibt sich aus dem Quotienten der barwertgewichteten Zahlungszeitpunkte und dem Barwert gemäß:

$$\bar{t} = \frac{1}{V_0}\left(\sum_{t=1}^{n} tc_t(1+i)^{-t} + nR_n(1+i)^{-n}\right)$$

1377 Eine alternative Berechnungsmöglichkeit stellt die negative **Zinsfaktorelastizität des Barwertes** dar, womit die Duration gleichzeitig als Sensitivitätsmaß des Barwertes auf Zinsänderungen interpretierbar ist. Es gilt somit:

$$\bar{t} = -\varepsilon_{V0,q}$$

1378 Wählt der Obligationär einen Anlagehorizont von $\bar{t}$, so immunisiert er sich gegen Zinsänderungsrisiken.

1379 Ein weiteres Zinssensitivitätsmaß des Anleihenmarktwertes stellt die **Konvexität C** dar:

$$C = \frac{V_0''(i)}{V_0} = \frac{1}{V_0}\left(\sum_{t=1}^{n} (t^2 - t)c_t(1+i)^{-t-2} + (n^2 - n)R_n(1+i)^{-n-2}\right)$$

1380 Die Konvexität ist ein Maß für die **Asymmetrie der Zinssensitivität**. Bei hoher Konvexität liegt bei Zinssteigerungen eine geringere Zinssensitivität vor als bei Zinssenkungen. Steigt der Zinssatz um ein Prozent, reagiert der Marktwert prozentual schwächer nach unten als im Fall einer einprozentigen Zinssenkung prozentual nach oben.

1381 Bei gegebenem Anleihekurs B_0 ergibt sich die Anleiherendite r_B durch Lösung der Gleichung:

$$B_0 = \sum_{t=1}^{n} c_t(1+r_B)^{-t} + R_n(1+r_B)^{-n} = 0$$

10.2 Finanzmathematische Analyse von Aktien

10.2.1 Barwertansatz

1382 Eine Aktie ist ein Wertpapier, das den Anteil an einer Aktiengesellschaft verbrieft. Analog der Bewertung von Zinstiteln können wir den Wert einer Aktie durch Diskontierung der zukünftigen Rückflüsse ermitteln. Bei einjähriger Haltedauer ergibt sich der aktuelle Wert durch Diskontierung der Summe aus Dividende D_1 und Marktwert V_1 nach einer Periode gemäß:

$$V_0 = D_1 q^{-1} + V_1 q^{-1}$$

1383 Hierbei beschreibt $q = 1 + r$ den Diskontierungsfaktor sowie r die Diskontierungsrate. Der Wert V_1 ergibt sich bei annahmegemäß einjähriger Haltedauer des Anschlussinvestors gemäß:

$$V_1 = D_2 q^{-1} + V_2 q^{-1}$$

Bei Substitution von $\mathbf{V_1}$ in der ersten Gleichung durch $\mathbf{V_1}$ in der zweiten Gleichung erhalten wir: 1384

$$\mathbf{V_0 = D_1 q^{-1} + D_2 q^{-2} + V_2 q^{-2}}$$

Bei unendlicher Fortsetzung dieses Substitutionsprozesses ergibt sich der Wert einer Aktie durch Diskontierung aller zukünftigen Dividenden gemäß: 1385

$$\mathbf{V_0 = \sum_{t=1}^{\infty} D_t q^{-t}}$$

Bei im Zeitlauf konstanten Dividenden gilt: 1386

$$\mathbf{V_0 = D \cdot \frac{1}{r}}$$

Die Diskontierungsrate zerlegen wir additiv in einen Marktzinssatz für sichere Anlagen **i** und eine Risikoprämie $\boldsymbol{\pi}$. Die Risikoprämie reflektiert bei Risikoaversion ein vom Investor zusätzlich gefordertes Entgelt für das Eingehen des mit der Investition verbundenen Risikos. Sie ist positiv mit der Höhe des Risikos korreliert. Wir explizieren entsprechend die Bewertungsformel gemäß: 1387

$$\mathbf{V_0 = D \cdot \frac{1}{i + \pi}}$$

Diese Berechnungsweise wird als **Dividendendiskontierungsmodell** bezeichnet. 1388

Empirische Beobachtungen zeigen, dass sich Zinsen und Aktienpreise häufig konträr entwickeln. Ein höherer Zins führt im Rahmen des Dividendendiskontierungsmodells zu einem geringeren Aktienwert und vice versa wegen: 1389

$$\mathbf{V_0'(i) = -D \cdot \frac{1}{(i + \pi)^2} < 0}$$

Qualitative Argumente sind darin zu finden, dass ein höherer Zins die Attraktivität von Zinstiteln als Anlagealternative steigert und somit entsprechende Portfolioumschichtungen auslöst. Steigende Zinsen erhöhen zudem mögliche Fremdfinanzierungskosten der Unternehmungen, was ceteris paribus die Gewinnerwartungen schmälert. Beide Phänomene lösen Aktienverkäufe aus und bewirken im Regelfall eines initialen Angebotsüberhangs einen entsprechenden Aktienpreisdruck nach unten. 1390

Eine größere Unsicherheit potenzieller Investoren bezüglich Aktieninvestments drückt sich in der Forderung nach einer höheren Risikoprämie aus. Diese impliziert auf Basis des Dividendendiskontierungsmodells ebenfalls einen niedrigeren Aktienwert wegen: 1391

$$\mathbf{V_0'(\pi) = -D \cdot \frac{1}{(i + \pi)^2} < 0}$$

1392 Nehmen wir über die Zeit ein konstantes Dividendenwachstum mit jährlicher Wachstumsrate ρ (Wachstumsfaktor $g := 1 + \rho$) an, so ergibt sich der Aktienwert für einen endlichen Horizont gemäß der dynamischen Rentenbarwertformel über **n** Jahre:

$$V_0 = D \cdot \frac{1 - q^{-n}g^n}{q - g}$$

1393 Bei unendlich langer Laufzeit beträgt der Barwert

$$V_0 = D \cdot \frac{1}{q - g} = D \cdot \frac{1}{r - \rho} = D \cdot \frac{1}{i + \pi - \rho}$$

1394 mit der impliziten Annahme eines positiven Nenners. Im Fall eines nichtpositiven Nenners gilt für den Barwert $V_0 = \infty$. Eine Zunahme der Dividendenwachstumsrate führt zu einem Anstieg des Aktienwertes und vice versa wegen:

$$V_0'(\rho) = D \cdot \frac{1}{(r - \rho)^2} > 0$$

10.2.2 Modellierung von Aktienpreisentwicklungen

1395 Aktienpreise bilden sich auf den Finanzmärkten durch Angebot und Nachfrage. Aktienpreisprognosen erfolgen auf Basis der **Fundamentalanalyse**, der **Technischen Analyse** oder mithilfe sogenannter **Random-Walk-Modelle**.

1396 Die Fundamentalanalyse ermittelt auf Basis mikroökonomischer und relevanter makroökonomischer Daten einen fairen Aktienwert. Im Rahmen der Technischen Analyse werden auf Basis der in einem Preischart dokumentierten Kurshistorie zukünftige Preisentwicklungen bzw. Preisziele prognostiziert. Hierfür existiert ein sehr vielfältiges und komplexes Instrumentarium. Im Rahmen der Random-Walk-Theorie wird eine randomisierte (zufallsbestimmte) Aktienpreisentwicklung angenommen. Entsprechend erfolgt eine Modellierung der Preisentwicklung durch ausgewählte stochastische Prozesse. Sei $S(t)$ der Preis einer Aktie zu einem Zeitpunkt **t**. Nach einem infinitesimalen Zeitintervall **dt** ändere sich der Aktienpreis um **dS**. Wir berechnen die **momentane Aktienrendite** gemäß:

$$r = \frac{dS}{S}$$

1397 Zwecks weiterer Analyse zerlegen wir die Rendite **r** in einen **deterministischen** $\bar{r}$ und einen **stochastischen Anteil** $\tilde{r}$. Für den deterministischen Renditeanteil gilt:

$$\bar{r} = \mu dt$$

1398 Der Parameter μ reflektiert eine stetige Preisänderungsrate, die auch als **Drift** bezeichnet wird. Den stochastischen Anteil beschreiben wir über eine **geometrische Brownsche Bewegung dW** (auch als **Wiener Prozess** bezeichnet), multipliziert mit einem Diffusionsparameter σ gemäß:

$$\tilde{r} = \sigma dW$$

Als Diffusionsparameter σ findet die Standardabweichung der Aktienrenditen Verwendung. 1399
Die Formel des Wiener Prozesses lautet

$$dW = \varepsilon\sqrt{dt},$$

wobei sich ε aus der zufälligen Ziehung einer normalverteilten Zufallsvariable mit Erwartungs- 1400
wert 0 ergibt und $\sqrt{dt}$ die Höhe der Standardabweichung beschreibt, d.h.:

$$\varepsilon \sim N\left(0, \sqrt{dt}\right)$$

Die Addition beider Renditekomponenten führt zu der stochastischen Differenzialgleichung 1401

$$\frac{dS}{S} = \mu dt + \sigma dW$$

bzw. 1402

$$dS = \mu S dt + \sigma S dW,$$

die einen Random Walk bezüglich des Aktienpreises beschreibt. Eine Verallgemeinerung der- 1403
gestalt, dass bezüglich Drift- und Diffusionsparameter eine Abhängigkeit von Preis und Zeit eingeführt wird, führt zu der Differenzialgleichung, die einen sogenannten **Ito-Prozess** (benannt nach dem japanischen Mathematiker Ito) beschreibt:

$$\frac{dS(t)}{S(t)} = \mu(S(t), t)dt + \sigma(S(t), t)dW$$

bzw. 1404

$$dS(t) = \mu(S(t), t)S(t)dt + \sigma(S(t), t)S(t)dW$$

Beispiel 10.2.2.1

Die Preisentwicklung einer Aktie weise eine erwartete Drift von $\mu = 0{,}05$ sowie eine Volati- 1405
lität (beschrieben durch die Standardabweichung) von $\sigma = 0{,}2$ auf. Welche Preisänderung kann unter der Annahme eines Wiener Prozesses mit Drift nach **zwei** Wochen erwartet werden?

$$\Delta S = 0{,}05 \cdot 100 \cdot \frac{2}{52} + 0{,}2 \cdot \varepsilon \cdot \sqrt{\frac{2}{52}} = 0{,}1923 + 3{,}92\varepsilon$$

10.2.3 Rendite und Risikoanalysen von Einzelaktien

Eine Rendite r stellt allgemein eine eindimensionale dynamische Ertragskraftkennzahl eines 1406
Aktivums dar. Allgemein können wir sie als Funktion des Initialwertes V_0, laufender Periodenüberschüsse $c_t, t \in \{1, \ldots, n\}$ und eines Finalwertes V_n bezüglich eines bestimmten Aktivums gemäß

$$r = f(V_0, c_1, \ldots, c_n, V_n)$$

1407 darstellen. Je nach Verknüpfung der Renditebestimmungsfaktoren ergeben sich spezifische Renditeziffern, die entsprechend zu interpretieren sind.

1408 Wir betrachten zunächst eine Aktie mit Einstandspreis $\mathbf{S_0}$ und dem Verkaufspreis $\mathbf{S_n}$ nach **n** Perioden. Auf dieser Basis lassen sich zunächst **vier** Renditearten unterscheiden:

1409 **Periodenspezifische diskrete Rendite**	$S_n = S_0(1 + r_n) \leftrightarrow r_n = (S_n/S_0) - 1$
Periodisierte diskrete Rendite	$S_n = S_0(1 + r)^n \leftrightarrow r = (S_n/S_0)^{1/n} - 1$
Periodenspezifische stetige Rendite	$S_n = S_0 e^{\varrho_n} \leftrightarrow \varrho_n = \ln S_n - \ln S_0$
Periodisierte stetige Rendite	$S_n = S_0 e^{\varrho n} \leftrightarrow \varrho = (\ln S_n - \ln S_0)/n$

1410 Wird als Periode das Jahr gewählt, spricht man von einer **annualisierten** jeweils diskreten oder stetigen Rendite. Wir wiederholen kurz den finanzmathematischen Zusammenhang zwischen diskreter Rendite **r** und stetiger Rendite $\boldsymbol{\varrho}$ gemäß:

$$\varrho = \ln(1 + r) \leftrightarrow r = e^{\varrho} - 1$$

Beispiel 10.2.3.1

1411 Ein Aktieninvestor investiere zum Zeitpunkt $\mathbf{t_0}$ **1.000 GE** in eine Aktie, die er nach **vier** Jahren zum Preis von **1.400 GE** veräußere. In obiger Renditereihenfolge ergibt sich:

$$r_4 = \frac{1.400}{1.000} - 1 = 0,4$$

$$r = \left(\frac{1.400}{1.000}\right)^{1/4} - 1 = 0,0878$$

$$\varrho_4 = \ln 1400 - \ln 1000 = 0,3365$$

$$\varrho = \frac{\ln 1400 - \ln 1000}{4} = 0,0841$$

1412 Aktienanlagen erscheinen nur dann attraktiv, wenn sie nachhaltig eine Rendite oberhalb des am Kapitalmarkt risikolos erzielbaren Zinssatzes **i** generieren. Die Differenz zwischen beiden Renditen ist die sogenannte **Überschussrendite** (**Exzessrendite**) gemäß:

$$r_\Delta = r - i$$

Neben dem risikolosen Kapitalmarktzinssatz existieren weitere Vergleichszinssätze (Benchmarks) wie z.B. Renditen von Aktienindizes, spezifischen Aktienkörben (Baskets), Edelmetallen etc. Wir sprechen von einer **Benchmarkrendite r_M**. Die Differenz zwischen Aktienrendite und Benchmarkrendite beschreibt die **aktive Rendite** gemäß: 1413

$$r_\alpha = r - r_M$$

Die Benchmarkrendite stellt die Opportunitätskosten eines Aktieninvestments dar. 1414

Beispiel 10.2.3.2

Folgende Daten bezüglich der Aktie der X AG und des Börsenindex Y liegen vor: 1415

Zeitpunkt	Preisnotierung X	Indexnotierung Y	1416
t_0	$16,50$	3.050	
t_1	$20,05$	3.412	

Der zeitliche Abstand betrage **ein** Jahr. Es gelte **i = 0,05**. 1417

$$r_X = (20,05/16,50) - 1 = 0,2152$$

$$r_Y = (3.412/3.050) - 1 = 0,1187$$

$$r_{\Delta X} = 0,2151 - 0,05 = 0,1651$$

$$r_{\Delta Y} = 0,1187 - 0,05 = 0,0687$$

$$r_{\alpha X,Y} = 0,2151 - 0,1187 = 0,0964$$

Die annualisierte diskrete Rendite der X-Aktie übersteigt die des Index Y um **0,0964**. Man spricht von einer **Outperformance** der X-Aktie gegenüber dem Index. 1418

Liegt eine Preiszeitreihe einer Aktie mit den Preisen $S_0, S_1, \dots, S_n$ vor, wobei alle Zeiträume zwischen jeweils **zwei** benachbarten Notierungen äquidistant sind, so ergeben sich die stetigen Periodenrenditen gemäß: 1419

$$\varrho_t = \ln\left(\frac{S_t}{S_{t-1}}\right) = \ln S_t - \ln S_{t-1}, \qquad t = 1, \dots, n$$

Wir bilden das arithmetische Mittel der stetigen Renditen gemäß: 1420

$$\mu = \frac{1}{n}\sum_{t=1}^{n} \varrho_t$$

μ bezeichnet die **Drift**. Diese gibt die durchschnittliche Aktienpreisänderung pro Renditeberechnungszeitraum an und stellt ein **Trendmaß** der Aktienpreisentwicklung bezüglich des 1421

Gesamtbetrachtungszeitraums $[\mathbf{0}, \mathbf{n}]$ dar. Aufgrund der **Additivitätseigenschaft stetiger Renditen** gilt:

$$\mathbf{S_n = S_0 e^{\mu n} = S_0 \prod_{t=1}^{n} e^{\varrho_t}}$$

Beispiel 10.2.3.3

1422 Betrachtet werde folgende Aktienpreiszeitreihe:

$$\{\mathbf{S_t}\} = \{\mathbf{80_0, 82_1, 79_2, 81_3, 85_4, 83_5}\}$$

1423 Die stetigen Periodenrenditen berechnen sich gemäß:

$$\mathbf{\varrho_1 = \ln 82 - \ln 80 = 0,0247}$$

$$\mathbf{\varrho_2 = \ln 79 - \ln 82 = -0,0373}$$

$$\mathbf{\varrho_3 = \ln 81 - \ln 79 = 0,0250}$$

$$\mathbf{\varrho_4 = \ln 85 - \ln 81 = 0,0482}$$

$$\mathbf{\varrho_5 = \ln 83 - \ln 85 = -0,0238}$$

1424 Die Drift ergibt sich zu:

$$\mathbf{\mu = \frac{1}{5}(0,0247 - 0,0373 + 0,0250 + 0,0482 - 0,0238) = 0,00736}$$

1425 Es gilt:

$$\mathbf{S_5 = 80 e^{0,00736 \cdot 5} = 83}$$

1426 Risiko im weiteren Sinne beschreibt sowohl die **Gefahren** als auch die **Chancen** einer bestimmten Positionierung im Hinblick auf die Erreichung eines bestimmten Ziels. Gebräuchlicher ist der Risikobegriff im engeren Sinne, der ausschließlich auf die Gefahren einer Zielverfehlung einer bestimmten Positionierung fokussiert. Ein Standardrisikomaß für das Risiko i.w.S. ist die **Standardabweichung**. Gegeben sei eine Zeitreihe stetiger Periodenrenditen $\boldsymbol{\varrho_1, \varrho_2, \ldots \varrho_n}$ mit Drift $\boldsymbol{\mu}$. Die Standardabweichung berechnet sich nach der bekannten Formel gemäß:

$$\mathbf{\sigma = \sqrt{\frac{1}{n} \sum_{t=1}^{n} \varrho_t^2 - \mu^2}}$$

1427 Sie ist ein Maß für die durchschnittliche Abweichung der stetigen Periodenrenditen von der Drift. Je höher die Standardabweichung ausfällt, desto ausgeprägter sind die Preisschwankungen der entsprechenden Aktie.

Im Portfoliomanagement wird die **Volatilität (Schwankungsintensität)** häufig mittels der Standardabweichung quantifiziert. Je größer die Volatilität, desto stärker schwanken die Aktienpreise. Hohe Aktienpreisschwankungen bergen ein entsprechend hohes Risiko, da Schwankungen notwendigerweise temporale Preistiefphasen implizieren. 1428

Beispiel 10.2.3.4

Ein Aktieninvestment habe in den ersten **acht** Monaten eines Jahres folgende stetige Monatsrenditen erzielt: 1429

Periode	Jan	Feb	März	April	Mai	Juni	Juli	Aug
ϱ_t	0,02	0,03	–0,015	0,02	–0,02	0,04	0,01	–0,005

1430

Die Drift ergibt sich zu: 1431

$$\mu = \frac{1}{8}(0,02 + 0,03 - 0,015 + 0,02 - 0,02 + 0,04 + 0,01 - 0,005) = 0,01$$

Die Volatilität berechnet sich zu: 1432

$$\sigma = \sqrt{\frac{1}{8}(0,02^2 + 0,03^2 + \dots + (-0,005)^2) - 0,01^2} = 0,0202$$

Zur Quantifizierung von Risiken i.e.S. existieren sogenannte **Downside-Risikomaße**. Bekannt ist die **Semivolatilität**, die nur die negativen Abweichungen der Renditen von der Drift berücksichtigt. Sie berechnet sich gemäß: 1433

$$\sigma_{SV} = \sqrt{\frac{1}{n} \cdot \sum_{t=1}^{\tilde{n}} (\varrho_t^- - \mu)^2}$$

mit ϱ_t^- = Rendite kleiner als mittlere Rendite
$\tilde{n}$ = Anzahl Renditen kleiner als mittlere Rendite

Eine weitere Möglichkeit bilden **Lower Partial Moments (LPM-Maße)**. Hier gehen die negativen Abweichungen von einer geforderten Mindestrendite ϱ_{min} in die Berechnung ein. Für ein **LPM-Maß** vom Grad **m** gilt: 1434

$$LPM_m = \frac{1}{n} \cdot \sum_{t=1}^{\tilde{n}} (\varrho_{min} - \varrho_t^-)^m$$

mit ϱ_t^- Rendite kleiner als Mindestrendite,
$\tilde{n}$ = Anzahl Renditen kleiner als ϱ_{min},
m = Bewertungsparameter der Abweichungen

Mit höherer Ordnung (steigendem **m**) fallen größere Abweichungen stärker ins Gewicht. 1435

Beispiel 10.2.3.5

1436 Bezogen auf die Renditezeitreihe aus Beispiel 10.2.3.3 bei Fixierung einer Mindestrendite von $\boldsymbol{\varrho_{min} = 0{,}025}$ ergibt sich:

$$\mathbf{LPM_0} = \sum_{t=1}^{\tilde{n}} \frac{1}{n} = \frac{\tilde{n}}{n} = \frac{6}{8} = 0{,}75$$

1437 $\mathbf{LPM_0}$ kann als Ausfallwahrscheinlichkeit interpretiert werden.

$$\mathbf{LPM_1} = \frac{1}{8}\big((0{,}025 - 0{,}02) + \cdots + (0{,}025 - (-0{,}005))\big) = 0{,}0175$$

$$\mathbf{LPM_2} = \frac{1}{8}((0{,}025 - 0{,}02)^2 + \cdots + (0{,}025 - (-0{,}005))^2) = 0{,}0048$$

1438 Zur Quantifizierung von Verlustrisiken sowie von Wahrscheinlichkeiten negativer Extremwerte ist die **Schiefe** als **Grad der Asymmetrie** einer Verteilung ein geeigneter Parameter. Wir verwenden das **relative Schiefemaß** $\boldsymbol{\gamma}$ (entspricht dem dritten zentralen Moment) gemäß:

$$\gamma = \frac{\frac{1}{n}\sum_{t=1}^{n}(\varrho_t - \mu)^3}{\sigma^3}$$

1439 Für $\boldsymbol{\gamma > 0}$ ergibt sich eine **linkssteile Renditedichte**, bei $\boldsymbol{\gamma < 0}$ liegt eine **rechtssteile Renditedichte** vor, und bei $\boldsymbol{\gamma = 0}$ ist diese symmetrisch.

1440 Bei identischem Renditemittelwert weisen Aktieninvestments mit linkssteiler Renditedichte ein geringeres Verlustrisiko auf als bei rechtssteiler Renditedichte. Dafür sind bei rechtssteiler Renditedichte negative Extremwerte wahrscheinlicher.

1441 Als Maß für die Konzentration der Renditen um den Mittelwert und an den Rändern können wir das **relative Wölbungsmaß** ($\boldsymbol{\omega}$)verwenden. Es lautet:

$$\omega = \frac{\frac{1}{n}\sum_{t=1}^{n}(\varrho_t - \mu)^4}{\sigma^4}$$

1442 Die Renditedichte weist bei $\boldsymbol{\omega > 3}$ ein **leptokurtisches** Profil (**Leptokursis**), bei $\boldsymbol{\omega = 3}$ ein **normales** Profil und bei $\boldsymbol{\omega < 3}$ ein **platykurtisches** (**Platykursis**) Profil auf. Je größer die Wölbung ausfällt, desto wahrscheinlicher ist das Auftreten von Extremwerten.

Beispiel 10.2.3.6

1443 Bezogen auf die Renditezeitreihe aus Beispiel 10.2.3.3 ergibt sich für das relative Schiefemaß:

$$\gamma = \frac{\frac{1}{8}\cdot((0{,}02 - 0{,}01)^3 + (0{,}03 - 0{,}01)^3 + \cdots + (-0{,}005 - 0{,}01)^3)}{0{,}0202^3} = -0{,}1365$$

Die relative Wölbung beträgt: 1444

$$\omega = \frac{\frac{1}{8} \cdot ((0{,}02 - 0{,}01)^4 + (0{,}03 - 0{,}01)^4 + \cdots + (-0{,}005 - 0{,}01)^4)}{0{,}0202^4} = 1{,}082$$

Inwieweit eine bestimmte Kursrichtung in einer Periode durch die Kursentwicklung in der Folgeperiode bestätigt oder widerlegt wird, kann mithilfe der **Autokorrelation** beziffert werden. Wir betrachten zwei periodenbenachbarte Renditepaare $(\varrho_t, \varrho_{t+1})$. Eine Standardisierung führt zu dem Wertepaar: 1445

$$(z_t, z_{t+1}) = \left(\frac{\varrho_t - \mu}{\sigma}, \frac{\varrho_{t+1} - \mu}{\sigma}\right)$$

Der **Autokorrelationskoeffizient** ergibt sich aus dem arithmetischen Mittel des Produkts der standardisierten Renditepaare gemäß: 1446

$$k_{\varrho t, \varrho t+1} = \frac{1}{n-1} \sum_{t=1}^{n-1} z_t \cdot z_{t+1}$$

Dieser ist eine Maßzahl des inneren Zusammenhangs, d.h., inwieweit sich eine Tendenz einer bestimmten Periode in der Folgeperiode fortsetzt. 1447

Beispiel 10.2.3.7

Bezüglich der Renditepaare aus Beispiel 10.2.3.4 ergeben sich die standardisierten Renditepaare ($\mu = 0{,}01$; $\sigma = 0{,}0202$): 1448

$$(0{,}495|0{,}99);\ (0{,}99|-1{,}24);\ (-1{,}24|0{,}495);\ (0{,}495|-1{,}4851)$$

$$(-1{,}4851|1{,}4851);\ (1{,}4851|0);\ (0|-0{,}7426)$$

Der Autokorrelationskoeffizient berechnet sich gemäß: 1449

$$k_{\varrho t, \varrho t+1} = \frac{1}{7} \cdot \big(0{,}495 \cdot 0{,}99 + 0{,}99 \cdot (-1{,}24) + \cdots + 0 \cdot (-0{,}7426)\big) = -0{,}6132$$

Es liegt eine mittelmäßig negative Autokorrelation vor. Einer bestimmten Kursrichtung in einer Periode folgt tendenziell eine gegenläufige Kursbewegung in der Folgeperiode. 1450

10.3 Optionen

10.3.1 Wesen von Optionen

1451 Unter einer Option ist ein Kontrakt zwischen Optionskäufer und Optionsverkäufer zu verstehen, der den Optionskäufer (Inhaber der Long-Position) gegen Zahlung des Optionspreises (Prämie) berechtigt, bestimmte Mengen von Basisobjekten (Underlyings) zu einem fixierten Preis (Basispreis, Strike) zu kaufen (Kaufoption, Call) bzw. zu verkaufen (Verkaufsoption, Put) sowie den Optionsverkäufer (Inhaber der Short-Position) bei Optionsausübung des Optionskäufers verpflichtet, die entsprechende Anzahl von Basisobjekten zum Basispreis zu liefern (Call) bzw. zu erwerben (Put). Bezüglich der Ausübungsmodalitäten werden **amerikanische Optionen** und **europäische Optionen** unterschieden. Eine amerikanische Option kann bis zum Verfallstermin jederzeit ausgeübt werden, eine europäische Option nur am Verfallstag selbst. Bei den in nachfolgenden Kapiteln durchgeführten Modellanalysen werden wir stets europäische Optionen zugrunde legen, andernfalls wird expressis verbis von „amerikanischen Optionen“ gesprochen. Folgende Optionsgeschäftspositionen lassen sich unterscheiden:

1452

Kontraktposition / Optionsart	Käufer zahlt Prämie aktives Ausübungsrecht	Verkäufer erhält Prämie passive Verpflichtung
Call	**Recht auf Bezug des Underlyings zum Strike**	**Pflicht zum Verkauf des Underlyings zum Strike**
Put	**Recht auf Verkauf des Underlyings zum Strike**	**Pflicht zum Bezug des Underlyings zum Strike**

1453 Die Underlyings können zum einen konkreter Natur sein (Aktien, Anleihen, Devisen etc.), zum anderen einen abstrakten Charakter (Aktienindizes, Zinsen etc.) aufweisen. Motive des Eingehens von Optionspositionen sind **Hedging**, **Trading** und **Arbitraging**. Hedging beinhaltet die Absicherung gegen finanzwirtschaftliche Risiken, die sich z.B. in Wertverlusten des Underlyings manifestieren können. Unter Trading sind i.d.R. kurzfristige Spekulationsgeschäfte mit Gewinnerzielungsabsicht zu verstehen. Bei Arbitraging werden Preisdifferenzen identischer Finanztitel gewinnerzielend ausgenutzt, d.h., einem Arbitrageur ist es möglich, ohne Nettokapitaleinsatz einen sicheren Gewinn zu erzielen.

1454 Wir gehen im Folgenden aus Gründen der Anschaulichkeit und Einheitlichkeit der Terminologie stets von einer Aktie als Underlying einer Option aus. Eine Übertragbarkeit der Zusammenhänge auf andere Underlyings ist problemlos möglich.

10.3.2 Ausgewählte Merkmale von Aktienoptionen

1455 Prinzipiell werden Optionen an der Börse gehandelt, wobei deren Preise durch Angebot und Nachfrage zustande kommen. Preisdeterminanten von Optionen sind:

- Aktienkurs $\mathbf{S}(\mathbf{t})$ zu einem Zeitpunkt $\mathbf{t}$

- Basispreis **X**
- Restlaufzeit $\mathbf{T-t}$ mit $\mathbf{T}$ = Verfallstermin
- Volatilität (Schwankungsintensität) des Aktienkurses $\boldsymbol{\sigma}$
- risikoloser Kapitalmarktzinssatz **i**
- erwartete Dividenden während der Laufzeit der Option **D**

Wir können Bestimmungsfaktoren des Call-Preises **C** bzw. Put-Preises **P** sowie deren Ände- 1456
rungswirkung in Funktionsschreibweise formulieren gemäß

$$\mathbf{C = C(S, X, t, \boldsymbol{\sigma}, i, D)},$$

wobei 1457

$$\mathbf{C'_S > 0;\ C'_X < 0;\ C'_t < 0;\ C'_{\boldsymbol{\sigma}} > 0;\ C'_i > 0;\ C'_D < 0}$$

bzw. 1458

$$\mathbf{P = P(S, X, t, \boldsymbol{\sigma}, i, D)},$$

wobei 1459

$$\mathbf{P'_S < 0;\ P'_X > 0;\ P'_t < 0;\ P'_{\boldsymbol{\sigma}} > 0;\ P'_i < 0;\ P'_D > 0}\,.$$

Der Wert einer Option setzt sich aus einem **inneren Wert (Parität)** und einem **Zeitwert** zu- 1460
sammen. Der innere Wert eines Calls zu einem bestimmten Zeitpunkt **t** ($\mathbf{C_i(t)}$) bzw. eines entsprechenden Puts ($\mathbf{P_i(t)}$) ergibt sich (zunächst ohne Zinsberücksichtigung) aus der positiven Differenz zwischen Aktienkurs $\mathbf{S(t)}$ und Strike **X** gemäß:

$$\mathbf{C_i(t) = max\{(S(t) - X), 0\}} \quad \text{bzw.} \quad \mathbf{P_i(t) = max\{(X - S(t)), 0\}}$$

Der Zeitwert zum Zeitpunkt **t** ($\mathbf{C_z(t)}$ **bzw.** $\mathbf{P_z(t)}$) ergibt sich aus der Differenz zwischen Opti- 1461
onspreis und innerem Wert gemäß:

$$\mathbf{C_z(t) = C(t) - C_i(t)} \quad \text{bzw.} \quad \mathbf{P_z(t) = P(t) - P_i(t)}$$

Der Zeitwert reflektiert die Chance, dass der Aktienpreis aus Sicht des Optionsinhabers in die 1462
gewünschte Richtung tendiert, er nimmt sowohl bei einem Call als auch bei einem Put mit sinkender Restlaufzeit ab gemäß:

$$\mathbf{C'_z(t) < 0,\ C''_z(t) < 0} \quad \text{bzw.} \quad \mathbf{P'_z(t) < 0,\ P''_z(t) < 0}$$

Für Optionen lassen sich sowohl eine obere als auch eine untere Wertgrenze spezifizieren. Für 1463
einen Call liegt die **obere Wertgrenze** beim Aktienkurs selbst gemäß

$$\mathbf{\bar{C} \leq S}\,,$$

1464 andererseits wäre über Aktienkauf und simultanem Call-Verkauf ein Arbitragegewinn möglich. Analog kann der Wert einer Verkaufsoption niemals über dem Strike liegen, es gilt:

$$\overline{\mathbf{P}} \leq \mathbf{S}$$

1465 Die **Wertuntergrenze eines Calls** ergibt sich aus der Differenz des Aktienkurses und des über die Restlaufzeit **T** diskontierten Strikes gemäß (wir rechnen fortan mit stetiger Verzinsung):

$$\underline{\mathbf{C}} \geq \mathbf{max\{(S - Xe^{-iT}), 0\}}$$

1466 (Hinweis: Bei fehlender Angabe des Bewertungszeitpunkts wird immer implizit der Zeitpunkt $\mathbf{t_0 = 0}$ unterstellt, dann beträgt die Restlaufzeit $\mathbf{T - t = T}$.)

Beispiel 10.3.2.1

1467 Sei $\mathbf{S_0 = 10, X = 9, i = 0,1}$ und $\mathbf{T = 1}$. Dann gilt für die Wertuntergrenze:

$$\underline{\mathbf{C}} = \mathbf{10 - 9e^{-0,1} = 1,86}$$

Annahme: $\mathbf{C = 1,5} < \underline{\mathbf{C}}$

1468 Arbitrageur kauft Call und verkauft Aktie leer (ein Aktienleerverkauf ist der Verkauf einer geliehenen Aktie mit Rückgabeverpflichtung zu einem bestimmten Termin), was zu einem Mittelzufluss von $\mathbf{10 - 1,5 = 8,5}$ führt. Eine einjährige Anlage zu **i = 0,1** führt zu einem Endwert von $\mathbf{8,5e^{0,1} = 9,39}$. Gilt zum Ende der Optionsfrist nun $\mathbf{S_T > 9}$, so übt er die Option aus, schließt die Short-Position (d.h., er gibt die geliehene Aktie zurück) und erzielt einen sicheren Profit von **0,39**. Bei $\mathbf{S_T \leq 9}$ wird die Aktie vom Markt gekauft, und der Profit beträgt dann $\mathbf{0,39 + (9 - S_T)}$.

1469 Für eine allgemeinere Begründung unterscheiden wir zwei Portfolios:

1470 **Portfolio I: ein Call und ein Geldbetrag in Höhe von $\mathbf{Xe^{-iT}}$**

Portfolio II: eine Aktie

1471 Der Geldbetrag in Portfolio **I** wächst durch die Verzinsung am Ende der Laufzeit **T** auf **X**. Gilt $\mathbf{S_T > X}$, wird der Call ausgeführt, und der Portfoliowert von **I** beträgt $\mathbf{S_T}$, im Fall $\mathbf{S_T < X}$ verfällt die Option wertlos, und der Portfoliowert beträgt **X**. Der Wert des Portfolios **I** beträgt zum Zeitpunkt **T** folglich $\mathbf{V_T^I = max\{S_T, X\}}$.

1472 Portfolio **II** hat zum Zeitpunkt **T** den Wert $\mathbf{V_T^{II} = S_T}$. Folglich kann nicht $\mathbf{V_T^I < V_T^{II}}$ gelten. Bei nicht vorhandenen Arbitragemöglichkeiten muss der Zusammenhang auch heute gelten, es folgt $\mathbf{C + Xe^{-iT} \geq S_0}$.

1473 Die **Wertuntergrenze eines Puts** berechnen wir aus der Differenz des diskontierten Strikes und des Aktienkurses gemäß:

$$\underline{\mathbf{P}} \geq \mathbf{max\{(Xe^{-iT} - S), 0\}}$$

Beispiel 10.3.2.2

Sei $\mathbf{S_0 = 8, X = 10, i = 0,1}$ und $\mathbf{T = 1}$. Dann gilt für die Wertuntergrenze: 1474

$$\underline{\mathbf{P}} = \mathbf{10e^{-0,1} - 8 = 1,05}$$

Annahme: $\mathbf{P = 0,5 < \underline{P}}$ 1475

Arbitrageur nimmt Kredit von **8,5** auf und kauft Put und Aktie. Eine Rückzahlung nach einem Jahr führt zu einem Rückzahlungsbetrag $\mathbf{8,5e^{0,1} = 9,39}$. Gilt zum Ende der Optionsfrist $\mathbf{S_T < 10}$, bleibt nach Optionsausübung und Kreditrückzahlung ein sicherer Profit von $\mathbf{10 - 9,39 = 0,61}$. Gilt $\mathbf{S_T > 10}$, beträgt der Profit bei einem Aktienverkauf über den Markt $\mathbf{0,61 + (S_T - 10)}$.

Für eine allgemeine Darstellung unterscheiden wir wiederum zwei Portfolios: 1476

Portfolio III: einen Put und eine Aktie 1477

Portfolio IV: ein Geldbetrag in Höhe von $\mathbf{Xe^{-iT}}$

Falls $\mathbf{S_T < X}$, wird der Put in Portfolio **III** bei Fälligkeit ausgeübt, und der Portfoliowert beträgt **X**. Bei $\mathbf{S_T > X}$ verfällt die Verkaufsoption und der Portfoliowert beträgt $\mathbf{S_T}$, sodass Portfolio **III** zum Zeitpunkt **T** einen Wert von $\mathbf{V_T^{III} = max\{S_T, X\}}$ aufweist. 1478

Portfolio **IV** hat bei Geldanlage zu **i** zum Zeitpunkt **T** einen Wert von **X**. Folglich gilt die Relation $\mathbf{V_T^{III} > V_T^{IV}}$. Dann muss bei nicht existenten Arbitragemöglichkeiten auch die Relation $\mathbf{P + S_0 \geq Xe^{-iT}}$ gelten. 1479

Aus den letzten Überlegungen können wir schließen, dass Portfolio **I** und Portfolio **III** zum Fälligkeitstermin identische Werte aufweisen: $\mathbf{V_T^{I} = V_T^{III}}$. Es handelt sich um die **Put-Call-Parität** gemäß: 1480

$$\mathbf{C + Xe^{-iT} = P + S_0}$$

Diese besagt, dass der Wert einer Kaufoption mit gegebenem Strike und gegebener Laufzeit aus dem Wert einer Verkaufsoption mit identischem Strike und identischer Laufzeit abgeleitet werden kann und umgekehrt. 1481

10.3.3 Optionspreise

10.3.3.1 Das Einperioden-Binomialmodell

Das Grundprinzip der Ermittlung korrekter Optionspreise können wir zunächst mit einem **Einperioden-Binomialmodell** verdeutlichen. Wir betrachten eine Aktie mit einem aktuellen Kurs $\mathbf{S_0 = 20}$. Der Aktienkurs in **drei** Monaten (**0,25** Jahre) $\mathbf{S_{0,25}}$ kann annahmegemäß entweder **22** oder **18** betragen. Wir suchen den Wert eines Calls mit Restlaufzeit von **drei** Monaten und einem Strike **X = 21**. 1482

1483 Für die Bewertung bilden wir ein sogenanntes **Duplikationsportfolio** aus Aktie und Call dergestalt, dass ein sicherer Portfolioendwert existiert. Das Portfolio besteht in einer Long-Position in $\mathbf{x}$ Aktien und einer Short-Position in einem Stück des Calls. Es existiert eine Aktienanzahl, bei der das Portfolio risikolos ist. Bei einem Anstieg des Aktienkurses beträgt der Portfoliowert $\mathbf{22x - 1}$, bei einem Aktienkurs von **18** beläuft sich der Portfoliowert auf $\mathbf{18x}$ (der Call verfällt wertlos). Die Lösung der Gleichung $\mathbf{22x - 1 = 18x}$ führt zu $\mathbf{x = 0,25}$, d.h., bei Kauf von $\mathbf{0,25}$ Aktien (Long: $\mathbf{0,25}$ Aktien) und Verkauf von einem Call (Short: **1** Call) entsteht ein risikoloses Portfolio dessen Wert $\mathbf{4,5}$ beträgt. Für $\mathbf{S_{0,25}}$= **22** ergibt sich auf beiden Seiten der Gleichung $\mathbf{4,5}$. Die „$\mathbf{-1}$“ auf der linken Seite der Gleichung impliziert die Annahme, dass der Call-Käufer die Option einlöst (Aktienkauf zu **21**), der Call-Verkäufer diese Aktie aber am Markt zu **22** kaufen muss, was für Letzteren einen Verlust von **1** bedeutet.

1484 Die Performance eines risikolosen Portfolios entspricht einer Kapitalmarktverzinsung von sicheren Anlagen $(\mathbf{i})$. Gelte für den Kapitalmarktzinssatz annahmegemäß $\mathbf{i = 0{,}12}$ bei stetiger Verzinsung, so ergibt sich für den heutigen Portfoliowert $\mathbf{4,5e^{-0{,}12 \cdot 0{,}25}} = \mathbf{4,367}$. Bei einem aktuellen Aktienkurs von $\mathbf{S_0 = 20}$ beträgt der aktuelle Wert des Portfolios $\mathbf{20 \cdot 0,25 - C} = \mathbf{5 - C}$, wobei **C** den Call-Preis symbolisiert. Gleichsetzung mit dem heutigen Portfoliowert von **4,367** ergibt: $\mathbf{5 - C = 4,367} \rightarrow \quad \mathbf{C = 0,633}$. Bei Nichtexistenz von Arbitragemöglichkeiten muss der aktuelle Wert des Calls $\mathbf{C = 0{,}633}$ betragen.

10.3.3.2 Optionspreismodell nach Black-Scholes

1485 Den Preis einer Aktienoption (annahmegemäß dem Preis eines Calls **C**) können wir allgemein als Funktion des zugrunde liegenden Aktienpreises **S** und der Zeit **t** auffassen. Die zukünftige Aktienpreisentwicklung ist unsicher. Wir werden diese durch einen stochastischen Prozess

$$\{\mathbf{S(t), t \in T}\}$$

1486 modellieren. Konkret formulieren wir in leicht abgewandelter Form die bereits in 10.2.2 thematisierte stochastische Differenzialgleichung

$$\mathbf{dS = \mu(S,t)Sdt + \sigma(S,t)SdW}$$

1487 mit $\boldsymbol{\mu}$ = Driftparameter, $\boldsymbol{\sigma}$ = Diffusionsparameter und $\mathbf{dW}$ = Wiener Prozess (geometrische Brownsche Bewegung).

1488 Betrachten wir nun allgemein eine Funktion

$$\mathbf{G = G(S,t)}\,,$$

1489 deren Argument **S** einem Wiener Prozess folgt, so folgt **G** nach Itos Lemma ebenfalls demselben Wiener Prozess. Auf Basis einer Taylor-Reihe mit leichter Modifikation führt eine Anwendung von Itos Lemma zu:

$$\mathbf{dG = (G'_S\mu S + G'_t + 0,5G''_{SS}\sigma^2 S^2)dt + G'_S\sigma SdW}$$

1490 Die Drift des Wiener Prozesses von G ergibt sich zu

$$\mathbf{\mu_G = (G'_S\mu S + G'_t + 0,5G''_{SS}\sigma^2 S^2)}$$

und die Varianz entsprechend zu 1491

$$\sigma_G^2 = G_S'^2 \sigma^2 S^2 .$$

Wir beachten dabei, dass sowohl der Aktienpreisprozess $\{S(t), t \in T\}$ als auch der Prozess bezüglich der Variablen **G** mit **dW** dieselbe Quelle der Unsicherheit aufweisen. 1492

Im nächsten Schritt nehmen wir eine Spezifizierung von **G** vor. Im Rahmen des Black-Scholes Modells werden **normalverteilte stetige Aktienrenditen** (korrespondiert mit **lognormalverteilten Aktienkursen**) unterstellt. Auf dieser Basis spezifizieren wir **G** konkret gemäß 1493

$$G = \ln S$$

mit 1494

$$G_S' = \frac{1}{S};\ \ G_{SS}'' = -\frac{1}{S^2};\ \ G_t' = 0 .$$

Einsetzen in Itos Lemma ergibt: 1495

$$dG = d(\ln S) = (\mu - 0{,}5\sigma^2)dt + \sigma dW$$

Die natürlich logarithmierten Aktienpreise folgen einem Wiener Prozess mit Driftrate $(\mu - 0{,}5\sigma^2)$ und konstanter Varianzrate σ^2. Daraus folgern wir, dass die Änderung von $\ln S$ in $[0, T]$ normalverteilt ist mit Erwartungswert $(\mu - 0{,}5\sigma^2)T$ und Varianz $\sigma^2 T$. Wir formulieren: 1496

$$\ln S_T - \ln S_0 \sim N\{(\mu - 0{,}5\sigma^2)T, \sigma^2 T\}$$

bzw. 1497

$$\ln S_T \sim N\{\ln S_0 + (\mu - 0{,}5\sigma^2)T, \sigma^2 T\}$$

Für die Herleitung der Black-Scholes-Optionspreisformel mögen nun folgende Annahmen gelten: 1498

- Der Aktienpreisprozess folgt einem Wiener Prozess mit Drift.
- Der Leerverkauf von Wertpapieren unter vollständiger Verwendung der resultierenden Einnahmen ist möglich.
- Es existieren keine Transaktionskosten oder Steuern. Alle Wertpapiere sind ohne Einschränkung teilbar.
- Während der Laufzeit des Derivats gibt es keine Dividendenzahlungen.
- Es existieren keine risikolosen Arbitragemöglichkeiten.
- Der Handel mit Wertpapieren findet fortlaufend statt.
- Der risikolose Zinssatz **i** ist konstant und für alle Laufzeiten identisch.

- Zur Optionsbewertung wird ein risikoloses Duplikationsportfolio gebildet, das je eine Position in einem Derivat und in einer Aktie beinhaltet. Die Portfoliorendite muss ohne Arbitragemöglichkeiten dem risikolosen Zinssatz entsprechen.

1499 Basis ist der Aktienpreisprozess:

$$\mathbf{dS = \mu S dt + \sigma S dW}\,.$$

1500 Sei **D** der Preis eines Derivats (z.B. einer Kaufoption), dann muss **D** eine Funktion von **S** und **t** sein gemäß:

$$\mathbf{D = D(S, t)}$$

1501 Wir wenden Itos Lemma an und erhalten:

$$\mathbf{dD = (D'_S \mu S + D'_t + 0,5 D''_{SS} \sigma^2 S^2) dt + D'_S \sigma S dW}$$

1502 Aktienpreisprozess sowie die Anwendung von Itos Lemma in diskreter Form lauten:

$$\mathbf{\Delta S = \mu S \Delta t + \sigma S \Delta W}$$

$$\mathbf{\Delta D = (D'_S \mu S + D'_t + 0,5 D''_{SS} \sigma^2 S^2) \Delta t + D'_S \sigma S \Delta W}$$

1503 Da die **S** und **D** zugrunde liegenden Wiener Prozesse identisch sind, können wir aus der Aktie und dem Derivat ein Portfolio (Duplikationsportfolio) derart zusammenstellen, dass der Wiener Prozess eliminiert wird. Der Portfolioinhaber verfügt über eine Short-Position in dem Derivat (mathematisch minus eine Einheit des Derivats) sowie über eine Long-Position in der Aktie ($\mathbf{D'_S}$ Aktienanteile). Der Wert des Portfolios ergibt sich zu:

$$\mathbf{\Pi = -D + D'_S S}$$

1504 Eine Wertänderung des Portfolios in einem Zeitintervall $\mathbf{\Delta t}$ beschreiben wir gemäß:

$$\mathbf{\Delta\Pi = -\Delta D + D'_S \Delta S}$$

1505 Wir substituieren und erhalten:

$$\mathbf{\Delta\Pi = (-D'_t - 0,5 D''_{SS} \sigma^2 S^2) \Delta t}$$

1506 Es fällt auf, dass der Term $\mathbf{dW}$ nicht mehr auftaucht, d.h., das Portfolio ist über den Zeitraum $\mathbf{\Delta t}$ risikolos. Wir fordern, dass das Portfolio eine Rendite in Höhe des risikolosen Zinssatzes **i** erwirtschaften muss, sodass

$$\mathbf{\Delta\Pi = i \Pi \Delta t}$$

1507 gilt. Substitution von $\mathbf{\Delta\Pi}$ und Π ergibt

$$\mathbf{(D'_t + 0,5 D''_{SS} \sigma^2 S^2) \Delta t = i(D - D'_S S) \Delta t}$$

und schließlich 1508

$$\mathbf{D'_t + iSD'_S + 0,5\sigma^2S^2D''_{SS} = iD}\,.$$

Die letzte Gleichung beschreibt die **Black-Scholes-Differenzialgleichung**. Die für die Ermittlung einer speziellen Lösung notwendigen Randbedingungen lauten für einen Call mit Call-Preis **C** bzw. für einen Put mit Put-Preis **P** gemäß: 1509

$$\mathbf{C = \max\{S - X; 0\}\ falls\ t = T}$$

$$\mathbf{P = \max\{X - S; 0\}\ falls\ t = T}$$

Die Lösung der Differenzialgleichung unter Beachtung der Randbedingungen ergibt die Black-Scholes Bewertungsformeln gemäß: 1510

$$\mathbf{C = S_0N(d_1) - Xe^{-iT}N(d_2)}$$

$$\mathbf{P = Xe^{-iT}N(-d_2) - S_0N(-d_1)}$$

mit 1511

$$\mathbf{d_1 = \frac{\ln(S_0/X) + (i + 0,5\sigma^2)T}{\sigma\sqrt{T}}}$$

$$\mathbf{d_2 = \frac{\ln(S_0/X) + (i - 0,5\sigma^2)T}{\sigma\sqrt{T}} = d_1 - \sigma\sqrt{T}}\,.$$

$\mathbf{N(d_i)}$ ergibt sich aus dem Integral über die Dichtefunktion der Standardnormalverteilung gemäß: 1512

$$\mathbf{N(d_i) = \frac{1}{\sqrt{2\pi}} \cdot \int_{-\infty}^{d_i} e^{-0,5u^2}du}$$

Beispiel 10.3.3.2.1

Der Aktienpreis einer Aktie der XY-AG betrage aktuell $\mathbf{S_0 = 200}$. Es existiere ein Call mit Basispreis $\mathbf{X = 180}$ sowie Restlaufzeit $\mathbf{T = 1}$. Für die empirisch ermittelte Volatilität werde $\mathbf{\sigma = 0,4}$ angenommen, der Zinssatz für risikolose Anlagen liege bei $\mathbf{i = 0,1}$. Wie hoch ist der Preis des Calls nach der Black-Scholes-Formel? 1513

$$\mathbf{d_1 = \frac{\ln\left(\frac{200}{180}\right) + (0,1 + 0,5 \cdot 0,16) \cdot 1}{0,4\sqrt{1}} = 0,7134}$$

$$\mathbf{d_2 = 0,7134 - 0,4\sqrt{1} = 0,3134}$$

Aus der Wertetabelle für die Verteilungsfunktion der Standardnormalverteilung ergibt sich: 1514

$$\mathbf{N(d_1) = 0,7611;\quad N(d_2) = 0,6217}$$

1515 Durch entsprechendes Einsetzen erhalten wir:

$$\mathbf{C = 200 \cdot 0{,}7611 - 180e^{-0{,}1} \cdot 0{,}6217 = 50{,}96}$$

1516 Optionspreise sind durch eine sehr hohe Volatilität gekennzeichnet, die die des Underlyings in der Regel übersteigt. Zur Ermittlung der **Optionspreisreagibilität** auf Änderungen ausgewählter Optionspreisdeterminanten betrachten wir Sensitivitätsmaße, die üblicherweise mit griechischen Buchstaben symbolisiert sind.

$$\textbf{Optionsdelta } \boldsymbol{\delta = C'_S = N(d_1) > 0}$$

1517 Das Optionsdelta gibt die absolute Änderungsrate des Optionspreises bezüglich einer Spotpreisänderung des Underlyings an.

$$\textbf{Optionsgamma } \boldsymbol{\gamma = C''_{SS} = \frac{N'(d_1)}{S\sigma\sqrt{T}} > 0}$$

1518 Das Optionsgamma ergibt sich allgemein aus der zweiten Ableitung des Optionspreises nach dem Underlyingpreis. Es ist ein Maß für die Krümmung der Optionspreisfunktion und für Portfolio-Absicherungsstrategien von Bedeutung.

$$\textbf{Optionstheta } \boldsymbol{\vartheta = C'_T = \frac{-S\sigma N'(d_1)}{2\sqrt{T}} - iXN(d_2)e^{-iT} < 0}$$

1519 Das Optionstheta ist ein Maß für den Zeitwertverfall der Option. Exakt gibt es ceteris paribus den Zeitwertverfall bei Verkürzung der Restlaufzeit um eine Einheit an.

$$\textbf{Optionslambda } \boldsymbol{\lambda = C'_\sigma = SN'(d_i)\sqrt{T} > 0}$$

1520 Das Optionslambda beschreibt die Abhängigkeit des Optionspreises von der Volatilität des Underlyings. Je größer die entsprechende Volatilität, desto höher der Optionspreis. Bei höherer Volatilität ist die Chance größer, dass der Optionsschein einen positiven inneren Wert aufbaut, was den höheren Preis rechtfertigt.

$$\textbf{Optionsomega } \boldsymbol{\omega = \varepsilon_{C,S} = \frac{C'_S S}{C} = \frac{N(d_1)S}{SN(d_1) - Xe^{-iT}N(d_2)}}$$

1521 Beim Optionsomega handelt es sich um die **Optionselastizität**, die auch als **theoretischer Hebel** der Option bezeichnet wird. Es handelt sich um ein Sensitivitätsmaß der relativen Optionspreisänderung bezüglich einer relativen Preisänderung des Underlyings. Je höher der Wert des Optionsomega, desto stärker ist die Reaktion des Optionspreises auf Änderungen des Underlyingpreises. Es stellt somit ein Risikomaß dar und ist primär bei tradingmotivierten Optionsinvestments relevant.

10.4 Planung von Wertpapierportfolios

1522 Der Gegenstand eines Portfolio-Planungsproblems besteht in der Allokation eines Anlagevolumens auf mehrere alternative Anlageobjekte. Gemäß den bekannten Alltagsweisheiten „Man soll nicht alle Eier in einen Korb legen“ oder „nicht alles auf das gleiche Pferd setzen“ wird die

Allokation des gesamten Anlagevolumens auf genau nur ein Anlageaktivum im Regelfall suboptimal sein. Portfoliooptimierung beinhaltet die optimale Diversifikation eines Anlagevolumens auf Anlageobjekte im Hinblick auf die Erreichung bestimmter Renditeziele. Das Grundprinzip werden wir zunächst anhand eines Zwei-Wertpapier-Ein-Periodenmodells darstellen, bevor wir eine Ausdehnung auf den **n**-Wertpapierfall vornehmen.

10.4.1 Rendite- und Risikoparameter

Wir betrachten ein Anlageentscheidungsproblem unter Risiko. Der Alternativenraum bestehe in den Portfolioanteilen $\mathbf{x_1, x_2}$ jeweils zweier Wertpapiere **1, 2**, wobei $\mathbf{x_1 + x_2 = 1}$. Die Periodenrenditen $\mathbf{r_j}$ der Wertpapiere $\mathbf{j = 1, 2}$ seien abhängig von bestimmten Umweltlagen $\mathbf{b_i} \in \{\mathbf{b_1, \dots, b_n}\}$, die mit einer entsprechenden Eintrittswahrscheinlichkeit $\mathbf{p_i}$ eintreten. 1523

	$\mathbf{b_1(p_1)}$	$\mathbf{b_2(p_2)}$	...	$\mathbf{b_n(p_n)}$
$\mathbf{r_1}$	$\mathbf{r_{11}}$	$\mathbf{r_{12}}$	...	$\mathbf{r_{1n}}$
$\mathbf{r_2}$	$\mathbf{r_{21}}$	$\mathbf{r_{22}}$	...	$\mathbf{r_{2n}}$

1524

Den **Renditeerwartungswert** für Wertpapier **j, j = 1, 2** berechnen wir aus der Summe der mit den Eintrittswahrscheinlichkeiten gewichteten zustandsabhängigen Renditen gemäß: 1525

$$\mu_j = \sum_{i=1}^{n} p_i r_{ji}$$

Als Maß für das Renditerisiko dieses Wertpapiers wählen wir die **Renditestandardabweichung** gemäß: 1526

$$\sigma_j = \sqrt{\sum_{i=1}^{n} p_i r_{ji}^2 - \mu_j^2}$$

Diese beschreibt ein Maß für die durchschnittliche Abweichung der zustandsabhängigen Renditen vom Renditeerwartungswert. Je höher die Standardabweichung, desto höher ist die durchschnittliche Abweichung einer jeden zustandsabhängigen Rendite vom Erwartungswert. Dieses impliziert die Gefahr höherer negativer Abweichungen vom Erwartungswert, was ein höheres Verlustrisiko bedeutet. 1527

Das Ausmaß der stochastischen Abhängigkeit der zustandsabhängigen Wertpapierrenditen drücken wir mittels der **Kovarianz** aus. Sie ergibt sich gemäß: 1528

$$\sigma_{12} = \sum_{i=1}^{n} p_i r_{1i} r_{2i} - \mu_1 \mu_2$$

1529 Die Renditekovarianz drückt aus, in welchem Maß die Wertpapierrenditen in gleicher Richtung und in gleicher Stärke von ihren Mittelwerten abweichen. Eine Division der Kovarianz durch das Produkt der Standardabweichungen ergibt den **Korrelationskoeffizienten** gemäß:

$$\rho_{12} = \frac{\sigma_{12}}{\sigma_1 \sigma_2}$$

1530 Der Korrelationskoeffizient ρ_{12} beschreibt ein relatives Gleichlaufmaß der zustandsabhängigen Wertpapierrenditen bezüglich der Abweichungen von ihrem Erwartungswert. Er gibt die Stärke des linearen Zusammenhangs der Wertpapierrenditen an. ρ_{12} ist eine dimensionslose Zahl mit Wertebereich $\rho_{12} \in [-1, 1]$.

1531 Bei Bildung eines Wertpapierportfolios $\Pi = \{x_1, x_2\}$ aus den Wertpapieren **1**, **2** mit den Portfolioanteilen x_1, x_2 mit $x_1 + x_2 = 1$ ergibt sich der Renditeerwartungswert des Wertpapierportfolios aus der Summe der mit den Portfolioanteilen gewichteten Wertpapier-Renditeerwartungswerten gemäß:

$$\mu_\Pi = x_1 \mu_1 + x_2 \mu_2$$

1532 Wie können wir ein Portfoliorisiko ermitteln? Ein denkbarer Ansatz besteht, analog wie bei der Berechnung des Portfolio-Renditeerwartungswertes, in der Addition der portfolioanteilsgewichteten Wertpapierrisiken gemäß:

$$\textbf{Portfoliorisiko} = x_1 \sigma_1 + x_2 \sigma_2$$

1533 Es wird sich zeigen, dass der letzte Ausdruck nur für einen Spezialfall gilt. Für einen generell gültigen Ausdruck wird kurz auf die Berechnungsformel der Varianz einer Summe von faktorskalierten Zufallsvariablen eingegangen. Seien **X**, **Y** zwei Zufallsvariablen sowie **a** der Skalenfaktor für **X** und **b** der Skalenfaktor für **Y**, so gilt:

$$\sigma^2(aX + bY) = a^2 \sigma_X^2 + b^2 \sigma_Y^2 + 2ab\sigma_{XY}$$

1534 Bei Substitution der Kovarianz durch das Produkt des Korrelationskoeffizienten mit dem Produkt der Standardabweichungen ergibt sich

$$\sigma^2(aX + bY) = a^2 \sigma_X^2 + b^2 \sigma_Y^2 + 2ab\sigma_X \sigma_Y \rho_{XY}$$

1535 bzw. für die Standardabweichung

$$\sigma(aX + bY) = \sqrt{a^2 \sigma_X^2 + b^2 \sigma_Y^2 + 2ab\sigma_X \sigma_Y \rho_{XY}}\,.$$

1536 Übertragen auf die korrekte Berechnung der Portfolio-Standardabweichung folgt:

$$\sigma_\Pi = \sqrt{x_1^2 \sigma_1^2 + x_2^2 \sigma_2^2 + 2x_1 x_2 \sigma_1 \sigma_2 \rho_{12}}$$

1537 Der letzte Ausdruck beschreibt das methodisch korrekt berechnete **Portfoliorisiko**, während bei Gewichtung der Renditestandardabweichungen mit den Portfolioanteilen ein **Durchschnittsrisiko** $\overline{\sigma}_\Pi$ berechnet wird. Determinanten des Portfoliorisikos σ_Π sind die Einzelrisiken, die Portfolioanteile sowie das Maß des Renditezusammenhangs der einzelnen

Wertpapiere. Durch die Allokation des Anlagevolumens auf zwei (oder mehr) Wertpapiere lässt sich offenbar Risiko eliminieren, es liegt eine **Risikoreduktion durch Diversifikation** vor. Sie ergibt sich aus der Differenz des Durchschnittsrisikos und des Portfoliorisikos gemäß:

$$\Delta\sigma = \bar{\sigma}_\Pi - \sigma_\Pi$$

Beispiel 10.4.1.1

Folgende Datenbasis bezüglich eines Portfolio-Planungsproblems sei gegeben: 1538

	$0,3(b_1)$	$0,4(b_2)$	$0,3(b_3)$
r_1	0,02	0,04	0,06
r_2	0,05	–0,02	0,12

1539

Für die Renditeerwartungswerte, Renditevarianzen, Renditestandardabweichungen (Einzelrisiken), Kovarianz sowie Korrelationskoeffizient ergibt sich: 1540

$$\mu_1 = 0,3 \cdot 0,02 + 0,4 \cdot 0,04 + 0,3 \cdot 0,06 = 0,0400$$

$$\mu_2 = 0,3 \cdot 0,05 + 0,4 \cdot (-0,02) + 0,3 \cdot 0,12 = 0,0430$$

$$\sigma_1^2 = 0,3 \cdot 0,02^2 + 0,4 \cdot 0,04^2 + 0,3 \cdot 0,06^2 - 0,04^2 = 0,000240$$

$$\sigma_2^2 = 0,3 \cdot 0,05^2 + 0,4(-0,02)^2 + 0,3 \cdot 0,12^2 - 0,043^2 = 0,003381$$

$$\sigma_1 = \sqrt{0,000240} = 0,0155$$

$$\sigma_2 = \sqrt{0,003381} = 0,0581$$

$$\sigma_{12} = 0,3 \cdot 0,02 \cdot 0,05 + 0,4 \cdot 0,04(-0,02) + 0,3 \cdot 0,06 \cdot 0,12 - 0,04 \cdot 0,0430$$

$$= 0,000420$$

$$\rho_{12} = \frac{0,000420}{0,0155 \cdot 0,0581} = 0,4664$$

Für ein Portfolio, das zu **40 %** aus Aktie **1** und zu **60 %** aus Aktie **2** besteht, ergibt sich: 1541

$$\mu_\Pi = 0,4 \cdot 0,04 + 0,6 \cdot 0,0430 = 0,0418$$

$$\bar{\sigma}_\Pi = 0,4 \cdot 0,0155 + 0,6 \cdot 0,0581 = 0,0411$$

$$\sigma_\Pi = \sqrt{0,4^2 \cdot 0,00024 + 0,6^2 \cdot 0,003381 + 2 \cdot 0,4 \cdot 0,6 \cdot 0,0155 \cdot 0,0581 \cdot 0,4664}$$

$$= 0,0382$$

Der Risikoreduktionseffekt mittels Diversifikation beziffert sich auf: 1542

$$\Delta\sigma = \bar{\sigma}_\Pi - \sigma_\Pi = 0,0411 - 0,0382 = 0,0029$$

1543 Offenbar impliziert jede Portfoliostruktur

$$(\mathbf{x_1}, \mathbf{x_2}) \in \{(\mathbf{x_1}, \mathbf{x_2}) | \mathbf{x_1} + \mathbf{x_2} = \mathbf{1}\}$$

1544 eindeutig einen bestimmten Renditeerwartungswert und ein bestimmtes Renditerisiko. Entsprechend definieren wir eine Menge **P** gemäß

$$\mathbf{P} := \{(\sigma_\Pi, \mu_\Pi) | \mathbf{x_1} + \mathbf{x_2} = \mathbf{1}\},$$

1545 die die Punktmenge aller mittels stetiger Variation der Portfoliostruktur realisierbaren (σ_Π, μ_Π)-Kombinationen beschreibt. Offenbar lässt sich zwischen Portfolio-Erwartungswert und Portfolio-Standardabweichung eine funktionale Beziehung gemäß

$$\sigma_\Pi = \mathbf{f}(\mu_\Pi)$$

1546 formulieren. Es handelt sich um eine zunächst sehr allgemeine Darstellung der Funktionsgleichung der **Portfoliolinie**. Letztere beschreibt die Punktmenge aller (σ_Π, μ_Π)-Kombinationen bei Variation der Portfoliostruktur. Mittels Variablensubstitution und Äquivalenzumformungen ergibt sich die konkrete Form der Portfoliolinie gemäß (auf eine Herleitung wird wegen des hohen Rechenaufwands verzichtet):

$$\sigma_\Pi = \sqrt{\frac{\mathbf{1}}{(\mu_1 - \mu_2)^2} \cdot [(\mu_\Pi - \mu_2)^2 \sigma_1^2 + (\mu_1 - \mu_\Pi)^2 \sigma_2^2 + 2(\mu_\Pi - \mu_2)(\mu_1 - \mu_\Pi)\sigma_1\sigma_2\rho_{12}]}$$

1547 Für die Verlaufsform der Portfoliolinie spielt der Korrelationskoeffizient der Wertpapierrenditen eine entscheidende Rolle. Dies gilt es anhand folgender Fallunterscheidungen zu untersuchen.

1548 Vollständige positive Korrelation: $(\rho_{12} = \mathbf{1})$

1549 Für das Portfoliorisiko ergibt sich:

$$\sigma_\Pi = \sqrt{\mathbf{x}_1^2\sigma_1^2 + \mathbf{x}_2^2\sigma_2^2 + 2\mathbf{x}_1\mathbf{x}_2\sigma_1\sigma_2 \cdot \mathbf{1}}$$

1550 Aus der Anwendung des binomischen Lehrsatzes folgt

$$\sigma_\Pi = \sqrt{(\mathbf{x}_1\sigma_1 + \mathbf{x}_2\sigma_2)^2} = \mathbf{x}_1\sigma_1 + \mathbf{x}_2\sigma_2$$

1551 mit der Konklusion, dass für den Fall vollständiger positiver Korrelation der Aktienrenditen das Portfoliorisiko dem Durchschnittsrisiko entspricht und eine Risikoreduktion mittels Diversifikation nicht möglich ist. Die Portfoliolinie beschreibt eine Gerade.

1552 Korrelation von $\rho_{12} = \mathbf{0}$

1553 Das Portfoliorisiko beträgt:

$$\sigma_\Pi = \sqrt{\mathbf{x}_1^2\sigma_1^2 + \mathbf{x}_2^2\sigma_2^2 + 2\mathbf{x}_1\mathbf{x}_2\sigma_1\sigma_2 \cdot \mathbf{0}} = \sqrt{\mathbf{x}_1^2\sigma_1^2 + \mathbf{x}_2^2\sigma_2^2} < \mathbf{x}_1\sigma_1 + \mathbf{x}_2\sigma_2$$

Das Portfoliorisiko ist für jede Portfoliostruktur $(\mathbf{x_1}, \mathbf{x_2}) \in \{(\mathbf{x_1}, \mathbf{x_2}) | \mathbf{x_1} + \mathbf{x_2} = \mathbf{1}\}$ kleiner als das Durchschnittsrisiko, d.h., es ist eine Risikoreduktion mittels Diversifikation realisierbar. Die Portfoliolinie beschreibt einen streng konvex gekrümmten Kurvenzug mit globaler Minimumstelle. Für die Ermittlung des risikominimalen Portfolios nehmen wir eine Substitution $\mathbf{x_2} = \mathbf{1} - \mathbf{x_1}$ vor und betrachten wegen der besseren Rechenbarkeit die Portfoliovarianz gemäß: 1554

$$\sigma_\Pi^2 = x_1^2\sigma_1^2 + (1 - x_1)^2\sigma_2^2$$

Differenziation nach $\mathbf{x_1}$ und Nullsetzung ergibt: 1555

$$\sigma_\Pi^{2'}(x_1) = 2x_1\sigma_1^2 - 2(1 - x_1)\sigma_2^2 = 0$$

$$x_1^* = \frac{\sigma_2^2}{\sigma_1^2 + \sigma_2^2} \; ; \; x_2^* = \frac{\sigma_1^2}{\sigma_1^2 + \sigma_2^2}$$

Nicht alle Portfolios auf der Portfoliolinie stellen **effiziente Portfolios** dar. Ein Portfolio ist effizient, wenn kein anderes Portfolio existiert, das 1556

- bei identischem Renditeerwartungswert ein geringeres Renditerisiko,
- bei identischem Renditerisiko einen höheren Renditeerwartungswert,
- sowohl einen höheren Renditeerwartungswert als auch ein geringeres Renditerisiko

aufweist. Der effiziente Bereich der Portfoliolinie entspricht dem vom Risikominimum aufsteigenden Ast der Portfoliolinie in Richtung größerer μ_Π-Werte. In der Gegenrichtung sind dagegen sinkende Renditeerwartungswerte bei gleichzeitig steigenden Renditerisiken zu verzeichnen. 1557

Vollständige negative Korrelation: $\boldsymbol{\rho_{12}} = \mathbf{-1}$ 1558

Das Portfoliorisiko beträgt: 1559

$$\sigma_\Pi = \sqrt{x_1^2\sigma_1^2 + x_2^2\sigma_2^2 + 2x_1x_2\sigma_1\sigma_2 \cdot (-1)} = \sqrt{(x_1\sigma_1 - x_2\sigma_2)^2} = |x_1\sigma_1 - x_2\sigma_2|$$

In diesem Fall existiert ein risikoloses Portfolio. Bei Substitution von $\mathbf{x_2} = \mathbf{1} - \mathbf{x_1}$ folgt 1560

$$\sigma_\Pi = |x_1\sigma_1 - (1 - x_1)\sigma_2|,$$

und für das risikolose Portfolio $\boldsymbol{\sigma_\Pi} = \mathbf{0}$ ergibt sich 1561

$$x_1 = \frac{\sigma_2}{\sigma_1 + \sigma_2} \; ; \quad x_2 = \frac{\sigma_1}{\sigma_1 + \sigma_2}$$

Hieraus formulieren wir den Zusammenhang 1562

$$\frac{x_1}{x_2} = \frac{\sigma_2}{\sigma_1}$$

1563 der besagt, dass im risikolosen Portfolio das Verhältnis der Wertpapieranteile dem reziproken Verhältnis der Standardabweichungen der Wertpapierrenditen (Risikoverhältnis) entspricht. Das Wertpapier mit hohem Risiko erscheint tendenziell untergewichtet und vice versa.

1564 Der effiziente Bereich befindet sich nun auf der vom Punkt des risikolosen Portfolios ausgehenden in μ_Π-Richtung steigenden Gerade.

1565 Wenn wir die Wertpapieranzahl nun von bisher **2** auf **m** erhöhen, erweitert sich die Datenbasis wie folgt:

1566

	$p_1(b_1)$	$p_2(b_2)$	...	$p_n(b_n)$
r_1	r_{11}	r_{12}	...	r_{1n}
r_2	r_{21}	r_{22}	...	r_{2n}
⋮	⋮	⋮	⋮	⋮
r_m	r_{m1}	r_{m2}	...	r_{mn}

1567 Bei einem Wertpapierportfolio mit den Portfolioanteilen

$$x_1, x_2, \dots, x_n \quad \text{mit} \quad \sum_{i=1}^{m} x_i = 1$$

1568 ermitteln wir den Portfolio-Renditeerwartungswert gemäß:

$$\mu_\Pi = \sum_{i=1}^{m} x_i \mu_i$$

1569 Das Portfoliorisiko auf Basis der Portfoliovarianz ergibt sich gemäß:

$$\sigma_\Pi^2 = \sum_{i=1}^{m} \sum_{j=1}^{m} x_i x_j \sigma_{ij}$$

1570 Den letzten Ausdruck formulieren wir um gemäß:

$$\sigma_\Pi^2 = \sum_{i=1}^{m} x_i^2 \sigma_i^2 + \sum_{i=1}^{m} \sum_{\substack{i=1 \\ i \neq j}}^{m} x_i x_j \sigma_{ij}$$

1571 Der erste Term (Varianzterm) beschreibt die Risiken der einzelnen Wertpapiere, es handelt sich um das **unsystematische (titelspezifische, idiosynkratische) Risiko**. Der zweite Term (Kovarianzterm) beschreibt die renditemäßigen Abhängigkeiten zwischen den einzelnen Wertpapieren, was als **systematisches Risiko (Marktrisiko)** bezeichnet wird.

1572 Die Portfoliolinie ergibt sich aus dem effizienten Rand aller potenziellen Portfolios im $\mu_\Pi\sigma_\Pi$-Diagramm, sie trägt auch den Namen **Effizienzlinie**.

10.4.2 Optimales Wertpapierportfolio

1573 Die Portfolio- bzw. Effizienzlinie stellt den geometrischen Ort aller realisierbaren Portfolios dar. Die Position des optimalen Portfolios hängt von der Risikoeinstellung des Investors ab. Im Folgenden werden wir Risikoaversion unterstellen, was streng konkav steigende Risiko-Rendite-Indifferenzlinien impliziert. Je weiter eine Risiko-Rendite-Indifferenzlinie vom Ursprung entfernt liegt, desto höher ist der Wert des entsprechenden Präferenzparameters $\boldsymbol{\Phi}$. Das optimale Wertpapierportfolio ist am Tangentialpunkt von Portfoliolinie und der entsprechenden Risiko-Rendite-Indifferenzlinie lokalisiert.

Eine analytische Ermittlung des optimalen Wertpapierportfolios ist auf mehrere Arten und Weisen möglich. Zum einen können wir bei fixierter Minimalrendite das risikominimale Portfolio bestimmen gemäß: 1574

$$\min \sigma_\Pi^2 = \sum_{i=1}^{m} \sum_{j=1}^{m} x_i x_j \sigma_{ij}$$

u. d. N.

$$\sum_{i=1}^{m} x_i \mu_i \geq \mu_\Pi^*$$

$$\sum_{i=1}^{m} x_i = 1$$

Alternativ können wir bei fixiertem Maximalrisiko das renditemaximale Portfolio bestimmen gemäß: 1575

$$\max \mu_\Pi = \sum_{i=1}^{m} x_i \mu_i$$

u. d. N.

$$\sum_{i=1}^{m} \sum_{j=1}^{m} x_i x_j \sigma_{ij} \leq \sigma_\Pi^{2*}$$

$$\sum_{i=1}^{m} x_i = 1$$

Eine weitere Möglichkeit besteht in der Kombination von Portfoliorendite und Portfoliorisiko in der Zielfunktion, wobei wir den Risikoterm mit einem Risikoparameter $\boldsymbol{\alpha}$ gewichten. Das Optimierungsproblem lautet in diesem Fall: 1576

$$\max Z = \sum_{i=1}^{m} x_i \mu_i - \alpha \left(\sum_{i=1}^{m} \sum_{j=1}^{m} x_i x_j \sigma_{ij} \right)$$

u. d. N.

$$\sum_{i=1}^{m} x_i = 1$$

Lösungen sind mithilfe von Verfahren der nichtlinearen Programmierung möglich bzw. im Fall von Gleichheitsrestriktionen auch mit der Lagrange-Optimierung. Die Lösungstechniken gestalten sich allerdings sehr komplex und rechenintensiv. 1577

Abkürzungsverzeichnis

Statistik

x_j = beobachteter Merkmalswert eines Merkmals **X**
h_j = absolute Häufigkeit des Merkmalswertes x_j
f_j = relative Häufigkeit des Merkmalswertes x_j
H_j = absolute Summenhäufigkeit des Merkmalswertes x_j
F_j = relative Summenhäufigkeit des Merkmalswertes x_j
x_M = Modus, häufigster oder dichtester Wert
x_Z = Median, Zentralwert
$\bar{x}$ = arithmetisches Mittel
σ^2 = Varianz
σ = Standardabweichung
υ = Variationskoeffizient
σ_{XY} = Kovarianz
ρ_{XY} = Korrelationskoeffizient

Funktionen, Differenzialrechnung

$y = f(x)$: Zusammenhang zwischen der abhängigen (endogenen) Variablen **y** und der unabhängigen (exogenen) Variablen **x**
$y' = f'(x)$: erste Ableitungsfunktion
$\bar{y} = \bar{f}(x)$: Durchschnittsfunktion
$\hat{y} = \hat{f}(x)$: Funktion der momentanen relativen Änderungsrate, Änderungsintensität
$\varepsilon_{y,x} = y'/\bar{y}$: Elastizität
$\eta_{y,x}$ = Semielastizität
$y_i' = \frac{\partial y(x_1,\dots,x_n)}{\partial x_i}$ = Partieller Differenzialquotient bezüglich Argument x_i
x = Menge
p = Preis
E = Erlös, E' = Grenzerlös
K = Kosten, K' = Grenzkosten
G = Gewinn, G' = Grenzgewinn
u = Nutzen, u' = Grenznutzen
r = Faktorinput
$\bar{r}$ = Produktionskoeffizient
x^* = Extremstelle einer exogenen Variablen **x**
y^* = Extremwert einer endogenen Variablen **x**

Lineare Gleichungssysteme

$A = (a_{ij})_{m\times n}$ = Matrix mit m Zeilen und n Spalten
$\vec{x}$ = Zeilenvektor
A^{-1} = Inverse der Matrix A
$|A|$ = Determinante der Matrix A
$\vec{x}^T$ = transponierter Vektor

Finanzmathematik Grundlagen

$\mathbf{K_t}$ = Kapital am Ende der Periode t
$\mathbf{V_t}$ = Vermögen am Ende der Periode t
$\mathbf{V_0}$ = Barwert
$\mathbf{V_n}$ = Endwert
$\mathbf{i}$ = diskreter Zinssatz (syn. diskrete Zinsrate)
$\mathbf{j}$ = Verzinsungsintensität, Zinsrate bei stetiger Verzinsung
$\mathbf{q = 1 + i}$ = Zinsfaktor
$\mathbf{m}$ = Anzahl der Subperioden bei unterjähriger Verzinsung
$\mathbf{c_t}$ = Zahlungsvolumen am Ende der Periode t
$\mathbf{c}$ = Zahlungsvolumen bei Vorliegen einer Rente
$\mathbf{F(i, n)}$ = Rentenendwertfaktor bei Zinsrate **i** und Laufzeit **n**
$\mathbf{Q(i, n)}$ = Rentenbarwertfaktor bei Zinsrate **i** und Laufzeit **n**
$\mathbf{Q(i, n, m)}$ = Rentenbarwertfaktor bei **m** Subperioden
$\mathbf{F^{-1}(i, n)}$ = Rückwärtsverteilungsfaktor bei Zinsrate **i** und Laufzeit **n**
$\mathbf{Q^{-1}(i, n)}$ = Annuitätenfaktor bei Zinsrate **i** und Laufzeit **n**
$\mathbf{\tilde{F}(i, \rho, n)}$ =Progressiver Rentenfinalwertfaktor bei Zinsrate **i**, Wachstumsrate $\boldsymbol{\rho}$ und Laufzeit **n**
$\mathbf{\tilde{Q}(i, \rho, n)}$ =Progressiver Rentenbarwertfaktor bei Zinsrate **i**, Wachstumsrate $\boldsymbol{\rho}$ und Laufzeit **n**
$\mathbf{\hat{p}}$ = Inflationsrate
$\mathbf{V_t^R}$ = Realvermögen zum Zeitpunkt t
$\mathbf{\Gamma}$ = undiskontiertes Zahlungsvolumen eines stetigen Zahlungsstrom über einen bestimmten Zeitraum.
$\mathbf{T_t}$ = Tilgungsbetrag am Ende der Periode t
$\mathbf{A_t}$ = Annuität am Ende der Periode t
$\mathbf{Z_t}$ = Zinsen am Ende der Periode t
$\mathbf{D_0}$ = Kreditsumme eines Kredits

Finanzmathematik Erweiterungen

$\mathbf{\bar{t}}$ = Duration
$\mathbf{C}$ = Konvexität
$\mathbf{B_t}$ = Bondkurs zum Zeitpunkt t
$\mathbf{S_t}$ = Aktienkurs zum Zeitpunkt t
$\boldsymbol{\pi}$ = Risikoprämie
$\mathbf{r}$ = diskrete Rendite
$\boldsymbol{\varrho}$ = stetige Rendite, Renditeintensität
$\mathbf{dW}$ = Geometrische Brownsche Bewegung, Wiener Prozess
$\mathbf{r_\Delta}$ = Überschussrendite, Exzessrendite
$\mathbf{r_M}$ = Benchmarkrendite
$\mathbf{r_\alpha}$ = aktive Rendite
$\mathbf{\Pi}$ = Wert eines Portfolios
$\boldsymbol{\mu_\Pi}$ = Portfolio-Renditeerwartungswert
$\boldsymbol{\bar{\sigma}_\Pi}$ = durchschnittliches Portfoliorisiko
$\boldsymbol{\sigma_\Pi}$ = Portfoliorisiko

Aufgabensammlung

Aufgabe 1

a) Von **fünf** Beamten sind in einer Planungsperiode **vier** Aufgabengebiete zu bearbeiten. Definieren Sie entsprechende Mengen!
b) Die Beamten $\mathbf{B_1, B_2}$ erhalten Besoldung **A11**, $\mathbf{B_3, B_4}$ Besoldung **A10** und Beamter $\mathbf{B_5}$ Besoldung **A9**. Die Aufgabengebiete $\mathbf{A_1, A_2}$ stellen mittlere Anforderungen, $\mathbf{A_3, A_4}$ dagegen große Anforderungen. Bilden Sie geeignete Teilmengen ($\mathbf{A_M, A_G}$)!
c) Welche Mächtigkeiten weisen die Mengen der Beamten und die der Aufgabengebiete auf?
d) Bilden Sie die Potenzmenge von der Aufgabenmenge mit großen Anforderungen!
e) Führen Sie folgende Mengenoperationen durch
$\mathbf{1)}\ \mathbf{B_{A11} \cup A_G};\ \mathbf{2)}\ \mathbf{A \backslash A_M};\ \mathbf{3)}\ \mathbf{A_M \cap A_G};\ \mathbf{4)}\ \mathbf{B_{A10} \cup B_{A9}};\ \mathbf{5)}\ \mathbf{B \backslash B_{A10}};\ \mathbf{6)}\ \mathbf{C_A A_G};\ \mathbf{7)}\ \mathbf{C_{A_M}\{A_1\}}$
f) Bilden Sie die Produktmenge $\mathbf{B_{A11} \times A_G}$!
g) Stellen Sie zu folgenden Sachverhalten die formalen Abbildungen $\mathbf{f: B \rightarrow A}$ dar, und geben Sie die jeweiligen Definitions- und Wertebereiche an! Welche Eigenschaften weisen die jeweiligen Abbildungen auf?
g1) **A11**-Beamte bearbeiten die Aufgaben mit großen Anforderungen.
g2) $\mathbf{B_1}$ bearbeitet ausschließlich$\mathbf{A_3}$, $\mathbf{B_2}$ ausschließlich $\mathbf{A_4}$.
g3) $\mathbf{B_3, B_4}$ sind mit $\mathbf{A_1}$ voll ausgelastet, weitere Bearbeitungen finden nicht statt.
g4) $\mathbf{B_1}$ bearbeitet $\mathbf{A_1}$ und $\mathbf{A_2}$ wird von $\mathbf{B_2}$ bearbeitet. $\mathbf{B_3}$ übernimmt $\mathbf{A_3}$, und $\mathbf{B_5}$ bearbeitet $\mathbf{A_4}$. $\mathbf{B_4}$ bleibt untätig.
g5) $\mathbf{B_5}$ scheidet aus. Jeder Beamte $\mathbf{B_i \in B}$ bearbeitet ausschließlich Aufgabengebiet $\mathbf{A_i \in A}$.

Aufgabe 2

Die Gebühreneinnahmen einer öffentlichen Einrichtung betragen im Jahr **eins 100 GE**. Diese mögen jährlich absolut um **5 GE** steigen.
a) Wie lautet die Folge $\{\mathbf{E_k}\}, \mathbf{k = 1, \ldots, 5}$?
b) Wie lautet die Reihe $\{\mathbf{s_k}\}, \mathbf{k = 1, \ldots, 5}$? Wie sind die Werte zu interpretieren?
c) Wie hoch sind die Gebühreneinnahmen im zwanzigsten Jahr?
d) Wie hoch sind die kumulierten Gebühreneinnahmen im zwanzigsten Jahr?

Aufgabe 3

Im Jahr **1** gewähre eine Gemeinde **1.000 €** Sozialhilfe **H**. Diese möge jährlich um **4 %** steigen.

a) Wie lautet die Folge $\{\mathbf{H_k}\}$, $\mathbf{k = 1, \ldots, 5}$?
b) Wie lautet die Reihe $\{\mathbf{s_k}\}$, $\mathbf{k = 1, \ldots, 5}$?
c) Welche Sozialhilfe wird im fünfzehnten Jahr gewährt?
d) Welche Sozialhilfe wurde im Zeitraum der **15** Jahre insgesamt gewährt?

Aufgabe 4

Nach einer Sage erbat sich der Erfinder des Schachspiels als Ehrengeschenk für das erste der **64** Felder ein Reiskorn, für das zweite Feld zwei Reiskörner, für das dritte **vier** Reiskörner und so weiter bis zum **64**. Schachfeld. Wie viel Reiskörner hätte er bekommen müssen?

Aufgabe 5

a) Im ÖPNV stehen für einen S-Bahnzug **drei** blaue und **zwei** gelbe Wagen zur Verfügung. Wie viele unterschiedliche Farbkombinationen des Gesamtzugs sind möglich?
b) Zwei Personen führen ein Dienstgespräch an einem Tisch mit **vier** Stühlen. Wie viele Sitzkombinationen gibt es?
c) Bci einer Beförderungsfeier mit **zehn** Personen stößt jeder mit jedem an. Wie häufig erfolgt Gläserklingen?
d) Bei der Feuerwehr sollen **zwölf** Rettungskräfte in eine Fünfer-, eine Vierer- und eine Dreiergruppe eingeteilt werden. Auf wie viele Arten ist das möglich?

Aufgabe 6

An einer Straßenbahnhaltestelle werden **zehn** Personen nach Ihrer Wartezeit (gerundet auf ganze Minuten) befragt. Es ergeben sich folgende Zeiten:

Person	**1**	**2**	**3**	**4**	**5**	**6**	**7**	**8**	**9**	**10**
Wartezeit in min	**4**	**6**	**5**	**2**	**5**	**4**	**2**	**1**	**2**	**6**

a) Formulieren Sie die sortierte statistische Reihe (Variationsreihe)!
b) Stellen Sie eine Häufigkeitstabelle auf!
c) Bestimmen Sie folgende Lokalisationsparameter:
  c1) Modalwert
  c2) Median
  c3) arithmetisches Mittel!
d) Welche Werte weisen die folgenden Streuungsparameter auf?
  d1) Varianz
  d2) Standardabweichung
  d3) Variationskoeffizient!

Aufgabe 7

Im Sozialamt ist zwecks Personaleinsatzplanung eine Untersuchung der Antragshäufigkeit durchzuführen. An **zehn** Tagen wurde folgende Zahl an Anträgen gestellt:

Tag	**1**	**2**	**3**	**4**	**5**	**6**	**7**	**8**	**9**	**10**
Anzahl Anträge	**12**	**14**	**13**	**10**	**12**	**14**	**12**	**13**	**16**	**10**

Lösen Sie bezüglich der erhobenen Daten die Aufgaben **6a) – 6d3)**!

Aufgabe 8

Die Häufigkeitstabelle eines Merkmals **X** ist unvollständig gegeben:

j	x_j	h_j	H_j	F_j
1	-1	?	5	0,125
2	0	10	15	0,375
3	?	?	?	?
4	5	5	?	?
5	6	10	?	?

Das arithmetische Mittel beläuft sich auf $\bar{\mathbf{x}} = \mathbf{3}$.

a) Vervollständigen Sie die obige Häufigkeitstabelle!
b) Berechnen Sie Varianz, Standardabweichung und Variationskoeffizient des Merkmals **X**!
c) Interpretieren Sie den Variationskoeffizienten!

Aufgabe 9

Betrachtet werde die Zufallsvariable „Augenzahl" bei dem Zufallsexperiment „Wurf eines fairen Sechserwürfels". Die Wahrscheinlichkeitstabelle lautet:

x	1	2	3	4	5	6
p	1/6	1/6	1/6	1/6	1/6	1/6

a) Berechnen Sie den Erwartungswert!
b) Wie hoch sind Varianz und Standardabweichung?

Aufgabe 10

Die Zufallsvariable **X** bezeichne die Anzahl der Tore eines Fußballvereins in einem Spiel. Folgende Wahrscheinlichkeitstabelle sei gegeben:

x	0	1	2	3	4	5
p	1/4	1/4	1/4	1/12	1/12	1/12

a) Wie hoch ist der Erwartungswert der Torereignisse in einem Spiel?
b) Berechnen Sie Varianz und Standardabweichung!
c) Die Zufallsvariable **Y** bezeichne die Anzahl der Eckbälle. Diese seien dreimal so hoch wie die Anzahl der erzielten Tore, d.h., es gilt **Y = 3X**. Berechnen Sie Erwartungswert, Varianz und Standardabweichung der gewährten Eckbälle!

Aufgabe 11

Der gesamte Wasservorrat der Erde beträgt **1,359 Mrd. km^3**. Dabei kommen **1,321 Mrd. km^3** auf ungenießbares Salzwasser. Drücken Sie die Salzwassermenge in Prozent aus!

Aufgabe 12

Eine Rechnung weise einen Bruttobetrag von **1.115,87 €** auf (in diesem Betrag sind **19 %** Mehrwertsteuer enthalten). Wie hoch ist der Nettobetrag?

Aufgabe 13

Der Preis für Superbenzin pro Liter betrug **2005 1,50 €**, im Jahr **2000** dagegen **1,20 €**. Um wie viel Prozent hat sich der Benzinpreis pro Jahr durchschnittlich geändert?

Aufgabe 14

Die Verschuldung des Landes Niedersachsen betrug am **31.12. 1970 4,415 Mrd. €**, am **31.12.2002 47,954 Mrd. €** . Wie hoch war die durchschnittliche jährliche Schuldenwachstumsrate? Wie hoch ist der prospektive Schuldenstand am **31.12. 2050**, wenn sich das Schuldenwachstum mit der gleichen Wachstumsrate fortsetzt?

Aufgabe 15

Der Wasserverbrauch **x** (in Mio. **m^3**) einer Gemeinde habe sich wie folgt entwickelt:

Jahr	**2000**	**2001**	**2002**	**2003**	**2004**
x	**10,0**	**10,5**	**11,5**	**12,2**	**12,8**

a) Berechnen Sie die jährlichen Änderungsraten!
b) Berechnen Sie die durchschnittliche jährliche Änderungsrate für den Zeitraum **2000** bis **2004**!

Aufgabe 16

Ein Vermögen betrage **10.000 €**. Um wie viel Prozent muss es durchschnittlich jährlich wachsen, damit es sich in **acht** Jahren verdoppelt?

Aufgabe 17

Eine Stadt hat ihr Versorgungsnetz für **60.000** Einwohner im Jahr **2020** geplant, dabei wurde eine jährliche Zuwachsrate von **4 %** zugrunde gelegt. Wie viele Einwohner hatte die Stadt im Planungsjahr **2004**? Hinweis: Ergebnis auf ganze Zahl runden!

Aufgabe 18

Eine Stadtverwaltung geht bei der Planung neuer Straßen davon aus, dass die Zunahme an Kraftfahrzeugen jährlich **3 %** beträgt. Die Planung neuer Straßen erfolgt für **zehn** Jahre im Voraus. Mit wie vielen Kraftfahrzeugen ist bei dieser Planung zu rechnen, wenn momentan **8.216** Kraftfahrzeuge in der Stadt sind? Hinweis: Ergebnis auf ganze Zahl runden!

Aufgabe 19

Ein Feuerwehrfahrzeug mit einem Anschaffungspreis von **100.000 €** verliere jedes Jahr **25 %** an Wert bezogen auf den Restwert.

a) Welchen Wert hat das Fahrzeug noch nach **sechs** Jahren?
b) Nach wie vielen Jahren hat das Fahrzeug noch einen Wert von **6.000 €**?

Aufgabe 20

Ein Unternehmen produziere ein Gut. Die monatlichen Gesamtkosten **K** hängen von der monatlichen Produktionsmenge **x** ab. Der Zusammenhang zwischen Kosten und Produktionsmenge werde durch eine Kostenfunktion $\mathbf{K = K(x)}$ beschrieben. Die Unternehmensleitung interessiere sich dafür,

- welche Kosten bei welcher Produktionsmenge anfallen,
- wie sich die Kosten ändern, wenn die Produktionsmenge verändert wird.

Ein Abfallbeseitigungsbetrieb interessiere sich z.B. für die Höhe der Kosten bei **100 ME** Abfall in der Periode und für die Kostenänderung, wenn sich die Abfallmenge um **10 %** erhöht. Allgemein gilt: Ändert sich die Produktionsmenge von $\mathbf{x_0}$ (z.B. **100 ME**) um $\mathbf{\Delta x}$ (z.B. **10 ME**) auf $\mathbf{x + \Delta x}$ **(110 ME)**, so ändern sich die Kosten von $\mathbf{K(x_0)}$ auf $\mathbf{K(x_0 + \Delta x)}$, also um $\mathbf{K(x_0 + \Delta x) - K(x_0)}$. Das Ausmaß dieser Kostenänderung hängt nicht nur von der Mengenänderung $\mathbf{\Delta x}$ ab, sondern auch von der Ausgangsmenge $\mathbf{x_0}$.

Betrachtet werde die Kostenfunktion: $\mathbf{K(x) = x^2 + 100}$

a) Ermitteln Sie die Höhe der Kosten für **x = 1, x = 2, x = 3, x = 4, x = 5, x = 6, x = 7, x = 8, x = 9, x = 10!**
b) Betrachtet werden jetzt folgende Mengenänderungen:
 b1) von **4** auf **9**
 b2) von **4** auf **8**
 b3) von **4** auf **7**
 b4) von **4** auf **6**
 b5) von **4** auf **5**
Stellen Sie tabellarisch folgende Werte dar**:** $\mathbf{\Delta K, \Delta x, \Delta K/\Delta x}$! Wie sind diese Werte zu interpretieren?
c) Ermitteln Sie $\mathbf{\Delta K/\Delta x}$, wenn wieder von **x= 4** ausgehend folgende Änderungen vorgenommen werden: $\mathbf{\Delta x = 0,5, \Delta x = 0,1, \Delta x = 0,01, \Delta x \to 0}$!
d) Bilden Sie die erste Ableitungsfunktion der Kostenfunktion! Welchen Wert weist die erste Ableitung an der Stelle $\mathbf{x_0 = 4}$ auf? Wie ist dieser Wert zu interpretieren?

Aufgabe 21

Worüber kann die 1. Ableitung einer Funktion $\mathbf{y = f(x)}$ Auskunft geben?

(A) relative Änderung des Funktionswertes
(B) Steigung der Funktion
(C) absolute Änderung der unabhängigen Variablen
(D) näherungsweise Änderung der abhängigen Variablen bei einer Änderung der unabhängigen Variablen um eine Einheit

Aufgabe 22

Der Zusammenhang zwischen Produktionsmenge und Kosten für einen Betrieb werde durch folgende Funktionsgleichung abgebildet: $\mathbf{K(x) = 100 + 10\sqrt{x}}$. Die Produktionsmenge in der abgelaufenen Periode betrug $\mathbf{x_0 = 100}$ **ME**.

a) Der Output werde um **10 ME** erhöht. Wie hoch ist der
a1) totale Kostenanstieg,
a2) durchschnittliche Kostenanstieg (bezogen auf eine ME)?
b) Ermitteln Sie die Funktionsgleichung der ersten Ableitung (Grenzkostenfunktion)!
c) Welchen Wert weisen die Grenzkosten bei $\mathbf{x_0}$ auf? Wie ist dieser Wert zu interpretieren?

Aufgabe 23

Gegeben sei die Gesamtkostenfunktion: $\mathbf{K(x) = 10 \ln x}$

a) Wie lautet die Grenzkostenfunktion?
b) Wie hoch sind die Grenzkosten an der Stelle **x = 6**?
c) Bilden Sie die zweite Ableitung der Kostenfunktion, und treffen Sie eine Aussage zur Krümmung!

Aufgabe 24

Bilden Sie die ersten Ableitungen folgender Funktionen, und interpretieren Sie diese, soweit möglich, ökonomisch!

a) Nutzenfunktionen

$$(1)\ \mathbf{u(x) = \sqrt[3]{x^2}} \quad (2)\ \mathbf{u(x) = \ln x}$$

b) Produktionsfunktioncn

$$(1)\ \mathbf{x(r) = -ar^3 + br^2 + cr} \quad (2)\ \mathbf{x(r) = 0{,}7r^{0{,}5}}$$

c) Preis-Nachfrage-Funktionen

$$(1)\ \mathbf{x(p) = 10e^{-0{,}1p}} \quad (2)\ \mathbf{p(x) = 5e^{-0{,}2x}}$$

d) Erlösfunktionen

$$(1)\ \mathbf{E(p) = 10pe^{-0{,}1p}} \quad (2)\ \mathbf{E(x) = 5xe^{-0{,}2x}}$$

e) Kostenfunktionen

$$(1)\ \mathbf{K(x) = 0{,}5x + 1 + \frac{36}{x+9}} \quad (2)\ \mathbf{K(x) = 36e^{0{,}01x} + 2001}$$

f) Wachstumsfunktionen

$$(1)\ \mathbf{x(t) = ab^t} \quad (2)\ \mathbf{x(t) = x_0e^{jt}} \quad (3)\ \mathbf{x(t) = \frac{a}{1 + be^{-ct}}}$$

g) periodische Trendfunktion

$$\mathbf{x(t) = asin(bt + c) \qquad a, b, c > 0}$$

h) Barwertfunktion

$$\mathbf{V_0(i) = \sum_{t=1}^{n} c_t(1 + i)^{-t}}$$

Aufgabe 25

Betrachtet werde die Kostenfunktion: $\mathbf{K(x) = 100 + 10x}$

a) Ermitteln Sie die Funktion der relativen Änderungsrate!
b) Ermitteln Sie den Wert der relativen Änderungsrate an der Stelle $\mathbf{x_0 = 10}$!

Aufgabe 26

Die Funktion der Zinseszinsformel bei stetiger Verzinsung lautet bekanntlich: $\mathbf{V(t) = V_0 e^{it}}$

a) Berechnen Sie die relative Änderungsrate!
b) Was fällt auf?

Aufgabe 27

Ermitteln Sie für nachfolgende Funktionen die Funktionen der relativen Änderungsraten:

a) $\mathbf{x(p) = 10e^{-0,1p}}$
b) $\mathbf{K(x) = K_F + a\sqrt{x}}$. Welche Bedeutung haben die Fixkosten für die Höhe von $\mathbf{\widehat{K}(x)}$?
c) $\mathbf{x(r) = -ar^3 + br^2 + cr}$
d) $\mathbf{x(t) = \dfrac{a}{1 + be^{-ct}}}$

Aufgabe 28

Gegeben sei eine Funktion $\mathbf{y = f(x)}$.

a) Welche Möglichkeiten der Ermittlung von Elastizitätsfunktion existieren?
b) Wie ist die Elastizität zu interpretieren?

Aufgabe 29

Ermitteln Sie für folgende Funktionen die Elastizitätsfunktionen:

a) $\mathbf{x(p) = 10 - 0,5p}$
b) $\mathbf{K(x) = 100 + 10x}$
c) $\mathbf{x(p) = 7,5e^{-0,05p}}$
d) $\mathbf{K(x) = 50 + 2\ln x}$
e) $\mathbf{x(p) = \frac{100}{p}}$

Was fällt bei dieser Funktion auf? Wie wird eine derartige Funktion genannt?

Aufgabe 30

Die Gewinnfunktion eines Monopolisten laute: $\mathbf{G(x) = -0,1x^2 + 8x - 100}$ mit **G** = Periodengewinn und **x** = Absatzmenge

a) Bestimmen Sie die Nullstellen, und interpretieren Sie diese ökonomisch!
b) Bestimmen Sie die Durchschnittsfunktion, und interpretieren Sie diese ökonomisch!
c) Bestimmen Sie die erste Ableitungsfunktion, und interpretieren Sie diese ökonomisch!
d) Wie lauten die Funktionen der relativen Gewinnänderungsrate und der Absatzmengenelastizität des Gewinns?
e) Ermitteln Sie Extremwerte der
e1) Gewinnfunktion,
e2) Durchschnittsfunktion,
und interpretieren Sie die Ergebnisse ökonomisch!

Aufgabe 31

Gegeben sei eine Kostenfunktion $\mathbf{K = K(x)}$ sowie eine Erlösfunktion $\mathbf{E = E(x)}$

a) Ermitteln Sie allgemein die Bedingung für ein Gewinnmaximum!
b) Zeigen Sie, dass im Gewinnmaximum $\boldsymbol{\varepsilon_{E,x}/\varepsilon_{K,x} = K/E}$ gilt!

Aufgabe 32

Gegeben ist eine Kostenfunktion

$$\mathbf{K(x) = x^3 - 15x^2 + 81x + 20}$$

eines Unternehmens bei der Produktion eines Gutes, das zum Preis **p** = **54** verkauft wird.

a) Bestimmen Sie die Funktionsgleichungen der
a1) Fixkosten
a2) variablen Kosten
a3) Stückkosten
a4) stückvariablen Kosten
a5) Grenzkosten
b) Bestimmen Sie das Minimum der stückvariablen Kosten!
c) Bestimmen Sie den Wendepunkt der Kostenfunktion!

d) Bestimmen Sie das Minimum der Grenzkosten!
e) Stellen Sie die Ergebnisse aus **c)** und **d)** in einen Zusammenhang!
f) Formulieren Sie die mengenabhängige Erlösfunktion!
g) Formulieren Sie die mengenabhängige Gewinnfunktion!
h) Bestimmen Sie die Menge maximalen Gewinns sowie den maximal erzielbaren Gewinn!

Aufgabe 33

Betrachtet werde ein Baum, der zum Zeitpunkt $\mathbf{t = 0}$ gepflanzt wurde. Der Marktwert $\mathbf{V(t)}$ des Baumes zum Zeitpunkt $\mathbf{t}$ entwickele sich gemäß:

$$\mathbf{V(t) = (t + 5)^2}$$

Der Zinssatz bei stetiger Verzinsung betrage $\mathbf{i = 0{,}05}$. Die Barwertfunktion lautet somit konkret:

$$\mathbf{V_0 = (t + 5)^2 e^{-it}}$$

a) Wann sollte der Baum gefällt werden, wenn der Barwert maximiert werden soll?
b) Welcher maximale Barwert ist erzielbar?
c) Zeigen Sie, dass zum optimalen Abholzungszeitpunkt relative Marktwertänderungsrate und Zinssatz identisch sind.

Aufgabe 34

Die Anzahl der von einer Arbeitskraft täglich bearbeiteten Sozialhilfeanträge ($\mathbf{x}$) hänge von der Gesamtzahl $\mathbf{T}$ aller bis dahin bearbeiteten Anträge ab. Der entsprechende Funktionszusammenhang laute:

$$\mathbf{x(T) = 24 - 16e^{-0{,}005T}, T \geq 0}$$

a) Bilden Sie die erste Ableitung der Funktion!
b) Wie ist das Ergebnis zu interpretieren? Existiert ein Lerneffekt?

Aufgabe 35

Ein Eigenbetrieb habe einen jährlichen Materialbedarf an einer bestimmten Materialart von $\mathbf{30.000}$ **ME**. Die bestellfixen Kosten betragen **60 GE**, der Zins und Lagerkostensatz liege bei **0,36**. Der Materialstückpreis betrage **10 GE**. Ermitteln Sie den optimalen Beschaffungsplan!

Aufgabe 36

Nach einem Lkw-Unfall wurde die Konzentration eines Gefahrstoffs $\mathbf{c}$ in Abhängigkeit von der seit dem Unfall vergangenen Zeit $\mathbf{t}$ (in Zeiteinheiten) an der Unfallstelle wie folgt gemessen:

$$\mathbf{c(t) = (50t + 4)e^{-t}}$$

a) Zu welchem Zeitpunkt ist die Konzentration maximal?
b) Welchen Wert weist sie in diesem Zeitpunkt auf?
c) Bestimmen Sie die Funktion der relativen zeitlichen Änderungsrate der Schadstoffkonzentration!

Aufgabe 37

Ein kommunaler Forstbestand weise zum Zeitpunkt $\mathbf{t_0}$ einen Anfangswert von **A = 100 GE** auf. Die chronologische Wertentwicklung entspreche der Funktion $\mathbf{V(t) = Ae^{\sqrt{t}}}$. Die Zinsrate bei stetiger Verzinsung betrage **i = 0,1**.

a) Wie lautet die Funktion der ersten Ableitung?
b) Wie lautet die Funktion der Wachstumsrate?
c) Wie lautet die Funktion des Barwertes?
d) Berechnen Sie den optimalen Abholzungszeitpunkt!
e) Welcher Barwert ist maximal erzielbar?

Aufgabe 38

Der Zusammenhang zwischen der Einsatzmenge an Reinigungsmaterial **r** und der gereinigten Straßenfläche **x** in der Gemeinde „Blitzblank" werde durch folgende Funktion abgebildet:

$$\mathbf{x(r) = \left(0,6r^{0,5} + 1\right)^2}$$

a) Überprüfen Sie das Monotonieverhalten mithilfe der ersten Ableitung!
b) Wie ist die erste Ableitung ökonomisch zu interpretieren?
c) Bestimmen Sie die Funktion der zweiten Ableitung, und treffen Sie eine Aussage zur Krümmung der Produktionsfunktion!

Aufgabe 39

Der Nutzen **u** beim Konsum eines Gutes in der Menge **x** entspreche der Nutzenfunktion:

$$\mathbf{u(x) = 2\ln x, x \geq 1}$$

a) Wie lautet die erste Ableitungsfunktion?
b) Wie ist die erste Ableitungsfunktion ökonomisch zu interpretieren?
c) Formulieren Sie die zweite Ableitungsfunktion!
d) Wie ist die zweite Ableitungsfunktion ökonomisch zu interpretieren.

Aufgabe 40

Der Nutzen **u** beim Konsum zweier Güter in der Menge **x** bzw. **y** entspreche der Nutzenfunktion:

$$\mathbf{u(x, y) = 2\ln(x + 2y)}$$

a) Wie lauten die ersten partiellen Ableitungsfunktionen?
b) Wie sind diese ökonomisch zu interpretieren?
c) Formulieren Sie die zweiten partiellen Ableitungsfunktionen!
d) Wie ist die zweite Ableitungsfunktion ökonomisch zu interpretieren.
e) Formulieren Sie die Funktion der gemischten partiellen Ableitung!

Aufgabe 41

Für den Zusammenhang zwischen dem ausgehobenen Erdreich $\mathbf{x}$ in einer Kommune und der Menge eingesetzter Handarbeitsstunden $\mathbf{r_1}$ und Maschinenarbeitsstunden $\mathbf{r_2}$ gelte die Produktionsfunktion

$$\mathbf{x = \sqrt{r_1 r_2}}$$

a) Bilden Sie die ersten partiellen Ableitungen der Produktionsfunktion!
b) Bilden Sie die Funktionen der partiellen Änderungsraten!
c) Wie lauten die Funktionen der partiellen Produktionselastizitäten?
d) Bilden Sie die Kreuzableitung!
e) Differenzieren Sie die Produktionsfunktion implizit, und interpretieren Sie das Ergebnis!
f) Der Preis für eine Handarbeitsstunde betrage $\mathbf{q_1 = 2}$, der für eine Maschinenarbeitsstunde $\mathbf{q_2 = 4}$. Berechnen Sie die Minimalkostenkombination für einen Output von $\mathbf{x_0 = 100}$! (Hinweis: Die hinreichende Bedingung kann als erfüllt angesehen werden und braucht nicht überprüft zu werden.)

Aufgabe 42

Auf einem Markt mit vollständiger Konkurrenz gelte folgende Angebots- $\mathbf{p_A(x)}$ bzw. Nachfragefunktion $\mathbf{p_N(x)}$:

$$\mathbf{p_N(x) = 18 - 0,1x^2;\ \ p_A(x) = 0,5x + 3}$$

a) Wie lautet das Marktgleichgewicht?
b) Wie hoch ist die Konsumentenrente im Marktgleichgewicht?
c) Wie hoch ist die Produzentenrente im Marktgleichgewicht?

Aufgabe 43

Die Anzahl der Fahrgäste im **ÖPNV** zum Zeitpunkt **t** werde durch $\mathbf{x(t)}$ beschrieben. Die Änderungsrate der Fahrgastanzahl betrage $\boldsymbol{\rho}$ = const. Zum Zeitpunkt $\mathbf{t_0}$ liege die Fahrgastanzahl bei $\mathbf{x(0) = x_0}$. Wie lautet die zeitabhängige Bestandsfunktion der Fahrgastanzahl?

Aufgabe 44

Auf welchen Endbetrag wächst ein Vermögen von **4.352,40 €** bei **3,5 %** Zinsesverzinsung in **acht** Jahren?

Aufgabe 45

Ein Sparer habe bei einer Bank **2.320 €** eingezahlt. Welcher Zinssatz wurde vereinbart, wenn dem Kunden nach **zehn** Jahren **4.154,77 €** einschließlich Zinseszinsen ausgezahlt werden?

Aufgabe 46

Ein Vermögen von **8.500 €** werde zu jährlich **5,5 %** bei jährlichem Zinszuschlag verzinst. Das Endvermögen beträgt **24.800,94 €** .Wie lang ist der Anlagezeitraum?

Aufgabe 47

Bei der Geburt eines Kindes werde ein Betrag bei der Bank so angelegt, dass bei Vollendung des **18**. Lebensjahres dem Kind **20.000 €** ausgezahlt werden können. Die Bank bietet einen festen Jahreszinssatz von **6,5 %** an. Wie hoch ist der notwendige Anlagebetrag?

Aufgabe 48

Nach welchem Zeitraum ist ein Anlagebetrag von $\mathbf{V_0 = 0,01}$ **€** bei einem Zinssatz von $\mathbf{i = 0,04}$ auf den Wert einer goldenen Erdkugel angewachsen? Treffen Sie hierzu geeignete Annahmen!

Aufgabe 49

Wie lange muss ein Vermögen bei **4,5 %** Jahreszins und jährlichem Zinszuschlag angelegt werden, bis es seinen dreifachen Wert erreicht?

Aufgabe 50

In wie vielen Jahren wächst ein Vermögen von **8.200 €** bei **5 %** Zinseszinsen auf den gleichen Betrag an wie ein anderes um **3.000 €** höheres Vermögen zu **4 %** in **sieben** Jahren?

Aufgabe 51

Dem Käufer eines Grundstücks werden drei Angebote unterbreitet:

Angebot I:	**80.000 €**	**zahlbar sofort**
Angebot II:	**100.000 €**	**zahlbar in drei Jahren**
Angebot III:	**105.000 €**	**zahlbar in sechs Jahren**

Welches Angebot ist bei einem Zinssatz von **5 %** für den Käufer das günstigste?

Aufgabe 52

Der Käufer eines Hauses kann zwischen zwei Zahlungsarten wählen:

Zahlungsart I: Drei Raten zu je **80.000 €**; die erste Rate sofort, die zweite Rate nach zwei Jahren, die dritte Rate nach **fünf** Jahren.

Zahlungsart II: **240.000 €** nach **drei** Jahren.

Welche Zahlungsart ist bei **4,5%**iger Verzinsung die günstigste?

Aufgabe 53

Ein Vermögen von **2.000 €** werde auf **zehn** Jahre bei einem Zinssatz von **6 %** festgelegt. Wie hoch ist das Endkapital unter Berücksichtigung von Zinseszinsen nach Ablauf der Anlagezeit bei

a) jährlichem Zinszuschlag,
b) halbjährlichem Zinszuschlag?

Aufgabe 54

Ein Vermögen von **5.000 €** wird zu **8 %** angelegt. Auf welchen Betrag wächst das Kapital unter Berücksichtigung von Zinseszinsen in **vier** Jahren bei

a) jährlichem Zinszuschlag,
b) halbjährlichem Zinszuschlag,
c) monatlichem Zinszuschlag,
d) täglichem Zinszuschlag (360 Zinstage),
e) stetiger Verzinsung?

Aufgabe 55

Ein Haushalt zahlt auf ein Sparkonto jeweils zum Jahresende **zwölf** Jahre lang **600 €** ein, wobei **6 %** Zinseszinsen pro Jahr gewährt werden. Welcher Betrag steht am Ende des zwölften Jahres zur Verfügung?

Aufgabe 56

Eine Mutter entschließt sich bei der Geburt ihres Kindes, bis zu dessen **20.** Geburtstag mit jährlich nachschüssigen Beträgen **20.000 €** anzusparen. Wie hoch muss der jährliche Betrag sein, wenn mit Zinseszinsen von **5 %** pro Jahr gerechnet wird?

Aufgabe 57

Bei einer Lotterie mögen folgende Gewinnmodalitäten existieren (Zinssatz **i = 0,07**):

(I) Sofortauszahlung von **1.000.000 €**
(II) Nachschüssige Gewinnrente in Höhe von **60.000 €** bei 20-jähriger Laufzeit
(III) Nachschüssige Gewinnrente in Höhe von **25.000 €** (vererbbar) bei 50-jähriger Laufzeit

a) Welche Modalität erscheint vorteilhaft?
b) Welche über 20 Jahre laufende Gewinnrente ist der Alternative (I) finanzmathematisch äquivalent?

Aufgabe 58

Betrachtet werde eine nachschüssige Rente von **1.000 €/Jahr**. Wie groß ist der Barwert dieser Rente bei Verwendung eines Jahreszinssatzes von **10 %** wenn die Rentendauer

a) 100 Jahre beträgt,
b) unendlich viele Jahre beträgt?

Aufgabe 59

Im ÖPNV soll ein neuer Linienbus angeschafft werden. Der Anschaffungsbetrag belaufe sich auf **100.000 €**. Die jährlichen Zahlungsüberschüsse in den folgenden **fünf** Jahren werden wie folgt geschätzt:

1. Jahr:	**10.000 €**
2. Jahr:	**20.000 €**
3. Jahr:	**30.000 €**
4. Jahr:	**30.000 €**
5. Jahr:	**40.000 €**

Der Kalkulationszinssatz liege bei **i = 0,07**.

a) Berechnen Sie den Barwert der Zahlungsüberschüsse! Wie ist die Anschaffung wirtschaftlich zu beurteilen?
b) Die Nutzung des Busses auf Mietbasis erfordere jährliche Mietkosten von **25.000 €**. Berechnen Sie den Barwert der Mietzahlungen! Erscheint Kauf oder Miete vorteilhaft?

Aufgabe 60

In einer Gemeinde stehe die Anschaffung eines Dienstwagens zur Disposition. Die durchschnittlichen monatlichen Ausgaben belaufen sich auf **590 €** bei einer Nutzungsdauer von **fünf** Jahren. Bestimmen Sie den Barwert bei einem Zinssatz **i = 0,05**.

Aufgabe 61

Eine Schuld von **200.000 €** soll bei einem Zinssatz von **6 %** in **acht** Jahren mit konstanter Tilgungsrate getilgt werden. Stellen Sie den Tilgungsplan auf!

Aufgabe 62

Eine Schuld von **50.000 €** soll in **20** Jahren bei einem Zinssatz **i = 0,08** durch eine konstante Annuität getilgt werden. Stellen Sie den Tilgungsplan für die ersten drei Jahre auf!

Aufgabe 63

Ein Anleger lege **10.000 €** für **zehn** Jahre bei einem Jahreszinssatz von **5 %** an.

a) Über welches Vermögen (Nominalvermögen) verfügt er nach **zehn** Jahren?
b) Wie hoch ist sein Realvermögen nach **zehn** Jahren bei einer jährlichen Inflationsrate von $\hat{\mathbf{p}} = \mathbf{0,03}$? Berechnen Sie den jährlichen realen Zinssatz!
c) Wie hoch ist sein Realvermögen nach **zehn** Jahren bei einer jährlichen Inflationsrate von $\hat{\mathbf{p}} = \mathbf{0,07}$? Berechnen Sie den jährlichen realen Zinssatz!

Aufgabe 64

Ein Vorsorgesparer möchte im Ruhestand über einen Zeitraum von **20** Jahren monatlich jeweils über **1.500 €** verfügen können. Welchen Betrag muss er über einen Zeitraum von **45** Jahren bei einem Jahreszinssatz von **i = 0,075** monatlich ansparen?

Aufgabenlösungen

Aufgabe 1

a) $\mathbf{B = \{B_1, B_2, B_3, B_4, B_5\}}$,
$\mathbf{A = \{A_1, A_2, A_3, A_4\}}$

b) $\mathbf{B_{A11} = \{B_1, B_2\}, B_{A10} = \{B_3, B_4\}, B_{A9} = \{B_5\}}$
$\mathbf{A_M = \{A_1, A_2\}, A_G = \{A_3, A_4\}}$

c) $\mathbf{|B| = 5;\ |A| = 4}$

d) $\mathbf{\wp(A_G) = \{\{A_3\}, \{A_4\}, \{\{A_3, A_4\}\}, \emptyset\}}$

e) 1) $\mathbf{B_{A11} \cup A_G = \{B_1, B_2, A_3, A_4\}}$
2) $\mathbf{A \backslash A_M = \{A_3, A_4\}}$
3) $\mathbf{A_M \cap A_G = \emptyset}$
4) $\mathbf{B_{A10} \cup B_{A9} = \{B_3, B_4, B_5\}}$
5) $\mathbf{B \backslash B_{A10} = \{B_1, B_2, B_5\}}$
6) $\mathbf{C_A A_G = \{A_1, A_2\}}$
7) $\mathbf{C_{A_M}\{A_1\} = \{A_2\}}$

f) $\mathbf{B_{A11} \times A_G = \{(B_1, A_3), (B_1, A_4), (B_2, A_3), (B_2, A_4)\}}$

g1) $\mathbf{f: B \to A = \{(B_1, A_3), (B_1, A_4), (B_2, A_3), (B_2, A_4)\}}$,
$\mathbf{D(f) = \{B_1, B_2\};\ W(f) = \{A_3, A_4\}}$, **f und $\mathbf{f^{-1}}$** sind mehrdeutig und surjektiv

g2) $\mathbf{f: B \to A = \{(B_1, A_3), (B_2, A_4)\}, D(f) = \{B_1, B_2\}, W(f) = \{A_3, A_4\}}$
f und $\mathbf{f^{-1}}$ sind injektiv

g3) $\mathbf{f: B \to A = \{(B_3, A_1), (B_4, A_1)\}, D(f) = \{B_3, B_4\}, W(f) = \{A_1\}}$
f ist eindeutig, $\mathbf{f^{-1}}$ ist mehrdeutig.

g4) $\mathbf{f: B \to A = \{(B_1, A_1), (B_2, A_2), (B_3, A_3), (B_5, A_4)\}}$
$\mathbf{D(f) = \{B_1, B_2, B_3, B_5\}, W(f) = \{A_1, A_2, A_3, A_4\}}$
f ist injektiv und surjektiv, $\mathbf{f^{-1}}$ ist injektiv.

g5) $\mathbf{f: B \to A = \{(B_1, A_1), (B_2, A_2), (B_3, A_3), (B_4, A_4)\}}$
$\mathbf{D(f) = \{B_1, B_2, B_3, B_4\}, W(f) = \{A_1, A_2, A_3, A_4\}}$
f und $\mathbf{f^{-1}}$ sind bijektiv.

Aufgabe 2

a) $\mathbf{\{E_k\}, k = 1, \dots, 5 = 100;\ 105;\ 110;\ 115;\ 120}$

b) $\mathbf{\{s_k\}, k = 1, \dots, 5 = 100;\ 205;\ 315;\ 430;\ 550}$, es handelt sich um die bezogen auf das jeweilige Jahr kumulierten Gebühreneinnahmen.

c) $\mathbf{E_{20} = 100 + (20 - 1) \cdot 5 = 195}$

d) $\mathbf{s_{20} = \frac{20}{2}(100 + 195) = 2950}$

Aufgabe 3

a) $\mathbf{\{H_k\}, k = 1, \dots, 5 = 1000;\ 1040;\ 1081{,}60;\ 1124{,}87;\ 1169{,}86}$

b) $\mathbf{\{s_k\}, k = 1, \dots, 5 = 1000;\ 2040;\ 3121{,}60;\ 4246{,}47;\ 5416{,}33}$

c) $\mathbf{H_{15} = 1000 \cdot 1{,}04^{15-1} = 1731{,}68}$

d) $\mathbf{s_{15} = 1000 \cdot \frac{1{,}04^{15} - 1}{1{,}04 - 1} = 20.023{,}59}$

Aufgabe 4

Anzahl Reiskörner = $x = \mathbf{1 \cdot 2^0 + 1 \cdot 2^1 + 1 \cdot 2^2 + \dots + 1 \cdot 2^{63}}$

$$2x = \mathbf{1 \cdot 2^1 + 1 \cdot 2^2 + \dots + 1 \cdot 2^{63} + 1 \cdot 2^{64}}$$

$$\mathbf{2x - x = 1 \cdot 2^{64} - 1 \cdot 2^0 \leftrightarrow x = 2^{64} - 1 = 1{,}844674407 \cdot 10^{13}}$$

Sei ein Reiskorn ein Zylinder mit **1 mm** Durchmesser und **5 mm** Höhe. Das Reisvolumen beträgt dann ca. **72 km³** und kann Deutschland mit einer ca. **25 cm** hohen Reisschicht bedecken.

Aufgabe 5

a) $\mathbf{P_5^{(3,2)}} = \binom{5}{2\,,\,3} = \frac{5!}{2!\cdot 3!} = \mathbf{10}$

b) $\mathbf{P_4^{(2)}} = \frac{4!}{2!} = \mathbf{12}$

c) $\mathbf{C_{10}^{(2)}} = \binom{10}{2} = \frac{10!}{2!\cdot 8!} = \mathbf{45}$

d) $\mathbf{P_{12}^{(5,4,3)}} = \binom{12}{5\,,\,4\,,\,3} = \frac{12!}{5!\cdot 4!\cdot 3!} = \mathbf{27720}$

Aufgabe 6

a)

1	2	2	2	4	4	5	5	6	6
⟨1⟩	⟨2⟩	⟨3⟩	⟨4⟩	⟨5⟩	⟨6⟩	⟨7⟩	⟨8⟩	⟨9⟩	⟨10⟩

b)

x_j	1	2	3	4	5	6
h_j	1	3	0	2	2	2
f_j	0,1	0,3	0,0	0,2	0,2	0,2
H_j	1	4	4	6	8	10
F_j	0,1	0,4	0,4	0,6	0,8	1

c1) $x_M = 2$

c2) $x_Z = 0{,}5(4 + 4) = 4$

c3) $\bar{x} = \frac{1}{10}(1 + 2 + 2 + 2 + 4 + 4 + 5 + 5 + 6 + 6) = 3{,}70$

d1) $\sigma^2 = \frac{1}{10}(1^2 + 3 \cdot 2^2 + 2 \cdot 4^2 + 2 \cdot 5^2 + 2 \cdot 6^2) - 3{,}7^2 = 3{,}01$

d2) $\sigma = \sqrt{3{,}01} = 1{,}7349$

d3) $v = 1{,}7349/3{,}70 = 0{,}4689$

Aufgabe 7

a)

10	10	12	12	12	13	13	14	14	16
⟨1⟩	⟨2⟩	⟨3⟩	⟨4⟩	⟨5⟩	⟨6⟩	⟨7⟩	⟨8⟩	⟨9⟩	⟨10⟩

b)

x_j	10	11	12	13	14	15	16
h_j	2	0	3	2	2	0	1
f_j	0,2	0,0	0,3	0,2	0,2	0,0	0,1
H_j	2	2	5	7	9	9	10
F_j	0,2	0,2	0,5	0,7	0,9	0,9	1

c1) $x_M = 12$
c2) $x_Z = 0{,}5(12 + 13) = 12{,}5$
c3) $\bar{x} = \frac{1}{10}(10 + 10 + 12 + 12 + 12 + 13 + 13 + 14 + 14 + 16) = 12{,}60$
d1) $\sigma^2 = \frac{1}{10}(2 \cdot 10^2 + 3 \cdot 12^2 + 2 \cdot 13^2 + 2 \cdot 14^2 + 1 \cdot 16^2) - 12{,}60^2 = 3{,}04$
d2) $\sigma = \sqrt{3{,}04} = 1{,}7436$
d3) $v = 1{,}7436/12{,}60 = 0{,}1384$

Aufgabe 8

a)

j	x_j	h_j	H_j	F_j
1	-1	5	5	0,125
2	0	10	15	0,375
3	4	10	25	0,625
4	5	5	30	0,75
5	6	10	40	1

Erläuterungen: bei **j = 1: hj =Hj** $\rightarrow h_1 = 5 \rightarrow f_1 = 0{,}125 \rightarrow n = 8 \cdot 5 = 40 \rightarrow h_3 = 10$

b) $\sigma^2 = \frac{1}{40}(5(-1)^2 + 10 \cdot 0^2 + 10 \cdot 4^2 + 5 \cdot 5^2 + 10 \cdot 6^2) - 3^2 = 7{,}25$
$\sigma = \sqrt{7{,}25} = 2{,}6926$
$v = 2{,}6926 / 3 = 0{,}8975$

c) Der Variationskoeffizient ist ein Maß für die relative durchschnittliche Abweichung eines jeden Merkmalswertes vom arithmetischen Mittel.

Aufgabe 9

a) $\mu_X = \frac{1}{6} \cdot 1 + \frac{1}{6} \cdot 2 + \frac{1}{6} \cdot 3 + \frac{1}{6} \cdot 4 + \frac{1}{6} \cdot 5 + \frac{1}{6} \cdot 6 = 3{,}50$

b) $\sigma_X^2 = \frac{1}{6} \cdot 1^2 + \frac{1}{6} \cdot 2^2 + \frac{1}{6} \cdot 3^2 + \frac{1}{6} \cdot 4^2 + \frac{1}{6} \cdot 5^2 + \frac{1}{6} \cdot 6^2 - 3{,}50^2 = 2{,}9167$
$\sigma_X = \sqrt{2{,}9167} = 1{,}7078$

Aufgabe 10

a) $\mu_X = \frac{1}{4}\cdot 0+\frac{1}{4}\cdot 1+\frac{1}{4}\cdot 2+\frac{1}{12}\cdot 3+\frac{1}{12}\cdot 4+\frac{1}{12}\cdot 5 = 1{,}75$

b) $\sigma_X^2 = \frac{1}{4}\cdot 0^2+\frac{1}{4}\cdot 1^2+\frac{1}{4}\cdot 2^2+\frac{1}{12}\cdot 3^2+\frac{1}{12}\cdot 4^2+\frac{1}{12}\cdot 5^2 - 1{,}75^2 = 2{,}3542$

$\sigma_X = 1{,}5343$

c) **Y, X** seien Zufallsvariablen mit **Y = a+bX**. Dann gilt

$\sigma_Y^2 = b^2\sigma_X^2, \sigma_Y = |b|\sigma_X, \mu_Y = a + b\mu_X$

Dann folgt $\mu_Y = 3\cdot 1{,}75 = 5{,}25$; $\sigma_Y^2 = 3^2\cdot 2{,}3542 = 21{,}1878$; $\sigma_Y = 3\cdot 1{,}5343 = 4{,}6029$

Aufgabe 11

97,2038 % des gesamten Wasservorrats sind Salzwasser.

Aufgabe 12

Nettobetrag = 1115,87 / 1,19 = 937,71

Aufgabe 13

Ansatz: $1{,}50 = 1{,}20(1+\hat{p})^5 \leftrightarrow \hat{p} = (1{,}50/1{,}20)^{1/5} - 1 = 0{,}0456$ **= 4,56 %**

Aufgabe 14

Ansatz: 47,954 = 4,415$(1+\rho)^{32} \leftrightarrow \rho = (47{,}954/4{,}415)^{1/32} - 1 = 0{,}0774 = 7{,}74$ %

Schulden (2050) = 47,954$(1+0{,}0774)^{48} = 1.717.589.818$

Aufgabe 15

a) $\rho_1 = \frac{10{,}5}{10} - 1 = 0{,}05$, $\rho_2 = \frac{11{,}5}{10{,}5} - 1 = 0{,}0952$, $\rho_3 = \frac{12{,}2}{11{,}5} - 1 = 0{,}0609$

$\rho_4 = \frac{12{,}8}{12{,}2} - 1 = 0{,}0492$

b) $\rho = (12{,}8/10)^{1/4} - 1 = 0{,}0637$, alternativ über geometrisches Mittel

$\rho = (1{,}05\cdot 1{,}0952\cdot 1{,}0609\cdot 1{,}0492)^{1/4} - 1 = 0{,}0637$

Aufgabe 16

Ansatz: 10000$(1+\rho)^8 = 20000 \leftrightarrow \rho = (20000/10000)^{1/8} - 1$ **= 0,0905**

Aufgabe 17

$x_{2004}(1+0{,}04)^{16} = 60000 \leftrightarrow x_{2004} = 60.000\cdot 1{,}04^{-16} = 32.034{,}49$

Gerundet: **32024** Einwohner

Aufgabe 18

$x_{10} = 8.216(1+0{,}03)^{10} = 11.041{,}62$ gerundet **11.042** Kfz.

Aufgabe 19

a) $R_6 = 100.000(1 - 0,25)^6 = 17.797,85$
b) $6.000 = 100.000(1 - 0,25)^n \leftrightarrow 0,06 = 0,75^n \leftrightarrow n = \ln 0,06/\ln 0,75 = 9,78$

Aufgabe 20

a)

x	1	2	3	4	5	6	7	8	9	10
K	**101**	**104**	**109**	**116**	**125**	**136**	**149**	**164**	**181**	**200**

b)

	Δx	ΔK	$\Delta K/\Delta x$
c1)	5	65	13
c2)	4	48	12
c3)	3	33	11
c4)	2	20	10
c5)	1	9	9

c)

Δx	0,5	0,1	0,01	$\rightarrow 0$
$\Delta K/\Delta x$	8,5	8,1	8,01	8

d) $\lim_{\Delta x \to 0} \frac{\Delta K}{\Delta x} = \frac{dK}{dx} = K'(x) = 8$ an der Stelle $x_0 = 4$
Eine infinitesimale Erhöhung des Outputs an der Stelle $x_0 = 4$ führt zu einem Kostenanstieg von **8**.

Aufgabe 21

(B), (D)

Aufgabe 22

a1) $K(x_0) = K(100) = 100 + 10\sqrt{100} = 200$
$K(x_0 + \Delta x) = K(110) = 100 + 10\sqrt{110} = 204,88$
$\Delta K = K(110) - K(100) = 4,88$
a2) $\Delta K/\Delta x = 4,88/10 = 0,488$
b) Wir verwenden die Exponentialschreibweise $K(x) = 100 + 10x^{0,5}$.
$K'(x) = 5x^{-0,5}$
c) $K'(100) = 0,5$. Eine infinitesimale Erhöhung des Outputs an der Stelle $x_0 = 100$ führt zu einem Kostenanstieg von **0,5**. Alternativ: Eine Erhöhung des Outputs an der Stelle $x_0 = 100$ um eine Einheit führt approximativ zu einem Kostenanstieg von **0,5**.

Aufgabe 23

a) $K'(x) = 10/x$
b) $K'(6) = 10/6 = 1,67$
c) $K''(x) = -10/x^2 < 0 \rightarrow K(x)$ ist streng konkav gekrümmt.

Aufgabe 24

a) (1) $u'(x) = (2/3)x^{-1/3}$ (2) $u'(x) = 1/x$
b) (1) $x'(r) = -3ar^2 + 2br + c$ (2) $x'(r) = 0,35r^{-0,5}$
c) (1) $x'(p) = 10e^{-0,1p}(-0,1) = -e^{-0,1p}$ (2) $p'(x) = 5e^{-0,2x}(-0,2) = -e^{-0,2x}$
d) (1) $E'(p) = 10e^{-0,1p} + 10pe^{-0,1p}(-0,1) = e^{-0,1p}(10 - p)$
(2) $E'(x) = 5e^{-0,2x} + 5xe^{-0,2x}(-0,2) = e^{-0,2x}(5 - x)$
e) (1) $K'(x) = 0,5 - 36(x + 9)^{-2}$ (2) $K'(x) = 0,36e^{0,01x}$
f) (1) $x'(t) = ab^t \ln b$ (2) $x'(t) = jx_0e^{jt}$ (3) $x'(t) = \dfrac{abce^{-ct}}{(1 + be^{-ct})^2}$
g) $x'(t) = abcos(bt + c)$
h) $V'(i) = \sum -tc_t(1 + i)^{-t-1}$

Aufgabe 25

a) $\hat{K}(x) = \dfrac{10}{100 + 10x}$
b) $\hat{K}(10) = 0,05$

Aufgabe 26

a) $\hat{V}(t) = \dfrac{V'(t)}{V(t)} = \dfrac{V_0e^{it}i}{V_0e^{it}} = i$
b) Die relative Änderungsrate ist mit dem Zinssatz identisch.

Aufgabe 27

a) $\hat{x}(p) = \dfrac{10e^{-0,1p}(-0,1)}{10c^{-0,1p}} = -0,1$
b) $\hat{K}(x) = \dfrac{a/2x^{0,5}}{K_F + ax^{0,5}}$, $\hat{K}(x)$ sinkt mit steigenden Fixkosten
c) $\hat{x}(r) = \dfrac{-3ar^2 + 2br + c}{-ar^3 + br^2 + cr}$
d) $\hat{x}(t) = \dfrac{abce^{-ct}}{(1 + be^{-ct})^2} \cdot \dfrac{1 + be^{-ct}}{a} = \dfrac{bce^{-ct}}{1 + be^{-ct}}$

Aufgabe 28

a) $\varepsilon_{y,x} = \dfrac{dy/y}{dx/x} = \dfrac{y'x}{y} = \dfrac{y'}{y/x} = \dfrac{y'}{\bar{y}} = \hat{y}x = \dfrac{d\ln y}{d\ln x}$
Eine Elastizität ergibt sich immer aus dem Quotienten einer Grenzgröße und einer Durchschnittsgröße.
b) $\varepsilon_{y,x}$ gibt die approximative prozentuale Änderung von **y** bei Änderung von **x** um **1%** an.

Aufgabe 29

a) $\varepsilon_{x,p} = \dfrac{-0,5p}{10-0,5p} = \dfrac{p}{p-20}$

b) $\varepsilon_{K,x} = \dfrac{10x}{100+10x}$ oder $\varepsilon_{K,x} = \dfrac{10}{100/x \ + \ 10}$

c) $\varepsilon_{x,p} = \dfrac{7,5e^{-0,05p}(-0,05)p}{7,5e^{-0,05p}} = -0,05p$

d) $\varepsilon_{K,x} = \dfrac{2}{50+2\ln x}$

e) $\varepsilon_{x,p} = \dfrac{(-100/p^2)p}{100/p} = -1$

Es handelt sich um eine isoeinheitselastische Nachfragefunktion.

Aufgabe 30

a) Lösung der quadratischen Gleichung mit pq-Formel: $\mathbf{x_1 = 64,49; x_2 = 15,51}$

$\mathbf{x_2}$ **= Gewinnschwelle,** $\mathbf{x_1}$ **= Gewinngrenze**

b) $\bar{G}(x) = \dfrac{G(x)}{x} = -0,1x + 8 - \dfrac{100}{x}$

Ökonomisch handelt es sich um die Stückgewinnfunktion. Sie beschreibt den durchschnittlich pro ME erzielten Gewinn.

c) $G'(x) = -0,2x + 8.$

Es handelt sich um die Grenzgewinnfunktion. Der Grenzgewinn beschreibt die Gewinnänderung bei infinitesimaler Erhöhung der Absatzmenge.

d) $\hat{G}(x) = \dfrac{G'(x)}{G(x)} = \dfrac{-0,2x+8}{-0,1x^2+8x-100}$

$\varepsilon_{G,x} = \dfrac{G'(x)x}{G(x)} = \dfrac{-0,2x^2+8x}{-0,1x^2+8x-100}$

e1) $\max G(x) = -0,1x^2 + 8x - 100$

$G'(x) = -0,2x + 8 = 0 \leftrightarrow x = 40$

$G''(40) = -0,2 < 0$ → Maximumstelle bei $x = 40$, gewinnmaximale Menge bei $x_G^* = 4$, $G^* = G(x_G^*) = -0,1 \cdot 40^2 + 8 \cdot 40 - 100 = 60$

e2) $\max \bar{G}(x) = -0,1x + 8 - \dfrac{100}{x}$

$\bar{G}'(x) = -0,1 + \dfrac{100}{x^2} = 0 \leftrightarrow x = 31,62$

$\bar{G}''(31,62) = -\dfrac{200}{31,62^3} < 0 \rightarrow x_{\bar{G}}^* = 31,62$

Die Menge maximalen Stück- und Gesamtgewinns differiert.

Aufgabe 31

a) $\max G(x) = E(x) - K(x); G'(x) = E'(x) - K'(x) = 0 \leftrightarrow E'(x_G^*) = K'(x_G^*)$ und $E''(x_G^*) < K''(x_G^*)$

b) $\varepsilon_{E,x} = \frac{E'(x)x}{E(x)}$; $\varepsilon_{K,x} = \frac{K'(x)x}{K(x)}$

Im Gewinnmaximum gilt das Äquimarginalprinzip:

$$E'(x) = K'(x) \leftrightarrow \varepsilon_{E,x}\frac{E}{x} = \varepsilon_{K,x}\frac{K}{x} \leftrightarrow \varepsilon_{E,x}E = \varepsilon_{K,x}K \leftrightarrow \frac{\varepsilon_{E,x}}{\varepsilon_{K,x}} = \frac{K}{E}$$

Aufgabe 32

a1) $K_F = 20$

a2) $K_v(x) = x^3 - 15x^2 + 81x$

a3) $\bar{K}(x) = x^2 - 15x + 81 + 20/x$

a4) $\bar{K}_v(x) = x^2 - 15x + 81$

a5) $K'(x) = 3x^2 - 30x + 81$

b) $\min \bar{K}_v(x) = x^2 - 15x + 81$

$\bar{K}_v'(x) = 2x - 15 = 0 \leftrightarrow x = 7{,}5$

$\bar{K}_v''(7{,}5) = 2 > 0 \rightarrow x_{\bar{K}v}^* = 7{,}5$

$\bar{K}_v^* = \bar{K}_v(x_{\bar{K}v}^*) = 24{,}75$

c) $K''(x) = 6x - 30 = 0 \leftrightarrow x_W = 5$

$K'''(x) = 6 > 0 \rightarrow$ Wendestelle, Krümmungsübergang von streng konkav zu streng konvex, Wendepunkt $(5|175)$

d) $\min\ K'(x) = 3x^2 - 30x + 81$

$K''(x) = 6x - 30 = 0 \leftrightarrow x = 5$

$K'''(x) = 6 > 0 \rightarrow$ Minimumstelle bei $x_{K'}^* = 5$

$K'^* = K'(x_{K'}^*) = 6$

e) Die Minimumstelle der Grenzkosten ist gleich der Wendestelle der Gesamtkosten.

f) $E(x) = 54x$

g) $G(x) = 54x - (x^3 - 15x^2 + 81x + 20) = -x^3 + 15x^2 - 27x - 20$

h) $\max\ G(x) = -x^3 + 15x^2 - 27x - 20$

$G'(x) = -3x^2 + 30x - 27 = 0 \leftrightarrow x_1 = 9;\ x_2 = 1$

$G''(x) = -6x + 30 < 0$ für $x_1 = 9 \rightarrow x_G^* = 9$

$G^* = G(x_G^*) = 223$

Aufgabe 33

a) $\max V_0 = (t+5)^2 e^{-it}$

$V_0'(t) = 2(t+5)e^{-it} + (t+5)^2 e^{-it}(-i) = 0$

$\leftrightarrow e^{-it}(2t + 10 - 0{,}05(t+5)^2) = 0$

$\leftrightarrow e^{-it}(-0{,}05t^2 + 1{,}5t + 8{,}75) = 0$

$\leftrightarrow t^2 - 30t - 175 = 0 \leftrightarrow t_1 = 35;\ t_2 = -5$

$t_{Vo}^* = 35$

b) $V_0^* = (35+5)^2 e^{-0{,}05\cdot 35} = 278{,}04$

c) $\max V_0(t) = V(t)e^{-it}$

$V_0'(t) = V'(t)e^{-it} + V(t)e^{-it}(-i) = 0$

$\leftrightarrow e^{-it}(V'(t) - iV(t)) = 0 \leftrightarrow V'(t) = iV(t) \leftrightarrow i = V'(t)/V(t) \leftrightarrow i = \hat{V}(t)$

Aufgabe 34

a) $x'(T) = -16e^{-0,005T}(-0,005) = 0,08e^{-0,005T} > 0$

b) Mit steigender quantitativer Antragserfahrung steigt die Bearbeitungskapazität. Ein Lerneffekt existiert.

Aufgabe 35

$$M^* = \sqrt{\frac{2 \cdot 30.000 \cdot 60}{0,36 \cdot 10}} = 1.000$$

$h^* = 30.000/1.000 = 30$

$K^* = 30.000 \cdot 10 + 30 \cdot 60 + 0,5 \cdot 1.000 \cdot 10 \cdot 0,36 = 303.600$

Optimaler Beschaffungsplan: $\begin{pmatrix} M^* \\ h^* \\ K^* \end{pmatrix} = \begin{pmatrix} 1.000 \\ 30 \\ 303.600 \end{pmatrix}$

Aufgabe 36

a) $\max c(t) = (50t + 4)e^{-t}$

$c'(t) = 50e^{-t} + (50t + 4)e^{-t}(-1) = 0$

$\leftrightarrow \; 50e^{-t} - (50t + 4)e^{-t} = 0$

$\leftrightarrow \; e^{-t}(50 - 50t - 4) = 0$

$\leftrightarrow (46 - 50t) = 0 \leftrightarrow t_c^* = 0,92$

b) $c^* = c(t_c^*) = 19,93$

c) $\hat{c}(t) = e^{-t}(46 - 50t)/(50t + 4)e^{-t}$

Aufgabe 37

a) $V'(t) = Ae^{\sqrt{t}}(1/2\sqrt{t})$

b) $\hat{V}(t) = Ae^{\sqrt{t}}(1/2\sqrt{t})/Ae^{\sqrt{t}} = (1/2\sqrt{t})$

c) $V_0 = Ae^{\sqrt{t}}e^{-it} = Ae^{\sqrt{t}-it}$

d) $V_0' = Ae^{\sqrt{t}-it}\left((1/2\sqrt{t}) - i\right) = 0 \leftrightarrow t^* = 1/4i^2 = 25$

e) $V_0^* = 100e^{\sqrt{25}-0,1\cdot 25} = 1.218,25$

Aufgabe 38

a) $x'(r) = 2(0,6r^{0,5} + 1)0,3r^{-0,5} = 0,36 + 0,6r^{-0,5} > 0 \rightarrow x(r)$ ist isoton

b) Outputänderung bei infinitesimaler Faktorinputerhöhung

c) $x''(r) = -0,3r^{-1,5} < 0 \rightarrow x(r)$ ist streng konvex gekrümmt.

Aufgabe 39

a) $u'(x) = 2/x$

b) Nutzenänderung bei infinitesimaler Erhöhung der Konsummenge

c) $u''(x) = -2/x^2$

d) Mit steigender Konsummenge werden die Nutzenzuwächse kleiner.

Aufgabe 40

a) $u'_x = \frac{2}{x+2y}$; $u'_y = \frac{4}{x+2y}$

b) Nutzenzuwachs bei infinitesimaler Erhöhung der Konsummenge des jeweiligen Gutes

c) $u''_{xx} = -\frac{2}{(x+2y)^2}$; $u''_{yy} = -\frac{8}{(x+2y)^2}$

d) Grenznutzenzuwachs bei infinitesimaler Erhöhung des jeweiligen Gutes

e) $u''_{xy} = u''_{yx} = -\frac{4}{(x+2y)^2}$

Aufgabe 41

a) $x'_1 = 0,5r_1^{-0,5}r_2^{0,5}$; $x'_2 = 0,5r_1^{0,5}r_2^{-0,5}$

b) $\hat{x}_1 = \frac{x'_1}{x} = \frac{1}{2r_1}$; $\hat{x}_2 = \frac{x'_2}{x} = \frac{1}{2r_2}$

c) $\varepsilon_{x,r_1} = \varepsilon_{x,r_2} = 0,5$

d) $x''_{12} = x''_{21} = 0,25r_1^{-0,5}r_2^{-0,5}$

e) $\frac{dr_2}{dr_1} = -\frac{x'_1}{x'_2} = \frac{r_2}{r_1} = R_{21}$

Es handelt sich um die Grenzrate der Faktorsubstitution.

f) $\min K = 2r_1 + 4r_2$ u. d. N. $\sqrt{r_1r_2} = 100$

$L(r_1, r_2, \lambda) = 2r_1 + 4r_2 + \lambda(100 - \sqrt{r_1r_2})$

$L'_1 = 2 - 0,5\lambda r_1^{-0,5}r_2^{0,5} = 0$

$L'_2 = 4 - 0,5\lambda r_1^{0,5}r_2^{-05} = 0$

$L'_\lambda = 100 - \sqrt{r_1r_2} = 0$

Die Lösung des Gleichungssystems führt zu $r_1^* = 141,42$; $r_2^* = 70,71$. Die minimal realisierbaren Kosten betragen $K^* = 565,68$.

Aufgabe 42

a) $p_N(x) = p_A(x) \leftrightarrow 18 - 0,1x^2 = 0,5x + 3 \leftrightarrow -0,1x^2 - 0,5x + 15 = 0$

$x_1 = 10$; $x_2 = -15$, $x^* = 10$, $p^* = 8$

b) $KR(x^*) = \int_0^{x^*}(p_N(x) - p^*)dx = \int_0^{x^*}(18 - 0,1x^2 - 8)dx) = [10x - 0,0333x^3]_0^{10} = 66,67$

c) $PR(x^*) = \int_0^{x^*}(p^* - p_A(x))dx = \int_0^{x^*}(8 - 0,5x - 3)dx = [5x - 0,25x^2]_0^{10} = 25$

Aufgabe 43

Es ist die Differenzialgleichung $x'(t) = \rho x(t)$ zu lösen. Wir gehen in folgenden Schritten vor:

$x'(t) = \rho x(t) \leftrightarrow \frac{x'(t)}{x(t)} = \rho \leftrightarrow \int \frac{x\prime(t)}{x(t)}dt = \int \rho dt \leftrightarrow \ln x(t) = \rho t + C \leftrightarrow e^{\ln x(t)} = e^{\rho t+C}$

$\leftrightarrow x(t) = e^C e^{\rho t}$. Wir setzen für die Konstante $e^C = x_0$ und erhalten die Lösung $x(t) = x_0 e^{\rho t}$.

Aufgabe 44

$\mathbf{V_8 = 4352{,}40 \cdot 1{,}035^8 = 5731{,}28}$

Aufgabe 45

$\mathbf{i = (4154{,}77/2320)^{1/10} - 1 = 0{,}06}$

Aufgabe 46

$$\mathbf{n = \frac{\ln 24800{,}94 - \ln 8500}{\ln 1{,}055} = 20\ Jahre}$$

Aufgabe 47

$\mathbf{V_0 = 20.000 \cdot 1{,}065^{-18} = 6.437{,}79}$

Aufgabe 48

Kugelvolumen $\mathbf{V = \frac{4}{3}\pi r^3}$, Erdradius $\mathbf{r = 6{,}371211 \cdot 10^7 dm}$, Golddichte = **19,3 kg/dm³**, Goldpreis ca. **30.000 €/kg**, $\mathbf{m = \frac{4}{3}\pi(6{,}371211 \cdot 10^7)^3 \cdot 19{,}3 = 2{,}09079707 \cdot 10^{25} kg}$**,**
Wert einer goldenen Erdkugel = $\mathbf{6{,}27239127 \cdot 10^{29}}$**€**
Ansatz: $\mathbf{0{,}01(1{,}04)^n = 6{,}27239127 \cdot 10^{29} \leftrightarrow 1{,}04^n = 6{,}27239127 \cdot 10^{31}}$

$$\mathbf{n = \frac{\ln 6{,}27239127 \cdot 10^{31}}{\ln 1{,}04} = 1.866{,}78\ Jahre}$$

Aufgabe 49

Ansatz: $\mathbf{V_0 \cdot 1{,}045^n = 3V_0 \leftrightarrow n = \frac{\ln 3}{\ln 1{,}045} = 24{,}96}$

Aufgabe 50

$$\mathbf{11.200 \cdot 1{,}04^7 = 8.200 \cdot 1{,}05^n \leftrightarrow n = \frac{\ln\left(\frac{11.200 \cdot 1{,}04^7}{8.200}\right)}{\ln 1{,}05} = 12{,}02}$$

Aufgabe 51

$\mathbf{V_{0I} = 80.000; V_{0II} = 100.000 \cdot 1{,}05^{-3} = 86.383{,}76;}$
$\mathbf{V_{0III} = 105.000 \cdot 1{,}05^{-6} = 78.352{,}62,}$ III erscheint am günstigsten.

Aufgabe 52

$\mathbf{V_{0I} = 80.000 + 80.000 \cdot 1{,}045^{-2} + 80.000 \cdot 1{,}045^{-5} = 217.454{,}48}$
$\mathbf{V_{0II} = 240.000 \cdot 1{,}045^{-3} = 210.311{,}19,}$ **II** ist günstiger

Aufgabe 53

a) $V_{10} = 2.000 \cdot 1,06^{10} = 3.581,70$
b) $V_{10} = 2.000(1 + 0,06/2)^{2 \cdot 10} = 3.612,22$

Aufgabe 54

a) $V_4 = 5.000 \cdot 1,08^4 = 6.802,44$
b) $V_4 = 5.000(1 + 0,08/2)^{2 \cdot 4} = 6.842,85$
c) $V_4 = 5.000(1 + 0,08/12)^{12 \cdot 4} = 6.878,33$
d) $V_4 = 5.000(1 + 0,08/360)^{360 \cdot 4} = 6.885,39$
e) $V_4 = 5.000e^{0,08 \cdot 4} = 6.885,64$

Aufgabe 55

$$V_{12} = 600 \cdot \frac{1,06^{12} - 1}{0,06} = 10.121,96$$

Aufgabe 56

$$c = 20.000F^{-1}(0,05;20) = 20.000 \cdot \frac{0,05}{1,05^{20} - 1} = 604,85$$

Aufgabe 57

a) $V_{0I} = 1.000.000$

$$V_{0II} = 60.000Q(0,07;20) = 60.000 \cdot \frac{1 - 1,07^{-20}}{0,07} = 635.640,85$$

$$V_{0III} = 25.000Q(0,07;20) = 25.000 \cdot \frac{1 - 1,07^{-50}}{0,07} = 345.018,66$$

Eine Sofortauszahlung von **1.000.000** ist vorteilhaft.

b) $$c = 1.000.000Q^{-1}(0,07;20) = 1.000.000 \cdot \frac{0,07}{1 - 1,07^{-20}} = 94.392,93$$

Aufgabe 58

a) $$V_0 = 1.000 \cdot \frac{1 - 1,1^{-100}}{0,1} = 9.999,27$$

b) $$V_0 = 1.000 \cdot \frac{1}{0,1} = 10.000$$

Aufgabe 59

a) $V_0 = 10T \cdot 1,07^{-1} + 20T \cdot 1,07^{-2} + 30T \cdot 1,07^{-3} + 30T \cdot 1,07^{-4} + 40T \cdot 1,07^{-5}$
= 102.709,81

b) Barwert Mietzahlungen $= 25.000 \cdot \frac{1 - 1,07^{-5}}{0,07} = 102.504,94 > 100.000$

Kauf ist vorteilhaft.

Aufgabe 60

$$V_0 = 590 \cdot \frac{1 - (1 + 0,05/12)^{-12 \cdot 5}}{0,05/12} = 31.264,52$$

Aufgabe 61

Periode	Restschuld	Zinsen	Tilgung	Annuität
0	200.000			
1	175.000	12.000	25.000	37.000
2	150.000	10.500	25.000	35.500
:	:	:	:	:
8	0	1.500	25.000	26.500

Aufgabe 62

$$A = 50.000 \cdot \frac{0,08}{1 - 1,08^{-20}} = 5.092,61$$

Periode	Restschuld	Zinsen	Tilgung	Annuität
0	50.000			
1	48.907,39	4.000	1.092,61	5.092,61
2	47.727,37	3.912,59	1.180,02	5.092,61
3	46.452,95	3.818,19	1.274,42	5.092,61

Aufgabe 63

a) $V_{10} = 10.000 \cdot 1,05^{10} = 16.288,95$

b) $V_{10}^{R} = 10.000 \cdot 1,05^{10} \cdot 1,03^{-10} = 12.120,51$

$$i_R = \frac{1,05}{1,03} - 1 = 0,0194$$

c) $V_{10}^{R} = 10.000 \cdot 1,05^{10} \cdot 1,07^{-10} = 8.280,47$

$$i_R = \frac{1,05}{1,07} - 1 = -0,0187$$

Aufgabe 64

$$s = 1500 \cdot \frac{1 - (1 + 0,075/12)^{-240}}{(1 + 0,075/12)^{540} - 1} = 41,68$$

Übungsklausuren

Klausur I

Aufgabe 1

In der Kämmerei der Stadt XY sei ein Betrag von **100.000 €** für ein Jahr verzinslich anzulegen. Welche Alternative ist ertragreicher? (Annahme: 360 Zinstage im Jahr, 30 Zinstage pro Monat)
Alternative 1: Festgeld mit Festlegungsdauer von einem Jahr bei einem Jahreszinssatz von $\mathbf{i = 4,85}$ %
Alternative 2: Festgeld mit Festlegungsdauer von **30** Tagen bei zinseszinslicher automatischer Wiederverlängerung bei einem Jahreszinssatz von **i = 4,80 %**

Aufgabe 2

Angenommen sei eine Geldanlage in Höhe von **200.000 €** für **fünf** Jahre zu einem jährlichen Zinssatz **i = 0,05**.

a) Auf welches Endvermögen wachsen die **200.000 €** nach **fünf** Jahren an?
b) Es soll die Inflation (jährliche Inflationsrate $\hat{\mathbf{p}} = \mathbf{0,03}$) im finanzmathematischen Kalkül berücksichtigt werden.
 b1) Wie hoch ist der jährliche Realzinssatz?
 b2) Welchen Wert weist das reale Endvermögen nach fünf Jahren auf?
c) Wie hoch ist das Endvermögen (ohne Inflationsberücksichtigung), wenn die Jahreszinssätze sich wie folgt entwickeln: $\mathbf{i_1 = 0,04}$; $\mathbf{i_2 = 0,045}$; $\mathbf{i_3 = 0,05}$; $\mathbf{i_4 = 0,055}$; $\mathbf{i_6 = 0,0625}$?
d) Von Interesse ist auch der finanzmathematisch korrekte durchschnittliche jährliche Zinssatz bei Zugrundelegung der Zinssätze von c). Nehmen Sie eine Berechnung vor!

Aufgabe 3

Im städtischen Schwimmbad stehe eine Erweiterungsinvestition zur Disposition. Es sei mit folgenden nachschüssigen jährlichen Zahlungsüberschüssen aus dieser Investition zu rechnen (Beträge in Geldeinheiten **GE**)

Jahr	**1**	2	**3**	4	5
Zahlungs-überschuss	**50**	50	**50**	50	50

Kalkuliert werde mit einem Zinssatz von **i = 0,07**.

a) Wie hoch sind Barwert und Endwert der Einzahlungsüberschussreihe?
b) Um wie viel Prozent ändert sich jeweils der Barwert, wenn der Kalkulationszinssatz ein Prozentpunkt tiefer bzw. höher angesetzt wird!

Aufgabe 4

Ein Kredit zur Schulsanierung in Höhe von **500.000 €** sei mit **7,5 %** jährlich zu verzinsen und in **zehn** Jahren in gleichen Annuitäten zu tilgen.

a) Wie hoch ist die jährliche Annuität?
b) Wie lauten die ersten drei Zeilen des Tilgungsplans?

Aufgabe 5

Im Öffentlichen Personennahverkehr (ÖPNV) stehen Preisänderungen zur Disposition. Empirische Zeitreihen bezüglich Preis und Benutzungshäufigkeit wurden ausgewertet und einer Regressionsanalyse unterzogen. Dabei ergab sich folgende Preis-Nachfrage-Funktion:

$$\mathbf{x(p) = 10 - 0{,}5p}$$

Der Preis betrage zurzeit $\mathbf{p_0 = 4}$.

a) Welcher Erlös wird beim aktuellen Preis erzielt?
b) Führt eine Preiserhöhung auf $\mathbf{p_1 = 6}$ zu einer Erlössteigerung?
c) Gibt es einen erlösmaximalen Preis? Wie lautet dieser gegebenenfalls?
d) Wie lautet die Funktion der direkten Preiselastizität der Nachfrage! Wie hoch ist diese beim erlösmaximalen Preis?

Aufgabe 6

Die Gesamtkosten eines kommunalen Betriebs werden durch die Funktion

$$\mathbf{K(x) = x^3 - 9x^2 + 40x + 25}$$

beschrieben. Die Kapazitätsgrenze liege bei **10** Mengeneinheiten (ME). Eine Marktuntersuchung ergebe, dass sich dieses Produkt zu einem konstanten Preis von **40** Geldeinheiten (GE) je Einheit absetzen lässt.

a) Wie hoch ist die gewinnmaximale Produktionsmenge?
b) Welcher Gewinn ist maximal erzielbar?
c) Wie lauten die Funktionsgleichungen der relativen Gewinnänderungsrate und der Absatzmengenelastizität des Gewinns?

Aufgabe 7

Bilden Sie die ersten Ableitungen folgender Funktionen (a, b, c, d sind Parameter):

a) $\mathbf{K(x) = ax^3 - bx^2 + cx + d}$
b) $\mathbf{K(x) = ax + \frac{b}{x} + c}$
c) $\mathbf{K(x) = (ax^2 + bx)^2}$
d) $\mathbf{y(x) = a/(bx^2 + cx)}$
e) $\mathbf{y(x) = \sqrt{ax}}$
f) $\mathbf{y(x) = \sqrt[3]{ax^2 + bx}}$
g) $\mathbf{y(x) = e^{\sqrt{x}}}$

Klausur II

Aufgabe 1

Der Wasserverbrauch einer Gemeinde habe sich wie folgt entwickelt:

Jahr	**2000**	**2001**	**2002**	**2003**	**2004**	**2005**	**2006**
Wasserverbrauch in Mio. m^3	**11,00**	**10,50**	**12,10**	**12,20**	**11,80**	**13,10**	**14,50**

a) Berechnen Sie die jährlichen Änderungsraten des Wasserverbrauchs!
b) Berechnen Sie die durchschnittliche jährliche Änderungsrate bezogen auf den Verbrauchszeitraum **2000** bis **2006**!

Aufgabe 2

Ein Vermögen betrage **10.000 €**. Um wie viel muss es durchschnittlich jährlich wachsen, damit es sich in **acht** Jahren

a) verdoppelt,
b) vervierfacht?

Aufgabe 3

Eine Stadt habe ihr Versorgungsnetz für **80.000** Einwohner im Jahre **2025** geplant, dabei wurde eine jährliche Zuwachsrate von **5%** zugrunde gelegt.

a) Wie hoch war die Einwohnerzahl der Stadt im Planungsjahr **2010**?
b) Wie viele Einwohner besitzt die Stadt voraussichtlich im Jahre **2020**?

Aufgabe 4

Eine Stadtverwaltung gehe bei der Planung neuer Straßen davon aus, dass die Zunahme an Kraftfahrzeugen jährlich **4 %** beträgt. Die Planung neuer Straßen erfolge für **zwölf** Jahre im voraus. Mit wie vielen Kraftfahrzeugen ist bei dieser Planung zu rechnen, wenn momentan **9.000** Kraftfahrzeuge in der Stadt sind?

Aufgabe 5

Ein Straßenreinigungsfahrzeug mit einem Anschaffungspreis von **100.000 €** verliert jedes Jahr **20 %** an Wert bezogen auf den Restwert.

a) Welchen Wert hat das Fahrzeug noch nach **fünf** Jahren?
b) Nach welchem Zeitraum hat das Fahrzeug einen Wert von **40.000 €**?

Aufgabe 6

Die Verschuldung betrug 1960 in Deutschland **29 Mrd. €** und im Jahr 2010 **1.796 Mrd. €**. Wie hoch ist die durchschnittliche jährliche Wachstumsrate der Verschuldung?

Aufgabe 7

Auf welchen Endbetrag wächst ein Vermögen von **5.000 €** bei **4,5 %** Zinsesverzinsung in **sechs** Jahren?

Aufgabe 8

Ein Sparer hat bei einer Bank **5.000 €** eingezahlt. Welcher Zinssatz wurde vereinbart, wenn dem Kunden nach **zehn** Jahren **9.500 €** einschließlich Zinseszinsen ausgezahlt wurden?

Aufgabe 9

Ein Vermögen von **17.000 €** wurde zu **5,5 %** bei jährlichem Zinszuschlag verzinst. Das Endvermögen beträgt **49.601,88 €**. Wie lang ist der Anlagezeitraum?

Aufgabe 10

Bei der Geburt eines Kindes wird ein Betrag bei der Bank so angelegt, dass bei Vollendung des **18**. Lebensjahres dem Kind **25.000 €** ausgezahlt werden. Die Bank bietet einen festen Jahreszinssatz von **4,5 %** an. Welcher Betrag muss angelegt werden?

Aufgabe 11

Dem Käufer eines Grundstücks werden drei Angebote unterbreitet:

Angebot I:	**100.000 € zahlbar sofort**
Angebot II:	**60.000 € zahlbar einmal in zwei Jahren und noch mal in fünf Jahren**
Angebot III:	**125.000 € zahlbar in sechs Jahren**

Welches Angebot ist bei einem Zinssatz von **5 %** für den Käufer das günstigste?

Aufgabe 12

Der Käufer eines Hauses kann zwischen zwei Zahlungsarten wählen:

Zahlungsart I:	**drei Raten zu je 80.000 €; die erste Rate sofort, die zweite Rate nach zwei Jahren, die dritte Rate nach fünf Jahren**
Zahlungsart II:	**240.000 € nach drei Jahren.**

Welche Zahlungsart ist bei **4,5%**iger Verzinsung die günstigste?

Klausur III

Aufgabe 1

Bundesschatzbriefe vom Typ B mögen folgende Jahreszinsen erzielen, die jeweils am Jahresende dem Kapital zugeschlagen werden: **1. Jahr: 5,5 %, 2. Jahr: 7,5 %, 3. Jahr: 8,00 %, 4. Jahr: 8,25 %, 5. Jahr: 8,50 %, 6. Jahr: 9,00 %, 7. Jahr: 9,00 %.**

a) Bestimmen Sie den durchschnittlichen jährlichen (annualisierten) Zinssatz!
b) Ein Anleger investiert **10.000 €** in obigen Bundesschatzbrief. Über welches Vermögen verfügt er nach **sieben** Jahren?

Aufgabe 2

Ein Vermögen von **10.000 €** wurde auf **zehn** Jahre bei einem Zinssatz von **6 %** festgelegt. Wie hoch ist das Endvermögen unter Berücksichtigung von Zinseszinsen nach Ablauf der Anlagezeit bei

a) jährlichem Zinszuschlag,
b) halbjährlichem Zinszuschlag,
c) quartalsweisem Zinszuschlag,
d) täglichem Zinszuschlag (**365** Tage),
e) stetiger Verzinsung?

Aufgabe 3

Ein Sparer zahlt auf ein Sparkonto jeweils zum Jahresende **zehn** Jahre lang **1.000 €** ein, wobei **5,5 %** Zinseszinsen pro Jahr gewährt werden. Welcher Betrag steht am Ende des **zehnten** Jahres zur Verfügung?

Aufgabe 4

Eine Mutter entschließt sich bei der Geburt ihres Kindes, bis zu dessen **20.** Geburtstag mit jährlich nachschüssigen Beträgen **25.000 €** anzusparen. Wie hoch muss der jährliche Betrag sein, wenn mit Zinseszinsen von **4 %** pro Jahr gerechnet wird?

Aufgabe 5

Bei einer Lotterie mögen folgende Gewinnmodalitäten existieren (Zinssatz **i = 0,07**):

(I) Sofortauszahlung von **zwei Millionen €**

(II) Nachschüssige Gewinnrente in Höhe von **125.000 €** bei 20-jähriger Laufzeit

(III) Nachschüssige Gewinnrente in Höhe von **52.500 €** (vererbbar) bei 50-jähriger Laufzeit

a) Welche Modalität erscheint vorteilhaft?
b) Welche über 20 Jahre laufende Gewinnrente ist der Alternative (I) **finanzmathematisch äquivalent**?

Aufgabe 6
Betrachtet werde eine nachschüssige Rente von **2.000 €**/Jahr. Wie groß ist der Barwert dieser Rente bei einem Zinssatz von **7 %**, wenn die Rentenlaufzeit

a) 100 Jahre beträgt,
b) unendlich lang ist.

Aufgabe 7

Im ÖPNV soll ein neuer Linienbus angeschafft werden. Der Anschaffungsbetrag belaufe sich auf **120.000 €**. Die jährlichen Einnahmeüberschüsse in den folgenden **fünf** Jahren werden wie folgt geschätzt:

1. Jahr:	**15.000 €**
2. Jahr:	**25.000 €**
3. Jahr:	**40.000 €**
4. Jahr:	**35.000 €**
5. Jahr:	**25.000 €**

Der Kalkulationszinssatz liege bei **i = 0,07**.

a) Berechnen Sie den Barwert der Einnahmeüberschüsse! Wie kann das Ergebnis interpretiert werden?
b) Die Nutzung des Busses auf Mietbasis impliziere jährliche Mietzahlungen von **30.000 €**. Berechnen Sie den Barwert der Mietzahlungen! Erscheint Kauf oder Miete vorteilhaft?

Aufgabe 8

Eine Investition generiere in den nächsten **vier** Jahren folgende Zahlungsüberschüsse (in Geldeinheiten jeweils am Jahresende, Zinssatz **i = 0,07**):

Jahr	**1**	**2**	**3**	**4**
Überschuss	**60**	**50**	**80**	**70**

a) Bestimmen Sie den Barwert und Endwert der Zahlungsfolge!
b) Bestimmen Sie den Zeitwert bezogen auf das Ende der zweiten Periode!
c) Wie wirkt sich eine Zinssatzerhöhung um einen Prozentpunkt prozentual auf den Barwert aus?

Aufgabe 9

Betrachtet werde folgende Zahlungsfolge (Zahlungen in Geldeinheiten jeweils am Jahresende)

Jahr	**1**	**2**	**3**	**4**	**5**	**6**	**7**	**8**	**9**	**10**
Überschuss	**20**	**20**	**20**	**20**	**20**	**20**	**20**	**20**	**20**	**20**

Der Zinssatz betrage **i = 0,07**.

a) Bestimmen Sie Barwert und Endwert!
b) Wie hoch ist der Barwert bei unendlicher Rentenlaufzeit (ewige Rente)?

Aufgabe 10

In einer Gemeinde stehe die Anschaffung eines Dienstwagens zur Disposition. Die durchschnittlichen monatlichen Ausgaben belaufen sich auf **650 €** bei einer Nutzungsdauer von **fünf** Jahren. Bestimmen Sie den Barwert bei einem Zinssatz **i = 0,05**.

Aufgabe 11

Ein Anleger legt **20.000 €** für **acht** Jahre bei einem Jahreszinssatz von **5 %** an.

a) Über welches Vermögen (Nominalvermögen) verfügt er nach **zehn** Jahren?
b) Wie hoch ist sein Realvermögen nach **zehn** Jahren bei einer jährlichen Inflationsrate von $\widehat{\mathbf{p}} = \mathbf{0,03}$? Berechnen Sie den jährlichen realen Zinssatz!
c)Wie hoch ist sein Realvermögen nach **zehn** Jahren bei einer jährlichen Inflationsrate von $\widehat{\mathbf{p}} = \mathbf{0,07}$? Berechnen Sie den jährlichen realen Zinssatz!

Klausur IV

Aufgabe 1

Der Zusammenhang zwischen Produktionsmenge und Kosten für einen Betrieb werde durch folgende Funktionsgleichung abgebildet:

$$\mathbf{K(x) = 150 + 5\sqrt{x}}$$

Die Produktionsmenge in der abgelaufenen Periode betrug $\mathbf{x_0 = 100\ ME}$.

a) Der Output werde um **10** ME erhöht. Wie hoch ist der
  a1) totale Kostenanstieg,
  a2) durchschnittliche Kostenanstieg (bezogen auf eine ME)?
b) Ermitteln Sie die Funktionsgleichung der ersten Ableitung (Grenzkostenfunktion)!
c) Welchen Wert weisen die Grenzkosten bei $\mathbf{x_0}$ auf? Wie ist dieser Wert zu interpretieren?
d) Ermitteln Sie die Funktion der relativen Kostenänderungsrate!
e) Wie lautet die Funktion der Outputelastizität der Kosten?

Aufgabe 2

Gegeben sei die Gesamtkostenfunktion $\mathbf{K(x) = 10\ln 0,1x^2}$

a) Wie lautet die Grenzkostenfunktion?
b) Wie hoch sind die Grenzkosten an der Stelle $\mathbf{x_0 = 6}$?
c) Interpretieren Sie das Ergebnis aus **b)**!
d) Weisen Sie nach, dass die Grenzkostenfunktion streng monoton fallend ist und streng konvex gekrümmt ist.
e) Formulieren Sie eine Funktion, die die Reaktionsempfindlichkeit der Kosten auf Outputänderungen ausdrückt!

Aufgabe 3

Bilden Sie die ersten Ableitungen folgender Funktionen!

a) Nutzenfunktionen (1) $\mathbf{u(x) = e^{2\sqrt{x}}}$ (2) $\mathbf{u(x) = 2\ln x^{1,5}}$
b) Produktionsfunktion $\mathbf{x(r) = -ar^3 + br^2 + cr}$
c) Preis-Nachfrage-Funktionen (1) $\mathbf{x(p) = 5e^{-0,2p}}$ (2) $\mathbf{p(x) = 7,5e^{-0,1x}}$
d) Erlösfunktionen (1) $\mathbf{E(p) = px(p) = 5pe^{-0,2p}}$ (2) $\mathbf{E(x) = xp(x) = 7,5xe^{-0,1x}}$
e) Kostenfunktionen (1) $\mathbf{K(x) = 2x + 3 + \frac{50}{x+5}}$ (2) $\mathbf{K(x) = 10e^{0,01x} + 1500}$
f) Wachstumsfunktionen (1) $\mathbf{x(t) = ab^t}$ (2) $\mathbf{x(t) = x_0e^{\sqrt{t}}}$
g) Periodische Trendfunktion $\mathbf{x(t) = a\sin(bt + c)}$
h) Barwertfunktion $\mathbf{V_0(i) = \sum_{t=1}^{n} c_t(1 + i)^{-t}}$ (Ableitung nach dem Zinssatz!)

Aufgabe 4

Betrachtet werde ein kommunaler Forstbestand mit einem Wert von **100 GE** zum Zeitpunkt **0**. Der Marktwert $\mathbf{V(t)}$ des Baums zum Zeitpunkt **t** entwickele sich gemäß der Exponentialfunktion

$$\mathbf{V(t) = 100e^{\sqrt{t}}}\,.$$

Die Verzinsungsintensität betrage $\mathbf{j = 0{,}05}$. Die Barwertfunktion lautet bei stetiger Verzinsung: $\mathbf{V_0 = V(t)e^{-jt}}$

a) Wann sollte der Baum gefällt werden?
b) Welcher Barwert ist maximal erzielbar?

Klausur V

Aufgabe 1

Gegeben sei die ertragsgesetzliche Produktionsfunktion:

$$\mathbf{x(r) = -r^3 + 12r^2 + 30r, r \geq 0}$$

x = Produktionsmenge (abhängige Variable)
r = Faktoreinsatzmenge (unabhängige Variable)

a) Formulieren Sie die Funktion der ersten Ableitung! Wie ist die ökonomische Bezeichnung dieser Funktion?
b) Berechnen Sie den Wert der ersten Ableitung an der Stelle $\mathbf{r_0 = 5}$! Wie ist das Ergebnis zu interpretieren? Wie heißt der ökonomische Begriff?
c) Formulieren Sie die Durchschnittsfunktion! Wie ist die ökonomische Bezeichnung dieser Funktion?
d) Berechnen Sie den Durchschnittswert an der Stelle $\mathbf{r_0 = 5}$! Wie ist das Ergebnis zu interpretieren? Wie heißt der ökonomische Begriff?
e) Ermitteln Sie die Funktion der relativen Änderungsrate und der Produktionselastizität!
f) Ermitteln Sie den Wendepunkt der Funktion!

Aufgabe 2

Folgende Produktionsfunktion liege vor: $\mathbf{x(r) = (0,6r^{0,5} + 1)^2, r \geq 0}$

a) Überprüfen Sie die Monotonie der Funktion!
b) Wie lauten die Funktionen
- **b1)** der Grenzproduktivität,
- **b2)** der Durchschnittsproduktivität,
- **b3)** der relativen Änderungsrate,
- **b4)** der Produktionselastizität?

Aufgabe 3

In einer Kostenstelle eines Eigenbetriebs gelte folgende Kostenfunktion:

$$\mathbf{K(x) = \frac{100}{x} + 25x}$$

K = Kosten (abhängige Variable)
x = Produktionsmenge (unabhängige Variable)

a) Formulieren Sie die Funktionen
- **a1)** der Grenzkosten,
- **a2)** der Stückkosten,
- **a3)** der relativen Kostenänderungsrate,
- **a4)** der Output-Elastizität der Kosten!

b) Ermitteln Sie das Kostenminimum!

Aufgabe 4

Betrachtet werde eine ertragsgesetzliche Kostenfunktion

$$\mathbf{K(x) = 0,1x^3 - 2,4x^2 + 30x + 640}$$

a) Wie lauten die Funktionen
a1) der Grenzkosten,
a2) der Stückkosten,
a3) der stückvariablen Kosten?
b) Ermitteln Sie das Minimum der
b1) Grenzkosten,
b2) stückvariablen Kosten!
c) Bestimmen Sie den Wendepunkt der Funktion!

Aufgabe 5

In einem Eigenbetrieb bestehe folgender Zusammenhang zwischen Output und Kosten:

$$\mathbf{K(x) = 0,25x^2 + 50}$$

a) Ermitteln Sie die Funktion der Kostenelastizität!
b) Berechnen Sie die Höhe der Kostenelastizität für $\mathbf{x_0 = 50}$!
c) Interpretieren Sie das Ergebnis aus b)!

Aufgabe 6

Gegeben sei folgende Nachfragefunktion: $\mathbf{x(p) = 1.000 - 100p}$

mit **x** = Nachfragemenge
p = Preis

a) Ermitteln Sie die Funktion der direkten Preiselastizität der Nachfrage!
b) Berechnen Sie die direkte Preiselastizität der Nachfrage für
b1) $\mathbf{p_0 = 6}$
b2) $\mathbf{p_1 = 4}$
c) Interpretieren Sie die Werte aus b).

Übungsklausurlösungen

Lösungen Klausur I

1) A1: $V_1 = 104.850$; A2: $V_1 = 104.907,02$

2a) $V_5 = 255.256,31$

2b1) $i_R = \frac{1,05}{1,03} - 1 = 0,0194 = 1,94\%$

2b2) $V_5^R = 200.000 \left(\frac{1,05}{1,03}\right)^5 = 220.186,34$

2c) $V_5 = 200.000 \cdot 1,04 \cdot 1,045 \cdot 1,05 \cdot 1,055 \cdot 1,0625 = 255.829,32$

2d) $i = \left(\frac{255.829,32}{200.000}\right)^{1/5} - 1 = 0,0505$

$i = (1,04 \cdot 1,045 \cdot 1,05 \cdot 1,055 \cdot 1,0625)^{1/5} - 1 = 0,0505$

3a) $V_0 = 50 \cdot \frac{1 - 1,07^{-5}}{0,07} = 205,01$; $V_5 = 50 \cdot \frac{1,07^5 - 1}{0,07} = 287,54$

3b) $V_0(0,06) = 210,62$, Anstieg um **2,74 %.**

$V_0(0,08) = 199,64$, Rückgang um **2,62 %**

4a) $A = 500.000 \cdot \frac{0,075}{1 - 1,075^{-10}} = 72.842,96$

4b)

Jahr	Restschuld	Zinsanteil	Tilgungsanteil	Annuität
0	500.000			
1	464.657,04	37.500	35.342,96	72.842,96
2	426.663,36	34.849,28	37.993,68	72.842,96
3	385.820,15	31.999,75	40.843,21	72.842,96

5a) $x(4) = 10 - 0,5 \cdot 4 = 8$; $E = 8 \cdot 4 = 32$, alternativ

$E(p) = px(p) = 10p - 0,5p^2$; $E(4) = 10 \cdot 4 - 0,5 \cdot 4^2 = 32$

5b) $x(6) = 10 - 0,5 \cdot 6 = 7$; $E = 7 \cdot 6 = 42$, alternativ $E(6) = 10 \cdot 6 - 0,5 \cdot 6^2 = 42$

5c) $\max E(p) = 10p - 0,5p^2$

$E'(p) = 10 - p = 0 \leftrightarrow p_E^* = 10$

$E''(p) = -1 < 0 \; \forall \, p \rightarrow$ Maximumstelle bei $p_E^* = 10$

5d) $\varepsilon_{x,p} = \frac{x'(p)p}{x(p)} = \frac{-0,5p}{10 - 0,5p} = \frac{p}{p - 20}$; $\varepsilon_{x,p}(10) = -1$

6a) $\max G(x) = 40x - (x^3 - 9x^2 + 40x + 25) = -x^3 + 9x^2 - 25$

$G'(x) = -3x^2 + 18x = 0 \leftrightarrow x_1 = 6;\; x_2 = 0$

$G''(x) = -6x + 18 < 0$ für $x_1 = 6 \rightarrow x_G^* = 6$

6b) $G^* = G(x_G^*) = 83$

6c) $\widehat{G}(x) = \frac{-3x^2 + 18x}{-x^3 + 9x^2 - 25}$; $\varepsilon_{G,x}(x) = \frac{-3x^3 + 18x^2}{-x^3 + 9x^2 - 25}$

7a) $K'(x) = 3ax^2 - 2bx + c$

7b) $K'(x) = a - \frac{b}{x^2}$

7c) $K'(x) = 4a^2x^3 + 6abx^2 + 2b^2x$

7d) $y'(x) = \frac{-2abx - ac}{(bx^2 + cx)^2}$

7e) $y'(x) = 0,5a^{0,5}x^{-0,5}$

7f) $y'(x) = \frac{1}{3}(ax^2 + bx)^{-2/3} \cdot (2ax + b)$

7g) $y'(x) = e^{\sqrt{x}} \cdot \frac{1}{2\sqrt{x}}$

Lösungen Klausur II

1a) $\rho_1 = -0,0455; \rho_2 = 0,1524; \rho_3 = 0,0083; \rho_4 = -0,0328; \rho_5 = 0,1102;$
$\rho_6 = 0,1069$

1b) $\rho = \left(\frac{14,50}{11,00}\right)^{1/6} - 1 = 0,0471$

2a) $i = \left(\frac{20.000}{10.000}\right)^{1/8} - 1 = 0,0905$

2b) $i = \left(\frac{40.000}{10.000}\right)^{1/8} - 1 = 0,1892$

3a) $x_{2010} = x_{2025}(1+\rho)^{-15} = 80.000 \cdot 1,05^{-15} = 38.481,37$, gerundet **38.481**

3b) $x_{2020} = 38.481,37 \cdot 1,05^{10} = 62.682,10$, gerundet **62.682**
$x_{2020} = 80.000 \cdot 1,05^{-5} = 62.682,10$

4) $x_{12} = 9.000 \cdot 1,04^{12} = 14.409,29$, gerundet **14.409**

5a) $R_5 = 100.000(1-0,2)^5 = 32.768$

5b) $n = \frac{\ln 0,4}{\ln 0,8} = 4,1063$

6) $\rho = \left(\frac{1.796 \text{ MRD}}{29 \text{ MRD}}\right)^{1/50} - 1 = 0,0860$

7) $V_6 = 5.000 \cdot 1,045^6 = 6.511,30$

8) $i = \left(\frac{9.500}{5.000}\right)^{1/10} - 1 = 0,0663$

9) $n = \frac{\ln 49.601,88 - \ln 17.000}{\ln 1,055} = 20$

10) $V_0 = 25.000 \cdot 1,045^{-18} = 11.320,01$

11) $V_{0I} = 100.000$
$V_{0II} = 60.000 \cdot 1,05^{-2} + 60.000 \cdot 1,05^{-5} = 101.433,34$
$V_{0III} = 125.000 \cdot 1,05^{-6} = 93.276,92;\ A_{III} \succ A_I \succ A_{II}$

12) $V_{0I} = 80.000 + 80.000 \cdot 1,045^{-2} + 80.000 \cdot 1,045^{-5} = 217.454,48$
$V_{0II} = 240.000 \cdot 1,045^{-3} = 210.311,19$, Zahlungsart II ist günstiger

Lösungen Klausur III

1a) $\mathbf{i = (1{,}055 \cdot 1{,}075 \cdot 1{,}08 \cdot 1{,}0825 \cdot 1{,}085 \cdot 1{,}09 \cdot 1{,}09)^{1/7} - 1 = 0{,}0796}$

1b) $\mathbf{V_7 = 10.000 \cdot 1{,}0550 \cdot 1{,}075 \cdot 1{,}08 \cdot 1{,}0825 \cdot 1{,}085 \cdot 1{,}09 \cdot 1{,}09 = \;17.092{,}10}$

2a) $\mathbf{V_{10} = 10.000 \cdot 1{,}06^{10} = 17.908{,}48}$

2b) $\mathbf{V_{10} = 10.000\left(1 + \frac{0{,}06}{2}\right)^{2\cdot 10} = 18.061{,}11}$

2c) $\mathbf{V_{10} = 10.000\left(1 + \frac{0{,}06}{4}\right)^{4\cdot 10} = 18.140{,}18}$

2d) $\mathbf{V_{10} = 10.000\left(1 + \frac{0{,}06}{365}\right)^{365\cdot 10} = 18.220{,}29}$

2e) $\mathbf{V_{10} = 10.000e^{0{,}06\cdot 10} = 18.221{,}19}$

3) $\mathbf{V_{10} = 1.000 \cdot \frac{1{,}055^{10} - 1}{0{,}055} = 12.875{,}35}$

4) $\mathbf{c = 25.000 \cdot \frac{0{,}04}{1{,}04^{20} - 1} = 839{,}54}$

5a) $\mathbf{V_{0I} = 2}$ **Mio**

$\mathbf{V_{0II} = 125.000 \cdot \frac{1 - 1{,}07^{-20}}{0{,}07} = 1.324.251{,}78}$

$\mathbf{V_{0III} = 52.500 \cdot \frac{1 - 1{,}07^{-50}}{0{,}07} = 724.539{,}18;\; I > II > III}$

5b) $\mathbf{c = 2.000.000 \cdot \frac{0{,}07}{1 - 1{,}07^{-20}} = 188.785{,}85}$

6a) $\mathbf{V_0 = 2.000 \cdot \frac{1 - 1{,}07^{-100}}{0{,}07} = 28.538{,}50}$

6b) $\mathbf{V_0 = 2.000 \cdot \frac{1}{0{,}07} = 28.571{,}43}$

7a) $\mathbf{V_0 = 15T \cdot 1{,}07^{-1} + 25T \cdot 1{,}07^{-2} + 40T \cdot 1{,}07^{-3} + 35T \cdot 1{,}07^{-4} + 25T \cdot 1{,}07^{-5}}$ $\mathbf{= 113.032{,}56}$. Die Investition ist unwirtschaftlich, da der Barwert kleiner als der Anschaffungswert ist.

7b) $\mathbf{V_0^{MZ} = 30.000 \cdot \frac{1-1{,}07^{-5}}{0{,}07} = 123.005{,}92 > 120.000}$ → Kauf ist vorteilhaft.

8a) $\mathbf{V_0 = 60 \cdot 1{,}07^{-1} + 50 \cdot 1{,}07^{-2} + 80 \cdot 1{,}07^{-3} + 70 \cdot 1{,}07^{-4} = 218{,}45}$

$\mathbf{V_4 = 218{,}45 \cdot 1{,}07^4 = 286{,}34}$

8b) $\mathbf{V_2 = 218{,}45 \cdot 1{,}07^2 = 250{,}10}$

8c) $\mathbf{V_0 = 60 \cdot 1{,}08^{-1} + 50 \cdot 1{,}08^{-2} + 80 \cdot 1{,}08^{-3} + 70 \cdot 1{,}08^{-4} = 213{,}38}$. Der Barwert sinkt um **2,32 %.**

9a) $\mathbf{V_0 = 20 \cdot \frac{1 - 1{,}07^{-10}}{0{,}07} = 140{,}47;\;\; V_{10} = 20 \cdot \frac{1{,}07^{10} - 1}{0{,}07} = 276{,}33}$

9b) $\mathbf{V_0 = 20 \cdot \frac{1}{0{,}07} = 285{,}71}$

10) $V_0 = 650 \cdot \frac{1 - (1 + 0,05/12)^{-12 \cdot 5}}{0,05/12} = 34.443,96$

11a) $V_{10} = 20.000 \cdot 1,05^{10} = 32.577,89$

11b) $V_{10}^R = 20.000 \cdot 1,05^{10} \cdot 1,03^{-10} = 24.241,01$

$i_R = \frac{1,05}{1,03} - 1 = 0,0194$

11c) $V_{10}^R = 20.000 \cdot 1,05^{10} \cdot 1,07^{-10} = 16.560,95$

$i_R = \frac{1,05}{1,07} - 1 = -0,0187$

Lösungen Klausur IV

1a1) $K(100) = 150 + 5\sqrt{100} = 200$

$K(110) = 150 + 5\sqrt{110} = 202{,}44,\ \Delta K = 2{,}44$

1a2) $\frac{\Delta K}{\Delta x} = \frac{2{,}44}{10} = 0{,}244$

1b) $K'(x) = 2{,}5x^{-0{,}5}$

1c) $K'(100) = 0{,}25$, Eine Erhöhung des Outputs von **100** auf **101** führt approximativ zu einem Kostenanstieg von **0,25**. Alternativ: Eine infinitesimale Outputerhöhung an der Stelle $x_0 = 100$ führt zu einem Kostenanstieg von **0,25**.

1d) $\widehat{K}(x) = \frac{K'(x)}{K(x)} = \frac{2{,}5x^{-0{,}5}}{150 + 5\sqrt{x}} = \frac{2{,}5}{150\sqrt{x} + 5x}$

1e) $\varepsilon_{K,x} = \frac{K'(x)x}{K(x)} = \widehat{K}(x)x = \frac{2{,}5x}{150\sqrt{x} + 5x}$

2a) $K'(x) = \frac{20}{x}$

2b) $K'(6) = 3{,}33$

2c) Eine Erhöhung des Outputs um eine ME an der Stelle $x_0 = 6$ führt approximativ zu einem Kostenanstieg von **3,33**.

2d) $K''(x) = -\frac{20}{x^2} < 0$

$K'(x)$ verläuft streng antiton.

$K'''(x) = \frac{40}{x^3} > 0$

$K'(x)$ verläuft streng konvex.

2e) $\varepsilon_{K,x} = \frac{20}{10\ln 0{,}1x^2}$

3a) (1) $u'(x) = \frac{e^{2\sqrt{x}}}{\sqrt{x}}$ (2) $u'(x) = \frac{3}{x}$

3b) $x'(r) = -3ar^2 + 2br + c$

3c) (1) $x'(p) = -e^{-0{,}2p}$ (2) $p'(x) = -0{,}75e^{-0{,}1x}$

3d) (1) $E'(p) = e^{-0{,}2p}(5 - p)$ (2) $E'(x) = e^{-0{,}1x}(7{,}5 - 0{,}75x)$

3e) (1) $K'(x) = 2 - 50(x + 5)^{-2}$ (2) $K'(x) = 0{,}1e^{0{,}01x}$

3f) (1) $x'(t) = ab^t \ln b$ (2) $x'(t) = x_0 e^{\sqrt{t}} \cdot (1/(2\sqrt{t}))$

3g) $x'(t) = ab\cos(bt + c)$

3h) $V_0'(i) = \sum -tc_t(1 + i)^{-t-1}$

4a) $\max V_0 = 100e^{\sqrt{t}-jt}$

$V_0' = 100e^{\sqrt{t}-jt}\left(\frac{1}{2\sqrt{t}} - j\right) = 0 \leftrightarrow t^* = \frac{1}{4j^2} = 100$

4b) $V_0^* = 100e^{\sqrt{100}-0{,}05\cdot 100} = 14.841{,}32$

Lösungen Klausur V

1a) $\mathbf{x'(r) = -3r^2 + 24r + 30}$, Funktionsgleichung der Grenzproduktivität

1b) $\mathbf{x'(5) = 75}$, Outputänderung, wenn der Faktorinput an der Stelle $\mathbf{r_0 = 5}$ infinitesimal erhöht wird. Grenzproduktivität an der Stelle $\mathbf{r_0 = 5}$.

1c) $\mathbf{\bar{x}(r) = -r^2 + 12r + 30}$, Funktionsgleichung der Durchschnittsproduktivität.

1d) $\mathbf{\bar{x}(5) = 65}$; durchschnittlicher Output bezogen auf eine **ME** Faktorinput. Durchschnittsproduktivität an der Stelle $\mathbf{r_0 = 5}$.

$$\mathbf{1e)}\ \hat{x}(r) = \frac{x'(r)}{x(r)} = \frac{-3r^2 + 24r + 30}{-r^3 + 12r^2 + 30r};\ \varepsilon_{x,r}(x) = \hat{x}(r)r = \frac{-3r^3 + 24r^2 + 30r}{-r^3 + 12r^2 + 30r}$$

1f) $\mathbf{x''(r) = -6r + 24 = 0 \leftrightarrow r = 4}$;

$\mathbf{x'''(r) = -6 < 0 \rightarrow r_W = 4;\ x(4) = 248;\ WP = (4|248)}$

2a) $\mathbf{x'(r) = 0,6r^{-0,5}(0,6r^{0,5} + 1) = 0,36 + 0,6r^{-0,5} > 0}$ → streng monoton wachsend (isoton)

2b1) siehe 2a)

$$\mathbf{2b2)}\ \bar{x}(r) = \frac{(0,6r^{0,5} + 1)^2}{r}$$

$$\mathbf{2b3)}\ \hat{x}(r) = \frac{0,6r^{-0,5}}{0,6r^{0,5} + 1}$$

$$\mathbf{2b4)}\ \varepsilon_{x,r} = \hat{x}(r)r = \frac{0,6r^{0,5}}{0,6r^{0,5} + 1}$$

$$\mathbf{3a1)}\ K'(x) = -\frac{100}{x^2} + 25$$

$$\mathbf{3a2)}\ \bar{K}(x) = \frac{100}{x^2} + 25$$

$$\mathbf{3a3)}\ \hat{K}(x) = \frac{K'(x)}{K(x)} = \frac{-100/x^2 + 25}{100/x + 25x}$$

$$\mathbf{3a4)}\ \varepsilon_{K,x} = \hat{K}(x)x = \frac{-100/x + 25x}{100/x + 25x}$$

$$\mathbf{3b)}\ \min K(x) = 25x + \frac{100}{x};\ K'(x) = -\frac{100}{x^2} + 25 = 0 \leftrightarrow x = 2$$

$$K''(x) = \frac{200}{x^3} > 0 \rightarrow \text{Minimumstelle } x_K^* = 2, K^* = K(x_K^*) = 100$$

4a1) $\mathbf{K'(x) = 0,3x^2 - 4,8x + 30}$

4a2) $\mathbf{\bar{K}(x) = 0,1x^2 - 2,4x + 30 + 640/x}$

4a3) $\mathbf{\bar{K}_v(x) = 0,1x^2 - 2,4x + 30}$

4b1) $\mathbf{\min K'(x) = 0,3x^2 - 4,8x + 30;\ K''(x) = 0,6x - 4,8 = 0 \leftrightarrow x_{K'}^* = 8}$

$\mathbf{K'''(x) = 0,6 > 0}$ → Minimumstelle **bei** $\mathbf{x_{K'}^*;\ K'^* = K'(x_{K'}^*) = 10,8}$

4b2) $\mathbf{\min \bar{K}_v(x) = 0,1x^2 - 2,4x + 30;\ \bar{K}_v' = 0,2x - 2,4 = 0 \leftrightarrow x_{\bar{K}v}^* = 12}$

$\mathbf{\bar{K}_v'' = 0,2 > 0}$ → Minimumstelle bei $\mathbf{x_{\bar{K}v}^*;\ \bar{K}_v^* = \bar{K}_v(x_{\bar{K}v}^*) = 15,6}$

4c) siehe Rechnung **4b1)**; $\mathbf{x_W = x_{K'}^* = 8;\ WP = (8|777,6)}$

5a) $\boldsymbol{\varepsilon_{K,x}(x) = \frac{K'(x)}{\overline{K}(x)} = \frac{0,5x}{0,25x + 50/x}}$ **bzw.** $\boldsymbol{\varepsilon_{K,x} = \frac{K'(x)x}{K(x)} = \frac{0,5x^2}{0,25x^2 + 50}}$

5b) $\boldsymbol{\varepsilon_{K,x}(50) = 1,8519}$

5c) Eine annahmegemäße Änderung des Outputs an der Stelle $\mathbf{x_0 = 50}$ um **1%** führt näherungsweise zu einer Kostenänderung von **1,8519 %.**

6a) $\boldsymbol{\varepsilon_{x,p} = \frac{x'(p)p}{x(p)} = \frac{-100p}{1000 - 100p} = \frac{p}{p - 10}}$

6b1) $\boldsymbol{\varepsilon_{x,p}(6) = \frac{6}{-4} = -1,5}$

6b2) $\boldsymbol{\varepsilon_{x,p}(4) = \frac{4}{-6} = -0,67}$

6c) Eine annahmegemäße Preisänderung um **1%** führt beim Ausgangspreis **p = 6** zu einem näherungsweisen **1,5%**igen Rückgang der Nachfrage (preiselastisches Verhalten), bei einem Ausgangspreis von **p = 4** zu einem **0,67%**igen Rückgang der Nachfrage (preisunelastisches Verhalten).

Literatur

- Adelmeyer, M. / Warmuth, E.: Finanzmathematik für Einsteiger, 2. A., Braunschweig/ Wiesbaden 2003
- Albrecht, P. / Maurer R.: Investment- und Risikomanagement, 4. A., Stuttgart 2016
- Arrenberg, J.: Wirtschaftsmathematik für Bachelor, 3. A., Konstanz/München 2015
- Arnold, V.: Theorie der Kollektivgüter, München 1992
- Arrenberg, J.: Finanzmathematik, 3. A., Berlin 2015
- Bank, M. / Gerke, W.: Finanzierung, 3. A., Stuttgart 2016
- Bartsch, H.-J.: Taschenbuch Mathematischer Formeln, 22 A., München 2011
- Beichelt, F.E. / Montgomery, D.C.: Taschenbuch der Stochastik, Wiesbaden 2003
- Benner, W.: Betriebliche Finanzwirtschaft als monetäres System, Göttingen 1983
- Betsch, O. / Groh, A. / Lohmann, L.: Corporate Finance, 2. A., München 2000
- Boffer, F. / Eisner, S. / Gerlach, T.: Einführung in die Investitionsrechnung, 2. A., Hamburg 2016
- Böker, F.: Formelsammlung für Wirtschaftswissenschaftler, Mathematik und Statistik, München 2009
- Bronstein, I.N. / Semendjajew, K.A. / Musiol, G. / Mühlig, H.: Taschenbuch der Mathematik, 5. A., Frankfurt 2001
- Busse von Colbe, W. / Laßmann, G.: Betriebswirtschaftstheorie Bd. 1: Grundlagen, Produktions- und Kostentheorie, 5. A., Berlin 1991
- Busse von Colbe, W. / Laßmann, G.: Betriebswirtschaftstheorie Bd. 2: Absatztheorie, 4. A., Berlin 1992
- Busse von Colbe, W. / Laßmann, G.: Betriebswirtschaftstheorie Bd. 3: Investitionstheorie, 3. A., Berlin 1990
- Chiang, A.C. / Wainwright, K. / Nitsch, H.: Mathematik für Ökonomen, München 2011
- Eichholz, W. / Vilkner, E.: Taschenbuch der Wirtschaftsmathematik, 7. A., Leipzig, 2018
- Ellinger, T. / Haupt, R.: Produktions- und Kostentheorie, Stuttgart 1982
- Fandel, G.: Produktions- und Kostentheorie, 8. A., Berlin 2010

- Feess, E.: Mikroökonomie, 3. A., Marburg 2004
- Fehl, U. / Oberender, P.: Grundlagen der Mikroökonomie, 9. A., München 2004
- Fahrmeir, L. / Künstler, R. / Pigeot, I. / Tutz, G.: Statistik, 8. A., Berlin, 2011
- Feichtinger, G. / Hartl, R.F.: Optimale Kontrolle ökonomischer Prozesse, Berlin 1986
- Grundmann, W. / Luderer, B.: Formelsammlung Finanzmathematik, Versicherungsmathematik, Wertpapieranalyse, 3. A., Wiesbaden 2009
- Hausmann, W. / Diener, K. / Käsler, J.: Derivate, Arbitrage und Portfolio-Selection, Braunschweig/Wiesbaden, 2002
- Henderson, J.M. / Quandt, R.E.: Mikroökonomische Theorie, 5. A., München 1980
- Homburg, S.: Allgemeine Steuerlehre, 7. A., München 2015
- Hotelling, H.: Edgeworth's taxation paradox and the nature of demand and supply function, in Political Economy 40, 1932, S. 577 - 616
- Hull, J.C.: Optionen, Futures und andere Derivate, 8. A., München, 2012
- Irle, A.: Finanzmathematik, 3. A., Wiesbaden 2012
- König, W. u.a.: Taschenbuch der Wirtschaftsinformatik und Wirtschaftsmathematik, 2.A., Frankfurt 2003
- Kruschwitz, L./Husmann, S.: Finanzierung und Investition, 7.A., München 2012
- Lohmann, K.: Finanzmathematische Wertpapieranalyse, 2. A., Göttingen 1989
- Luderer, B. / Nollau, V. / Vetters, K.: Mathematische Formeln für Wirtschaftswissenschaftler, 8. A., Wiesbaden 2015
- Merz, M. / Wüthrich, M.V.: Mathematik für Wirtschaftswissenschaftler, München 2013
- Nollau, V.: Mathematik für Wirtschaftswissenschaftler, 4. A., Wiesbaden 2003
- Oehler, A. / Unser, M.: Finanzwirtschaftliches Risikomanagement, 2. A., Berlin 2002
- Oppitz, V. / Nollau, V.: Taschenbuch der Wirtschaftlichkeitsrechnung, Leipzig 2003
- Pfuff, F.: Mathematik für Wirtschaftswissenschaftler 1, 5. A., Wiesbaden 2009
- Pfuff, F.: Mathematik für Wirtschaftswissenschaftler 2, 3. A., Wiesbaden 2009
- Poddig, T. / Dichtl, H. / Petersmeier,K.: Statistik, Ökonometrie, Optimierung; Bad Soden 2008

- Reitz, S.: Mathematik in der modernen Finanzwelt, Wiesbaden 2011
- Rinne, H.: Taschenbuch der Statistik, 4. A., Frankfurt 2008
- Rommelfanger, H.: Mathematik für Wirtschaftswissenschaftler, Bd. 1, 6. A., München 2004
- Rommelfanger, H.: Mathematik für Wirtschaftswissenschaftler, Bd. 2, 5. A., München 2002
- Rommelfanger, H.: Mathematik für Wirtschaftswissenschaftler, Bd. 3, Berlin 2014
- Sachs, L.: Angewandte Statistik, 11. A., Berlin 2002
- Schira, J.: Statistische Methoden der VWL und BWL, 4. A., München 2012
- Schwarze, J.: Mathematik für Wirtschaftschaftswissenschaftler, Bd. 1, 14. A., Herne 2015
- Schwarze, J.: Mathematik für Wirtschaftschaftswissenschaftler, Bd. 2, 13. A., Herne 2011
- Schwarze, J.: Mathematik für Wirtschaftschaftswissenschaftler, Bd. 3, 13. A., Herne 2011
- Schwarze, J.: Grundlagen der Statistik Bd. 1, 12. A., Herne 2014
- Schwarze, J.: Grundlagen der Statistik Bd. 2, 10. A., Herne 2013
- Schweitzer, M. / Küpper, H.-U.: Produktions- und Kostentheorie, 2. A., Wiesbaden 1997
- Shephard, R.W.: Cost and production functions, Berlin 1981
- Steiner, P. / Uhlir, H.: Wertpapieranalyse, 4. A., Heidelberg 2001
- Stöcker, H.: Taschenbuch mathematischer Formeln und moderner Verfahren, 4. A., Frankfurt 2007
- Sydsaeter, K. / Hammond, P.: Mathematik für Wirtschaftswissenschaftler, 5. A., München 2018
- Tietze, J.: Einführung in die angewandte Wirtschaftsmathematik, 17. A., Wiesbaden 2014
- Tietze, J.: Einführung in die Finanzmathematik, 12. A., Wiesbaden 2015
- Varian, H.R.: Grundzüge der Mikroökonomik, 8. A., Berlin/Boston 2016
- Wunsch, G. / Schreiber, H.: Stochastische Systeme, 4. Auflage, Berlin/Heidelberg 2006

- Willnow, J.: Derivative Finanzinstrumente, Wiesbaden 1996
- Zeidler, E. (Hrsg.): Springer-Taschenbuch der Mathematik, 4. A., Wiesbaden 2013 2013